高等学校计算机教育信息素养系列教材

大学计算机基础
及应用教程

唐翠娥 ◎ 主编

汪莉萍 李丽 ◎ 副主编

人民邮电出版社

北 京

图书在版编目（ＣＩＰ）数据

大学计算机基础及应用教程 / 唐翠娥主编. -- 北京：
人民邮电出版社，2023.9
高等学校计算机教育信息素养系列教材
ISBN 978-7-115-61968-6

Ⅰ．①大… Ⅱ．①唐… Ⅲ．①电子计算机－高等学校
－教材 Ⅳ．①TP3

中国国家版本馆CIP数据核字(2023)第105429号

内 容 提 要

本书内容全面，知识点翔实，讲解透彻，实例丰富。全书共 10 章，内容包括计算机基础知识、Windows 10 操作系统、文字处理软件 Word 2016、演示文稿制作软件 PowerPoint 2016、电子表格处理软件 Excel 2016、数据库基础、Access 2016 数据库基础、表的创建与管理、查询、计算机网络及新技术。

本书可以作为高等学校非计算机专业"大学计算机基础"通识课程的教材，还可以作为参加全国计算机等级考试二级 MS Office 高级应用与设计考试者的参考用书。

◆ 主　　编　唐翠娥
　　副 主 编　汪莉萍　李　丽
　　责任编辑　李　召
　　责任印制　王　郁　陈　犇

◆ 人民邮电出版社出版发行　　北京市丰台区成寿寺路 11 号
　　邮编　100164　电子邮件　315@ptpress.com.cn
　　网址　https://www.ptpress.com.cn
　　三河市祥达印刷包装有限公司印刷

◆ 开本：787×1092　1/16
　　印张：17.5　　　　　　　　2023 年 9 月第 1 版
　　字数：518 千字　　　　　2023 年 9 月河北第 1 次印刷

定价：59.80 元

读者服务热线：(010)81055256　印装质量热线：(010)81055316
反盗版热线：(010)81055315
广告经营许可证：京东市监广登字 20170147 号

前 言

写作背景

在当今社会，计算机已经成为不可缺少的工具，计算机技术与网络技术已经成为大学生必须掌握的基本技能，能否利用计算机进行信息处理已经成为衡量大学生能力素质的重要标志。

在高校，计算机基础教育促进了计算机文化的普及以及计算机应用技能的推广，有效地提高了大学生的信息素养，因此，"大学计算机基础"作为非计算机专业的一门通识课程，有着重要意义。

本书以教育部高等学校大学计算机课程教学指导委员会编制的《大学计算机基础课程教学基本要求》为依据，结合教育部考试中心制定的《全国计算机等级考试二级 MS Office 高级应用与设计考试大纲（2022 年版）》，由具有多年教学经验的一线专职教师编写而成。

本书特色

本书中的实例普遍结合医学类高校特点，图文并茂、讲解详细，将计算机应用基础知识详尽地呈现给读者。全书由 10 章组成，每章均给出知识概述、知识重点，以方便读者学习与参考。本书内容丰富，可供不同专业、不同起点的读者学习。

授课建议

教育部高等学校大学计算机课程教学指导委员会给出"大学计算机基础"的参考总学时为 64 学时，其中讲授学时为 32～48 学时，上机实验学时为 16～32 学时。教师可以根据实际情况对"大学计算机基础"教学内容进行取舍和学时的分配。本书每章配置了相关习题，并提供教学实例素材、习题参考答案等资源。

致谢

在贵州医科大学生物与工程学院（健康医药现代产业学院）的有关领导和计算机教研室、数据科学与大数据教研室同人的鼎力支持下，本书的编写工作得以顺利完成。编者在编写本书的过程中参考了许多文献资料。在此，对有关领导、同人、参考文献的作者深表谢意！

编　者

2023 年 3 月

目 录

第 1 章
计算机基础知识

第 2 章
Windows 10 操作系统

第1章　计算机基础知识

电子计算机又称电脑，是一种用于高速计算的机器，它可以进行数值及逻辑计算，并且具有存储记忆功能，可以按照预先编制好的程序自动执行各种操作，完成信息的输入、存储、加工处理、输出。

本章主要介绍计算机的发展、特点、分类、应用领域及计算机病毒、计算机中的信息表示、计算机和微型计算机系统的构成。

本章重点：信息的表示及存储、计算机系统组成及工作原理、微型计算机硬件系统。

1.1　计算机的发展及特点

计算机是 20 世纪最重要的科学技术发明之一，对人类的生产活动和社会活动产生了极大的影响，并以强大的生命力飞速发展。它的应用从最初的军事科研领域扩展到社会的各个领域，已形成了规模巨大的计算机产业，带动了全球范围的技术进步，由此引发了深刻的社会变革。计算机已遍及一般学校、企事业单位，进入寻常百姓家，成为信息社会中必不可少的工具。

1.1.1　电子计算机的诞生

电子计算机的研究可以追溯到 19 世纪 20 年代，当时，英国科学家巴贝齐（Babbage）创造出了一台小型差分机，1834 年他又设计出了分析机，其原理与现代计算机大致相同，可以将其看成现代计算机的原型。自此以后，陆续有科学家研究计算机，阿塔纳索夫（Atanasoff）、图灵（Turing）等都是现代计算机的先驱者。

20 世纪科学技术发展迅速，带来了大量的数据计算和处理工作。特别是到了第二次世界大战期间，密码破译、研制新型自动化武器、计算火炮的弹道表，都迫切需要具有快速计算能力的工具，而当时已经研制并投入使用的大型机电式计算机远远不能满足需要。

1945 年，美籍匈牙利科学家约翰·冯·诺依曼（John von Neumann）提出了"存储程序（Stored Program）"的理念，并与同事在普林斯顿大学设计出离散变量自动电子计算机（Electronic Discrete Variable Automatic Computer，EDVAC）。尽管 EDVAC 没有成功落地，但是"存储程序"的设计理念对于后来计算机的设计与发展产生了极为深远的影响。

1946 年 2 月，由美国军方定制、宾夕法尼亚大学电子工程系教授莫克利（Mauchly）和他的研究生埃克特（Eckert）研制成功的电子数字积分计算机（Electronic Numerical Integrator And Computer，ENIAC）在宾夕法尼亚大学正式投入运行，为美国奥伯丁武器试验场计算弹道轨迹。ENIAC 占地约 170m^2，使用约 18 000 支电子管作为元器件，重量约 30t，使用功耗为 170kW，每秒可进行 5 000 次加法运算或 500 次乘法运算，总造价约为 48 万美元。ENIAC 的问世标志着现代科学技术进入了一个新时代——计算机时代。

1.1.2 计算机发展的历程及未来趋势

1. 计算机的发展历史

自 1946 年第一台通用计算机 ENIAC 诞生至今，在微电子技术的发展和计算机应用需求不断加大的强力推动下，计算机的体积在变小，成本在降低，而性能和运算速度在不断提高。

通常根据计算机的性能和当时的硬件技术状况，可将计算机的发展分为 4 个阶段，习惯上称为 4 代。第一个阶段是电子管时代，第二个阶段是晶体管时代，第三个阶段是中小规模集成电路时代，第四个阶段是大规模和超大规模集成电路时代。

（1）第 1 代电子管计算机（1946 年—1957 年）。

电子管计算机主要采用电子管作为基本逻辑部件，其主要特点如下。

① 体积大，耗电量大，成本高。

② 采用电子射线管作为存储部件，容量很小，每秒只能进行几千到几万次的运算，后来采用磁鼓作为辅助存储器，扩充了容量。

③ 输入/输出主要采用穿孔卡片，速度慢。

④ 采用机器语言和汇编语言编程，主要用于科学和工程计算。

（2）第 2 代晶体管计算机（1958 年—1964 年）。

晶体管计算机主要采用晶体管作为基本逻辑部件，其主要特点如下。

① 体积减小，重量减轻，能耗降低，成本下降，可靠性和运算速度均得到提高。

② 采用磁芯和磁鼓作为存储器，每秒可进行几十万到百万次的运算。

③ 开始有操作系统的概念，出现了高级语言。

（3）第 3 代集成电路计算机（1964 年—1970 年）。

集成电路计算机主要采用中小规模集成电路制作各种逻辑部件，其主要特点如下。

① 体积更小，重量更轻，耗电更少，寿命更长，成本更低，运算速度有了更大的提高。

② 采用半导体存储器取代原来的磁芯和磁鼓存储器，使存储器容量和存取速度有了大幅提高，每秒可以进行几百万次的运算，增强了系统的处理能力。

③ 开始采用虚拟存储技术，出现了分时操作系统，程序设计采用结构化、模块化的设计方法。

（4）第 4 代大规模、超大规模集成电路计算机（1970 年至今）。

大规模、超大规模集成电路计算机基本逻辑部件采用大规模、超大规模集成电路，其主要特点如下。

① 体积、重量、成本均大幅度降低，出现了微型机。

② 作为主存的半导体存储器集成度越来越高，每秒可以进行几百万到千亿次的运算，容量越来越大。

③ 软件产业高度发达，计算机体系架构有了较大的发展，计算机技术与通信技术相结合，计算机网络把世界各地的人紧密地联系在一起，同时，多媒体技术崛起，计算机集图像、图形、声音、文字、处理于一体，在信息处理领域掀起了一场革命。

2. 计算机的发展方向

当前我们使用的计算机都属于第 4 代计算机，计算机的重量和能耗进一步降低，性价比基本上以每 18 个月翻一番的速度上升，符合著名的摩尔定律。目前计算机的主要发展方向如下。

（1）**巨型化**：功能巨型化，即计算机的运算速度更高、存储容量更大、功能更强。目前人类正在研制的巨型机，其运算能力一般在每秒百亿次以上，主要应用在天文、气象、核技术、航空航天等尖端科技领域。

（2）**微型化**：体积微型化。微型计算机进入仪表、仪器设备、家用电器等各种小型电子设备，各种笔记本电脑和 PDA 大量面世和使用，同时也成为自动化工业控制过程的核心，使工业设备实现"智能化"。

< 2 >

（3）**网络化**：随着计算机技术的发展和应用领域的深入，越来越多的用户希望能共享信息资源和互相通信，计算机网络作为计算机技术与现代通信技术相结合的产物，在实现计算资源、存储资源、数据资源、知识资源的全方位共享上发挥着越来越重要的作用，如大数据系统、医疗系统、金融系统等。

（4）**智能化**：智能化是计算机发展的一个重要方向。人工智能的研究建立在现代科学基础之上，使计算机可以具有人的感觉、行为和思维过程，可进行自然语言理解、生物模拟识别、逻辑推理。目前，多种人工智能机器人已经可以替代人完成一些具有危险性的工作。

3．未来计算机

未来计算机将具备更高的智能成分。随着目前采用的硅芯片技术日益接近其物理极限，世界各国科研人员正加紧研究开发新型计算机。未来将出现量子计算机、光子计算机、生物计算机、纳米计算机等。

（1）**量子计算机**。量子计算机是一种遵循量子力学规律，可进行快速数学及逻辑运算、完成数据存储和处理、运行量子算法的量子物理设备。它基于量子效应开发，利用链状分子聚合特性表示开与关的状态，利用激光脉冲来改变分子的状态，从而进行运算，其运算速度将比目前个人计算机 CPU 芯片快约 10 亿倍。

（2）**光子计算机**。光子计算机也叫全光数字计算机，是一种以光子替代电子，由光信号进行数字、逻辑运算，存储数据的新型计算机。它以波长不同的光代表各类数据，通过大量的棱镜、透镜及反射镜将数据从一个芯片传输到另一个芯片。其运算能力可达每秒 1 万亿次，存储容量可达现代计算机的几万倍。

（3）**生物计算机**。生物计算机也叫分子计算机，它使用生物工程技术生产的蛋白质分子制作生物集成电路（生物芯片），利用蛋白质分子与周围物理、化学介质的相互作用进行运算。由于蛋白质分子比硅芯片上的电子元件小得多，因此生物计算机完成一项运算所需的时间极少，甚至比人的思维速度更快。

（4）**纳米计算机**。现代纳米技术正在尝试将传感器、电动机和处理器嵌入一个硅芯片，从而构成一个系统。借助纳米技术研制的计算机芯片，体积与数百个原子相当，而且能耗极低，性能也比今天的计算机更强大。

1.1.3　计算机的特点

随着计算机技术的快速发展，现代计算机能够完成越来越多的工作，人们的日常生活、学习和办公已经离不开它了。现代计算机具有以下特点。

1．运算速度快

计算机的运算速度是指计算机每秒能执行多少条基本指令，常用单位是 MIPS（Million Instructions Per Second，百万条指令每秒）。由于计算机采用高速电子元器件和线路，因此计算机可以具备很高的运算速度。

2．计算精确度高

计算机可以满足对计算结果的任意精确度需求。例如，目前的计算机可将圆周率精确到小数点后上亿位。

3．存储容量大，时间长

随着计算机被广泛应用，人们使用计算机的时间越来越久，在计算机内存储的数据也越来越多，这就要求计算机具备大容量存储以及长期存储的能力。

4．逻辑判断能力强

计算机采用二进制计算，因此可进行各种基本逻辑判断，并根据判断结果决定下一步做什么。利

< 3 >

用计算机的这种能力，人们可进行各种复杂的计算任务，完成各类数据的分析和处理。

5．自动化

计算机可将人们预先编写好的指令"记"下来，然后自动地逐条取出并执行。只要预先把指令的处理要求、处理步骤、处理对象等必备元素存储在计算机里，计算机就可以在无人参与的条件下自动完成预定的处理任务，且可以反复进行。

6．可靠性高

随着科技的不断创新与发展，计算机技术也发生着很大的变化，电子元器件可靠性越来越高。采用新理念、新结构设计的计算机具有更高的可靠性。

1.1.4　计算机的分类

计算机的分类有很多种方法，比较常见的有按处理的数据类型分类、按使用范围分类、按计算机性能分类 3 种分类方法。

1．按处理的数据类型分类

计算机按处理的数据类型可分为数字计算机、模拟计算机和混合计算机。

（1）**数字计算机**：在其内部进行运算、存储和传送的信息，都是以电磁信号表示的数字。

（2）**模拟计算机**：根据相似原理，用一种连续变化的模拟量作为运算对象的计算机。

（3）**混合计算机**：最早出现于 20 世纪 70 年代，是一种将模拟计算机与数字计算机联合在一起应用于系统仿真的计算机。

2．按使用范围分类

计算机按使用范围可分为专用计算机和通用计算机。

（1）**专用计算机**：为进行某种特殊应用而设计制造的计算机，可用来解决某一特定问题，并拥有固定的存储程序，也可用于过程控制。专用计算机具有适用范围窄、运算快、可靠性高、结构简单、价格便宜、工作效率高等特点。

（2）**通用计算机**：目前应用最为广泛、为解决各种问题而设计的计算机。它具有较强的通用性，在科学计算、数据处理、学术研究等领域也被广泛使用。

3．按计算机性能分类

计算机按运算速度、字长、存储容量等性能指标可分为巨型机、大型机、小型机、微型机和工作站。

（1）**巨型机**：也称超级计算机，是指内含数百、数千甚至上万个中央处理器，具有超强计算和数据处理能力、超大存储空间的计算机，其运算速度可达每秒千万亿次浮点运算。巨型机主要应用于军事、科研、气象、航空航天等领域。

（2）**大型机**：运算速度快、数据处理能力强、存储空间大、网络功能完善、可靠性高、安全性好的计算机，通常含有几十个甚至上百个中央处理器。它采用对称多处理器结构，可同时运行多个操作系统，并在系统中起核心作用，能替代多台普通服务器。

（3）**小型机**：规模较小、易操作、易维护、结构简单、成本较低的计算机，常用于一般部门或中小企事业单位。

（4）**微型机**：又称 PC 或微型计算机、微机，主要分为台式和便携式两类，主要面向学校、家庭、个人，可提供学习、办公、娱乐等应用，是发展最快、普及率最高的计算机。它具有体积小、价格低、通用性强、使用便捷等特点。

（5）**工作站**：一种高档微型机，通常配备大尺寸、高分辨率的显示器和大容量存储器，有很强的网络通信功能，主要适用于计算机辅助设计、网页动画制作、图形图像处理、软件开发、模拟仿真等。

< 4 >

1.1.5　计算机的应用领域

随着计算机技术的发展，计算机的应用已经渗透到各行各业，改变了人们的工作、学习和娱乐方式，推动着社会朝着自动化、智能化方向发展，其主要应用领域如下。

1. 科学计算（数值计算）

科学计算是计算机研发的初衷，至今也依然是计算机应用的一个重要领域。在现代科学技术的研究工作中，存在着大量且复杂的科学计算需求，利用计算机运算能力强、存储容量大等特点，可以解决人工难以处理的各种科学计算问题。

2. 数据处理（信息处理）

数据处理是指对各类数据进行采集、存储、分类、统计、加工及应用等操作，不涉及复杂的数学计算，是目前计算机应用最广泛的领域。数据处理也常应用于某些专业领域，如企业管理、财务账目计算、情报检索、医院病历、药品出入库等。

3. 过程控制（实时控制）

利用计算机的特点，实时采集数据、分析数据，根据分析结果对控制对象发出信号，按最优值迅速地对控制对象进行自动调节或实时控制，可大大降低错误率和对人力资源的需求。实时控制在纺织、石油、电力、化工、医疗器械等领域已被广泛应用。

4. 计算机辅助技术

计算机辅助技术是借助计算机在特定应用领域内完成特定任务的理论、方法和技术。它包括计算机辅助工程（CAE）、计算机辅助测试（CAT）、计算机辅助教学（CAI）、计算机辅助设计（CAD）、计算机辅助制造（CAM）、计算机辅助质量控制（CAQ）等。

5. 人工智能

人工智能简称 AI，是指使用计算机模拟人类的思维、学习、感知和推理等智力行为，并实现自然语句的理解与生成、定理证明、图像语音识别、疾病诊断等。

6. 网络应用

计算机网络是计算机技术与通信技术相结合的产物，独立的计算机被连接起来，实现了软硬件资源的共享，使人与人之间的交流跨越了时间和空间的障碍，给人们的生活带来了极大的便利。网页信息浏览、信息检索、电子邮件、网络游戏、电子商务，甚至远程医疗服务已进入寻常百姓家。

1.2　计算机病毒及防治

计算机病毒可以破坏计算机的功能及存储的数据，影响计算机的正常使用，轻则影响计算机的运行速度，重则破坏计算机系统，被公认为数据安全的头号大敌。从 1987 年开始，计算机病毒受到普遍重视，我国也于 1989 年首次发现计算机病毒。目前，新型计算机病毒正向更具破坏性、更加隐秘、感染率更高、传播速度更快等方向发展。因此，我们必须深入学习计算机病毒的基本常识，加强对计算机病毒的防范。

1.2.1　计算机病毒的概念

计算机病毒指编制者在计算机程序中插入的破坏计算机功能或者破坏数据、影响计算机使用，并且能够自我复制的一组计算机指令或者程序代码。

计算机病毒与医学上的"病毒"不同，它不是天然存在的，是某些人利用计算机软件和硬件所固有的脆弱性编制的指令集或程序代码。它能通过某种途径潜伏在计算机的存储介质（或程序）里，当

< 5 >

达到某种条件时即被激活，通过修改其他程序的方法将自己的副本或者演化形式放入其他程序，从而感染其他程序，对计算机资源进行破坏。

1.2.2 计算机病毒的分类及特点

1. 计算机病毒的分类

计算机病毒（以下简称病毒）有多种分类方法，常见的是按病毒依附的媒体类型、病毒的传染方法和病毒的危害分类。

计算机病毒按病毒依附的媒体类型可分为如下 3 种类型。

（1）**文件病毒**：通过感染计算机中存储的文件来影响计算机正常使用的病毒。

（2）**网络病毒**：通过计算机网络感染可执行文件的计算机病毒。

（3）**引导型病毒**：一种主要感染启动扇区和硬盘系统引导扇区的病毒。这种病毒在计算机启动时，用病毒逻辑代替正常的引导文件，感染计算机系统的引导扇区和启动扇区。

计算机病毒按病毒的传染方法可分为如下 2 种类型。

（1）**驻留型病毒**：将自身驻留在系统的内存中，合并到操作系统中，一直处于被激活的状态，直到计算机重启或关机。

（2）**非驻留型病毒**：等到特定的机会才会被激活，从而感染计算机。

计算机病毒按病毒的危害可分为如下 5 种类型。

（1）**危险型病毒**：会使系统发生严重错误、删除程序、破坏文件的计算机病毒。

（2）**无危险型病毒**：不影响操作系统正常使用，但会造成硬盘空间和内存变小、系统发出异响的计算机病毒。

（3）**伴随型病毒**：不会改变文件自身，但是会产生可执行的文件伴随体的计算机病毒。

（4）**寄生型病毒**：存在于系统的引导扇区中，通过系统的功能来传播的计算机病毒。

（5）**蠕虫病毒**：一种通过网络传播的病毒，它不改变计算机本身的数据和资料，而是通过网络从一台计算机传播到其他计算机的内存，除了内存一般不占用其他资源。

2. 计算机病毒的特点

计算机病毒一般具有以下几个特点。

（1）**破坏性**。病毒侵入计算机后，会对系统和应用程序带来不同程度的影响。有些病毒的破坏性并不明显，不会影响系统的正常使用，但是会占用系统空间。而有些病毒会有明显的破坏性，轻则破坏计算机内的文件和数据等资源，重则可能导致硬件的损坏。

（2）**传染性**。对绝大部分病毒来说，传染性是一个基本特征。计算机病毒可以通过修改其他程序或者自我复制感染其他应用程序或其他"干净"的计算机，从而达到传播的目的。

（3）**潜伏性**。现在有一部分编制比较巧妙的病毒，它们入侵计算机后并不会马上活动，会先隐藏在普通文件中，对其他的系统进行传染，等到满足特定条件后再进行活动，从而给计算机使用者带来更大的损失。

（4）**隐蔽性**。计算机病毒通常以程序代码的形式存在于应用程序中，有时也会以隐藏文件的形式存在，大多数计算机使用者很难将其与正常程序区分开。

（5）**不可预见性**。病毒的种类多种多样，它们的代码千差万别，且还在持续更新，病毒的编制技术也在不断提高，因此，新病毒是无法预测的。

（6）**可触发性**。通常情况下，编制计算机病毒的人会为病毒程序设置一些触发条件，如系统到达某个日期或时间、运行某个应用程序、打开某个窗口等。当条件达到时，病毒就会"发作"。

1.2.3 计算机病毒的症状与防范

通过了解计算机病毒的症状，采用相应的防范措施，就可以减少计算机病毒对计算机带来的破坏。

1．计算机病毒的症状

计算机感染病毒后，大多会出现一些异常现象。如果计算机出现以下症状，就需要考虑是否被病毒侵入了。

（1）系统启动与运行速度非常缓慢，经常无故死机或蓝屏。

（2）系统中的文件名或文件大小发生变化，文件丢失或损坏。

（3）出现来源不明的隐藏文件或屏幕上显示异常信息。

（4）存储空间异常减少，浏览器主页被篡改或频繁弹出广告。

2．计算机病毒的防范

计算机病毒的传播途径主要有移动存储设备和网络。计算机病毒就像生物病毒一样，总是先有"病"才有"药"，因此我们不仅需要提高认识，更要加强防范。我们可以通过以下几个措施来保护自己的计算机。

（1）安装正规的防病毒软件，并及时升级更新。

（2）打开操作系统的自动更新服务，及时安装补丁程序。

（3）重要数据经常备份。

（4）对外来的软件在使用前先使用杀毒软件进行检查，未经检查的程序不入硬盘，更不可使用。

（5）不随便接收和打开陌生人发来的邮件。

（6）不访问不受信任的网站。

（7）安装软件时不安装其携带的其他软件。

（8）系统账户不使用简单密码。

1.3 计算机中的计数制及信息编码

众所周知，计算机不仅可以处理数值型数据，还可以处理非数值型数据，如汉字、英文字符、图形图像、音频、视频等。计算机是怎样识别、存储、处理这些数据的呢？在计算机中所有数据都有自己的编码，这些编码是用二进制代码表示的。不同的数据又是如何编码的呢？现在我们来学习计算机中常用的计数制及常用数据的编码表示。

1.3.1 计算机中常用的计数制

在工作、学习和生活中，人们习惯使用十进制计数。十进制数中的每一位都用 0～9 十个数字符号中的一个来表示，计数规则为"逢十进一"。除了采用十进制计数外，我们有时也采用其他进制计数，例如，计算时间采用六十进制，1 小时为 60 分，1 分为 60 秒。

计算机中的数据是以二进制数的形式表示及存储的人们在阅读与书写时又常用十进制数、十六进制数和八进制数。现在我们来学习这些计数制。

1．数制的概念

数制也称为"计数制"，是用一组固定的符号和统一的计数规则来表示数值的方法。例如，十进制用 0～9 十个符号表示，计数规则为"逢十进一"。

2．数码、基数和位权

要理解数制，需先了解数码、基数、位权的概念。

（1）**数码**：数制中表示基本数值大小的不同数字符号。例如，十进制有 10 个数码：0、1、2、3、4、5、6、7、8、9。

（2）**基数**：数制所使用数码的个数。例如，十进制的基数为 10，表示时间的六十进制的基数为 60。

< 7 >

（3）位权：数制中某一位上的 1 所表示数值的大小。例如，十进制数 123 中，1 的位权是 100，2 的位权是 10，3 的位权是 1。在十进制计数中，个位位权为 10^0，十位位权为 10^1，百位位权为 10^2，千位位权为 10^3，更高位上的位权依次递增，而小数点后第 1 位上的位权为 10^{-1}。

3．十进制

十进制数使用 0～9 十个数码表示，基数是 10，计数规则为"逢十进一"。

十进制（Decimal）的书写规则：在十进制数后面加 D 或者用下标表示法。例如，274.13D 和 $(274.13)_{10}$ 都表示十进制数 274.13。D 和下标 10 通常省略。

在十进制计数中，各位上的位权值是基数 10 的若干次幂。例如，274.13 的位权展开式为

$$(274.13)_{10}=2\times10^2+7\times10^1+4\times10^0+1\times10^{-1}+3\times10^{-2}$$

4．二进制

在计算机内部，一切信息（包括数值、字符、指令等）的存储、处理与传送均采用二进制形式。一个二进制数在计算机内部是以电子元器件的物理状态来表示的，两种稳定状态能够互相转换，既简单又可靠。

二进制数只有 0 和 1 两个数码，基数是 2，其计数规则为"逢二进一"。

二进制（Binary）的书写规则：在二进制数后面加 B 或者用下标表示法。例如，10010B 和 $(10010)_2$ 都表示二进制数 10010。

在二进制数中，每一个数字符号（0 或 1）在不同的位置上具有不同的值，例如，二进制数 1011 从左向右第一个 1 的位权是 8，0 的位权是 4，第二个 1 的位权是 2，第三个 1 的位权是 1，即每个位置上的权值是基数 2 的若干次幂。例如，$(10010)_2$ 的位权展开式为

$$(10010)_2=1\times2^4+0\times2^3+0\times2^2+1\times2^1+0\times2^0$$

> **注意**
>
> 在二进制数中，每位上的数码都是小于 2 的数字符号。一个二进制数与一个十进制数中的数字符号"1"在同一位置上所代表的值是不同的。例如，二进制数 $(1000)_2$ 中的"1"所代表的十进制值为 $2^3=8$，而十进制数 $(1000)_{10}$ 中的"1"所代表的十进制值为 $10^3=1000$。

5．八进制

八进制数用 0～7 八个数码表示，基数是 8，其计数规则为"逢八进一"。

八进制（Octal）的书写规则：在八进制数后面加 O（大写）或者用下标表示法。例如，134O 和 $(134)_8$ 都表示八进制数 134。

在八进制数中，每一个数字符号（0～7）在不同的位置上具有不同的值，每个位置上的权值是基数 8 的若干次幂。例如，$(134)_8$ 的位权展开式为

$$(134)_8=1\times8^2+3\times8^1+4\times8^0$$

> **注意**
>
> 在八进制数中每位数码都是小于 8 的数字符号，即不会出现"8"与"9"这两个数字符号。

6．十六进制

十六进制是人们在计算机指令代码和数据的书写中经常使用的数制。十六进制数用 0～9 十个数字符号及 6 个字母 A、B、C、D、E、F 共计 16 个数码表示，基数为 16。其中，A、B、C、D、E、F 分别代表十进制数的 10、11、12、13、14、15。其计数规则为"逢十六进一"。

十六进制（Hexadecimal）的书写规则：在十六进制数后面加 H 或者用下标表示法。例如，1ADH 和 $(1AD)_{16}$ 都表示十六进制数 1AD。

< 8 >

与十进制数一样，在十六进制数中，每一个数字符号在不同的位置上具有不同的值，每个位置上的权值是基数 16 的若干次幂。例如，$(1AD)_{16}$ 的位权展开式为

$$(1AD)_{16}=1\times16^2+10\times16^1+13\times16^0$$

7. 各种计数制之间的转换

计算机常用计数制是可以相互转换的，下面介绍各种计数制相互转换的方法。

（1）十进制数转换为二进制数、八进制数和十六进制数。

十进制整数转换成二进制、八进制和十六进制整数采用**除基数倒取余法**。

【例 1-1】将十进制整数 87 转换成二进制整数。

具体算法：将十进制整数 87 除以 2，得到一个商 43 和一个余数 1；再用商 43 除以 2，又得到一个商 21 和一个余数 1；继续这个过程，直到商等于 0。每次得到的余数（必定是 0 或 1），就是对应二进制数的各位数字。

详细算法过程如下。

2	87	余数为 1
2	43	余数为 1
2	21	余数为 1
2	10	余数为 0
2	5	余数为 1
2	2	余数为 0
2	1	余数为 1，商为 0，结束
	0	

最后结果为 $(87)_{10}=(1010111)_2=1010111B$。

> **注意**
>
> 第一次得到的余数为二进制数的最低位，最后一次得到的余数为二进制数的最高位。

【例 1-2】将十进制整数 257 转换成八进制整数。

十进制整数 257 转换成八进制整数采用"除 8 倒取余法"，其过程如下。

8	257	余数为 1
8	32	余数为 0
8	4	余数为 4，商为 0，结束
8	0	

最后结果为 $(257)_{10}=(401)_8=401O$。

> **注意**
>
> 第一次得到的余数为八进制数的最低位，最后一次得到的余数为八进制数的最高位。

【例 1-3】将十进制整数 968 转换成十六进制整数。

十进制整数 968 转换成十六进制整数采用"除 16 倒取余法"，其过程如下。

16	968	余数为 8
16	60	余数为 12，对应十六进制数码 C
16	3	余数为 3，商为 0，结束
16	0	

最后结果为 $(968)_{10}=(3C8)_{16}=3C8H$。

< 9 >

> ⚠ **注意**
>
> 第一次得到的余数为十六进制数的最低位，最后一次得到的余数为十六进制数的最高位。

（2）二进制数、八进制数和十六进制数相互转换。

二进制与八进制、十六进制之间有着简单的关系，16 和 8 是 2 的整数次幂，即 $16=2^4$，$8=2^3$，因此，四位二进制数相当于一位十六进制数，三位二进制数相当于一位八进制数。计算机中常用计数制的对应关系如表 1.1 所示。

表 1.1　计算机常用计数制

十进制	二进制	八进制	十六进制
0	0	0	0
1	1	1	1
2	10	2	2
3	11	3	3
4	110	4	4
5	101	5	5
6	110	6	6
7	111	7	7
8	1000	10	8
9	1001	11	9
10	1010	12	A
11	1011	13	B
12	1100	14	C
13	1101	15	D
14	1110	16	E
15	1111	17	F

① 八进制数、十六进制数转换成二进制数。

八进制数、十六进制数转换成二进制数可采用**拆位法**，即每位八进制数拆成三位二进制数，每位十六进制数拆成四位二进制数。

【例 1-4】将八进制数$(405)_8$转换成二进制数。

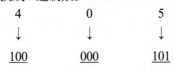

即$(405)_8=(100000101)_2$ =100000101B。

【例 1-5】将十六进制数$(3CF)_{16}$转换成二进制数。

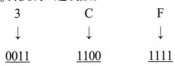

即$(3CF)_{16}=(1111001111)_2$=1111001111B。

② 二进制数转换成十六进制数、八进制数。

二进制数转换成十六进制数、八进制数可采用**并位替换法**。

二进制数转换成十六进制数：从二进制数右端的数字开始，向左每四位一组，不足四位，在其左端添加 0 补足四位，每组按位权展开求和得到一位十六进制数。

二进制数转换成八进制数：从二进制数右端的数字开始，向左每三位一组，不足三位，在其左端添加 0 补足三位，每组按位权展开求和得到一位八进制数。

【例 1-6】将二进制数$(11011100011)_2$转换成十六进制数。

< 10 >

第1章　计算机基础知识

110	1110	0011
↓	↓	↓
6	E	3

即(11011100011)$_2$=(6E3)$_{16}$=6E3H。

【例 1-7】将二进制数(110101011)$_2$转换成八进制数。

110	101	011
↓	↓	↓
6	5	3

即(110101011)$_2$=(653)$_8$=653O。

1.3.2　数值型数据的编码

数值型数据由数字、小数点和正、负符号组成，表示数量，用于算术操作。例如，工资就是一个数值型数据，在计算个人所得税时，就要对它进行算术运算。那么数值型数据是如何在计算机中存储和处理的呢？

1．机器数与真值

在计算机内，数据都是用二进制表示的，对于有符号数除了考虑存储数码本身，还需要考虑正、负号和小数点的存储和处理问题。计算机用 0、1 编码的形式表示一个数的数值部分，正、负号同样用 0、1 编码表示。通常计算机内一个数的最高位被定义为符号位（也称为数符），用"0"表示正，"1"表示负，其余位仍表示数值。把符号数字化以后，就能将它用于机器中。

机器数：将正、负符号数字化的数称为机器数。

真值：用正、负号替代符号位的机器数称为真值。

机器数的特点：符号数字化，数的大小受机器字长的限制。

字长：机器内部设备一次能表示的二进制位数称为机器的字长，一台机器的字长是固定的。字长 8 位为 1 字节（Byte），机器字长一般都是字节的整数倍，如字长 8 位、16 位、32 位、64 位。

例如，机器字长为 16 位，现有十进制数-163，(-163)$_{10}$=(-10100011)$_2$，在机内的表示如图 1.1 所示，其 16 位机器数为 1000000010100011，16 位真值为（-000000010100011）。

| 1 | 0 | 0 | 0 | 0 | 0 | 0 | 0 | 0 | 1 | 0 | 1 | 0 | 0 | 0 | 1 | 1 |

数符

图 1.1　机器数

> ❗ 注意
>
> 字长和数据类型决定了机器能表示的数值范围。例如，若表示一个字长为 8 位的有符号整数，则最大的正值为(01111111)$_2$，最高位为符号位，即最大值为(127)$_{10}$，超出 127 就是"溢出"。

2．机器数的分类

根据小数点位置固定与否，机器数又可以分为定点数和浮点数。

在计算机内部难以表示小数点，因此小数点的位置是隐含的，即小数点不占存储位置，但需事先约定好小数点的位置。隐含的小数点位置可以是固定的，也可以是变化的，前者称为定点数，后者称为浮点数。

3．定点数和浮点数表示法

（1）定点数的表示法。

在定点数中，小数点的位置一旦确定，就不再改变。定点数又有定点小数和定点整数之分。

< 11 >

① **定点小数**: 小数点准确固定在数据某一个位置上的小数。通常把小数点固定在最高位数值的左边, 小数点左边再设一位符号位, 用来表示小于 1 的纯小数。按此规律, 任何一个 R 位纯小数 S 都可以写成

$$S=S_mS_{-1}S_{-2}S\cdots S_{-R}\ (S_m\ 为符号位)$$

即在计算机内用 $R+1$ 个二进制位表示一个小数, 最高（左端）的一个二进制位表示数符, 后面的 R 个二进制位表示该小数的数值。用 $R+1$ 个二进制位表示的小数, 其数值范围为 $|S|\leq 1-2^{-R}$。

② **定点整数**: 因整数没有小数位, 故小数点固定在数值的右端, 用来表示整数。

整数分为有符号整数和无符号整数两类。无符号整数的所有二进制位全部用来表示数值的大小; 有符号整数用最高位表示数的正负号, 而其他位表示数值的大小, R 位二进制整数 S 可以写成

$$S=S_mS_R S_{R-1}\cdots S_1\ (S_m\ 为符号位)$$

用 $R+1$ 个二进制位表示的带符号整数, 其数值范围为 $|S|\leq 2^{-R}-1$。对于不带符号的整数, 所有 $R+1$ 个二进制位均表示数值, 此时, 数值的表示范围是 $0\leq S\leq 2^{R+1}-1$。

例如, 机器字长为 8 位, 十进制整数-65 在计算机内表示为 11000001, 符号位放在最高位。

（2）浮点数的表示法。

浮点表示来源于数学中的指数表示形式 $N=M\times K^C$。例如, 十进制数$(456)_{10}$可以写作 0.456×10^3, 类似地, 二进制数$(1111011)_2$可以写作 $0.01111011\times 2^{1000}$, 注意, 这里的 1000 为二进制数, 等于十进制数 8。

在计算机中, 一个浮点数由两部分组成: 阶码 C 和尾数 M。阶码是指数, 尾数为小于 1 的小数。其存储格式如图 1.2 所示。

阶符	阶码	数符	尾数

图1.2 浮点数存储格式

阶码: 相当于数学中的指数, 只能是一个带符号的整数, 用来指示尾数中的小数点应当向左或向右移动的位数。阶码所占位数决定数的表示范围。

尾数: 表示数值的有效数字, 其本身的小数点约定在数符与尾数之间。尾数所占位数影响数的精度。

在浮点数表示中, 数符和阶符各占一位, 阶码的位数随数值表示的范围而定, 尾数的位数则依数的精度而定。需要注意的是浮点数的正、负由尾数的数符决定, 而阶码的正、负只决定小数点的位置, 即决定浮点数的绝对值大小。

例如, 设尾数为 4 位, 阶码为 2 位, 则二进制数 $N=2^{11}\times 0.1011$ 的浮点数表示形式为

0	11	0	1011
阶符	阶码	数符	尾数

4. 机器数的形式

机器数有原码、反码、补码 3 种表示形式, 下面简单介绍一下机器数的这 3 种表示形式。

（1）原码。

在机器数中, 如果整数的绝对值用二进制数表示, +、-符号分别用 0 和 1 去表示, 这种表示形式就称为原码, 记作 $[X]_原$。其中 X 为真值, $[X]$ 表示真值为 X 的机器数, 下标"原"表示该机器数的表示形式为原码。一般来说, 正数的原码即正数本身, 即$[X]_原=X$。

假设字长为 8 位, 则+3 和-3 用原码表示如下:

+3=$[+0000011]_原$=00000011

-3=$[-0000011]_原$=10000011

（2）反码。

为了减少设备, 解决机器内负数的符号位参加运算的问题, 需要将减法运算变成加法运算, 因此出现了反码和补码这两种机器数。

对正数来说, 其反码和原码的形式相同; 对负数来说, 反码为其原码的数值部分各位变反。

< 12 >

设字长为 8 位，根据反码定义，+3 和-3 用反码表示如下：

+3= [+0000011]_反=00000011

-3=[-0000011]_反=100000000-1-0000011=11111111-00000011=11111100

（3）补码。

补码是根据同余的概念引入的，我们来看一个减法通过加法来实现的例子。假定当前时间为北京时间 6 点整，有一只手表却显示 8 点整，比北京时间快了 2 小时，校准的方法有两种，一种是倒拨 2 小时，一种是正拨 10 小时。若规定倒拨是做减法，正拨是做加法，那么对手表来讲减 2 与加 10 是等价的，也就是说减 2 可以用加 10 来实现。这是因为 8 加 10 等于 18，然而手表最大只能指示 12，当数字大于 12 时 12 自然丢失，18 减去 12 就只剩 6 了。这说明减法在一定条件下是可以用加法来代替的。这里"12"称为"模"（Module），10 称为"-2"对模 12 的补数。推广到一般规则：$A-B=A+(-B+M)=A+(-B)_{补}$。

可见，在模为 M 的条件下，A 减去 B，可以用 A 加上-B 的补数来实现。这里模可视为计数器的容量，针对上述手表的例子，模为 12。计算机中的补码计算方法：除符号位外，其余位按位取反，末位加 1。

例如，-5 对应带符号位负数 5（10000101）→除符号位外所有位取反（11111010）→加 00000001 为（11111011），所以-5 的补码是 11111011。

简言之，对正数来说，其补码和原码的形式相同；对负数来说，其补码为其反码的末位加 1。

小结： 正数的原码、反码和补码是完全相同的；负数的原码、反码和补码各不相同。另外特别要注意的是，对于负数的反码和补码（即符号位为 1 的数），其符号位后边的几位表示的并不是此数的数值。

1.3.3 非数值型数据的编码

1. 字符型数据

字符型数据指字母表中的字母、标点符号和不用于算术操作的数字。例如，姓名、家庭住址、身份证号码等都是字符型数据。

（1）ASCII。

电子计算机一般使用 ASCII 表示西文字符型数据。ASCII（American Standard Code For Information Interchange，美国标准信息交换码）原为美国国家标准，是不同计算机在相互通信时共同遵守的标准，后被 ISO 及 CCITT 等国际组织采用。标准 ASCII 使用 7 个二进制位（比特）来表示 2^7 个符号（共 128 个符号），包括大小写字母、特殊控制字符、数字和标点符号，如表 1.2 所示。我国 1980 年颁布的《信息交换用七位编码字符集》（国家标准代号 GB1988—80）也是据此制定的。

表 1.2 标准 ASCII 表

后4位	前3位							
	000	001	010	011	100	101	110	111
0000	NUL	DLE	空格	0	@	P	、	p
0001	SOH	DC1	!	1	A	Q	a	q
0010	STX	DC2	"	2	B	R	b	r
0011	EYX	DC3	#	3	C	S	c	s
0100	EOT	DC4	$	4	D	T	d	t
0101	ENQ	NAK	%	5	E	U	e	u
0110	ACK	SYN	&	6	F	V	f	v
0111	BEL	ETB	,	7	G	W	g	w
1000	BS	CAN	(	8	H	X	h	x
1001	HT	EM	)	9	I	Y	i	y
1010	LF	SUB	*	。	J	Z	j	z
1011	VT	ESC	+	;	K	[	k	{
1100	FF	FS	,	<	L	\	l		
1101	CR	GS	-	=	M	]	m	}
1110	SO	RS	.	>	N	^	n	~
1111	SI	US	/	?	O	_	o	DEL

< 13 >

（2）汉字编码。

汉字符号比西文符号复杂得多，所以汉字符号的编码也比西文符号的编码复杂得多。中华人民共和国标准化管理委员会公布的常用汉字有 6763 个（常用的一级汉字 3755 个，二级汉字 3008 个）。1 字节只能编码 2^8=256 个符号，用 1 字节给汉字编码显然是不够的，所以汉字编码用 2 字节。为了使人们能方便迅速地输入汉字，研究者根据汉字的发音或者字形设计了多种输入编码方案。

为了便于在不同的汉字信息处理系统之间进行汉字信息的交换，我国专门制定了汉字交换码，称为**国标码**。国标码在计算机内部存储时所采用的统一表达方式被称为**汉字内码**。无论是用哪一种输入码输入的汉字，都将转换为汉字内码存储在计算机内。

汉字是由横、竖、撇、捺等多种笔画所构成的方块字，为了显示或打印汉字，研究者通过点阵将汉字字形数字化，数字化后的编码被称为**汉字字形码**。

综上所述，汉字的编码有 3 类：汉字输入码、汉字内码、汉字字形码。它们之间的关系如图 1.3 所示。

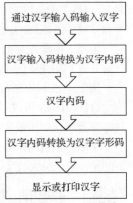

图 1.3　汉字编码之间的关系

2．声音的表示

计算机可以记录、存储和播放声音（如人声和音乐等）。声音（也称为音频）是随时间连续变化的波。声音或音频数据在计算机内以两种不同的方法表示：波形音频和 MIDI 音频。

（1）波形音频。

波形音频是最早的数字音频格式。为了数字化声音的波形，人们每隔一定时间对声音进行采样，并以数字的形式进行存储，这个过程称为声音的离散化或数字化。数字化声音的质量与采样频率和采样点数据的测量精度（振幅值位数）以及声道数有关。

（2）MIDI 音频。

MIDI 是乐器数字接口（Musical Instrument Digital Interface）的英文缩写。MIDI 音频文件包含 MIDI 乐器和 MIDI 声卡用来重构声音的指令，是一个音乐符号系统，它允许计算机和音乐合成器进行通信。计算机把音乐编码成一个序列，类似于钢琴演奏者用来演奏音乐的乐谱。MIDI 序列包含的指令有音符的定调、开始音符、演奏音符的乐器、音符的音量和音符的时间等，因此，MIDI 音频文件比波形音频文件更为紧凑，3 分钟的 MIDI 音频仅需 10KB 的存储空间，而 3 分钟的波形音频需要 15MB 的存储空间。

3．图形和图像

在计算机中，图形与图像是两个不同的概念。图形一般是指通过绘图软件绘制的由直线、圆、圆弧、任意曲线等组成的画面，描述图形的指令以矢量图形文件形式存储。图像是由数码相机、扫描仪、摄像机等输入的画面，数字化后以位图图像文件形式存储。

（1）矢量图形。

矢量图形由一串可重构图形的指令构成。在创建矢量图形的时候，人们用不同的颜色来绘制图形，而计算机将这些图形转换为能重构图形的指令。计算机存储的是这些指令，而不是真正的图形。

矢量图形看起来没有位图图像真实。但是，矢量图形有自己的优点，非常适合于需要以各种大小进行显示和打印的图表。人们还可以把矢量图形的一部分当作一个单独的对象进行拉伸、缩小、变形、上色、移动和删除等操作。例如，矢量图形中有一个黄色的太阳，我们可以方便地移动它的位置，把它放大或改变颜色。当缩小或者放大矢量图形时，图形对象会按比例变化，以保证边缘平滑。

矢量图形文件的文件扩展名有 wmf、dxf、mgx、eps、cgm 等。

（2）位图图像。

我们可以把一幅图像看成由若干行和列的独立点（又称为像素）组成的阵列，计算机通过指定屏

< 14 >

幕上每个独立点（像素）的状态的二进制编码方式来存储位图图像。位图图像范围很广，既有简单的黑白图像，也有真彩色的照片级图像。

位图图像的重要属性是图像分辨率和颜色深度。

图像分辨率用每英寸（1英寸=2.54厘米）多少点表示，图像越精细，分辨率越高。分辨率为640像素×480像素的单色图像占用640×480（307 200）比特，即38 400字节（1字节=8比特）。颜色深度是指表示每一个像素点颜色的二进制位数。例如，图像的颜色深度为1，即用一个二进制位表示纯白、纯黑两种状态。然而，这种图像很少使用，因为看起来不太真实。通过调整黑白两色的程度——灰度可有效地改善图像观感。

位图图像文件的文件扩展名有bmp、tif、jpg、gif等。

1.4 计算机系统及工作原理

1.4.1 计算机系统的组成

完整的计算机系统由硬件系统和软件系统两大部分组成，二者互相依赖，缺一不可，如图1.4所示。计算机硬件是计算机系统中所有看得见、摸得着的实际物理装置的总称。计算机软件是在计算机中运行的程序、相关数据和文档的集合，包括系统软件和应用软件。

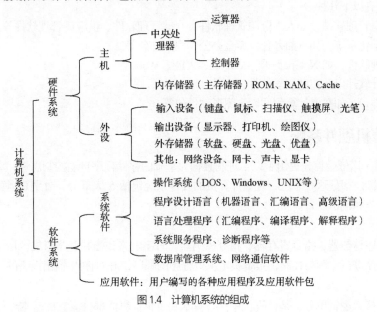

图1.4　计算机系统的组成

1.4.2 计算机软件系统

1. 计算机软件的概念

软件是计算机系统的重要组成部分，它决定了一台计算机能做什么。相对于计算机硬件而言，软件是计算机的无形部分，但它的作用是很大的。比如听音乐要有音箱，这是硬件条件；但仅有音箱还不够，还要有音乐，这就是软件条件。由此可知，如果只有好的硬件，但没有好的软件，计算机是不可能显示出它的优越性的。所谓软件是指能指示计算机完成工作任务的程序与程序运行时所需要的数据，以及与这些程序和数据有关的文档资料的集合。计算机的软件系统包括系统软件和应用软件。

< 15 >

2. 系统软件

系统软件是指管理、监控和维护计算机硬件和软件资源的软件。常见的系统软件有操作系统、各种语言处理程序以及各种工具软件等。

① **操作系统**。操作系统是必不可少的系统软件，是控制计算机所有活动的主控制器。它是对硬件系统功能的首次扩充，也是其他系统软件和应用软件能够在计算机上运行的基础。

② **程序设计语言**。人们要利用计算机处理实际问题，需要先编制程序。程序是计算机能识别和执行的一组指令，可满足人们的某种需求。程序设计语言就是用来编写程序的语言，是人与计算机交换信息的工具。程序设计语言一般分为机器语言、汇编语言和高级语言 3 类。

③ **语言处理程序**。语言处理程序是为用户设计的编程服务软件，其作用是将高级语言源程序翻译成计算机能识别的目标程序，将用程序设计语言编写的源程序转换成机器语言的形式，以便计算机运行。语言处理程序一般由汇编程序、编译程序、解释程序和相应的操作程序组成。

④ **工具软件**。工具软件是开发和研制各种软件的工具。常见的工具软件有诊断程序、调试程序、编辑程序等。这些工具软件为用户编制计算机程序及使用计算机提供了方便。

3. 应用软件。

应用软件指系统软件以外的所有软件，它是用户为处理某种实际问题而编制的程序。应用软件主要为用户提供在各个具体领域中的辅助功能，这是绝大多数用户学习、使用计算机时最感兴趣的部分。应用软件具有很强的实用性，专门用于解决某个应用领域中的具体问题，因此又具有很强的专用性。常见的应用软件有以下几种。

① 各种信息管理软件，如人力资源管理软件、仓储管理软件、供应链管理软件等。

② 办公自动化系统，如三鼎办公、紫金办公、商网办公等。

③ 文字处理软件，如 Notepad++、EditPlus、WPS、Word 等。

④ 辅助设计软件以及辅助教学软件。

⑤ 其他软件包，如数值计算程序库、图形软件包等。

1.4.3 计算机硬件系统

1945 年，冯·诺依曼首先提出了以二进制数据为基础的存储程序自动控制思想，奠定了现代电子计算机的发展基础。根据这一思想，现代计算机的硬件系统包括 5 大部分，分别是运算器、控制器、存储器、输入设备和输出设备。

1. 控制器

控制器由程序计数器、指令寄存器、指令译码器、时序电路和控制电路组成，是计算机的指挥中心，对其他各部分进行协调与控制，负责决定执行程序的顺序，并对输入/输出设备的运行进行监控。

2. 运算器

运算器也叫算术逻辑单元，是计算机中执行算术和逻辑运算的部件。它的基本操作包括加、减、乘、除四则运算，与、或、非、异或等逻辑操作，以及移位、比较和传送等操作。

3. 存储器

存储器是计算机硬件系统中的记忆设备，用来存放程序和数据。

4. 输入设备

输入设备是外界向计算机输入指令、程序、数据等信息的工具，是计算机与用户通信的桥梁，也是用户和计算机系统之间信息交换的主要装置。

5. 输出设备

输出设备是计算机硬件系统的终端设备，其作用是将计算机中的信息传送到外部媒介，并转换成用户所需的形式。

< 16 >

1.4.4 计算机的工作原理

计算机基本的工作原理是**存储程序原理**：预先将程序和数据存储到计算机内部的存储器里，计算机在程序的控制下一步一步地执行指令，直到得出结果。

在计算机里，两种信息在执行指令的过程中流动：数据流（包括原始数据、中间结果和最终结果）和控制流（控制器对指令进行分析、解释后发往各部件的命令）。程序和数据一起存储在存储器里，在用户发出命令以后，计算机就可以自动完成运算。计算机工作流程如图 1.5 所示。

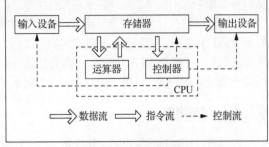

图1.5 计算机工作流程

计算机运行程序时，先从内存中读取出第一条指令，通过控制器的分析和译码，按指令的要求，从存储器中取出数据进行指定的运算和逻辑操作等加工，再按地址把结果送到内存中去；接下来，取出第二条指令，在控制器的指挥下完成该指令所要求的操作。如此依次进行下去，直至遇到停止指令。这一原理最初是由冯·诺依曼提出来的，故又称为冯·诺依曼原理。基于冯·诺依曼原理设计的计算机的工作原理可以概括为"存储程序、程序控制"。

1.5 微型计算机硬件系统的组成

1.5.1 主板

主板，又称主机板、系统板或母板，是复杂电子系统的主电路板，它安装在机箱内，是计算机最基本，也是最重要的部件之一。主板的平面是一块 PCB 印制电路板，在电路板上面，是错落有致的电路线路；再上面，则是棱角分明的各个部件：插槽、芯片、电阻、电容等。当主机通电时，电流会在瞬间通过 CPU、南北桥芯片、内存插槽、PCI 插槽、IDE 插座以及主板边缘的串口、并口、PS/2 接口等，接着，主板会通过 BIOS（基本输入/输出系统）来识别硬件，并使操作系统发挥出支撑系统平台工作的功能。主板结构如图 1.6 所示。

图1.6 主板

< 17 >

1.5.2 中央处理器

中央处理器（Central Processing Unit，CPU）是一块超大规模的集成电路，通常由集成在一块半导体芯片上的运算器、控制器和寄存器组成。其功能是从内存储器中取出指令、解释指令并执行指令。CPU 是计算机系统的核心。

图 1.7　CPU

运算器可以执行定点或浮点算术运算、移位操作以及逻辑操作，也可执行地址运算和转换。控制器主要负责对指令译码，并且发出为完成每条指令所要执行的各个操作的控制信号。寄存器用来保存指令执行过程中临时存放的操作数或最终的操作结果。CPU 如图 1.7 所示。

1.5.3 存储器

存储器是计算机系统中的记忆设备，用于存放计算机进行信息处理所必须的原始数据、中间结果、最后结果以及指示计算机工作的程序。它根据控制器指定的位置存入和取出信息。

存储器中有大量的存储单元，每个存储单元可以存放 8 位的二进制数（1 字节），字节是存储器的基本单位。存储器中的字节依次用从 0 开始的整数进行编号，这个编号称为地址，CPU 按地址来存取存储器中的数据。

1. 存储器的容量

存储器的容量指存储器包含的字节数。通常用 bit、Byte、KB、MB、GB、TB、PB、EB、ZB、YB、BB、NB、DB……来表示，它们之间的关系如下：

1Byte=8bit，1KB=1024Byte，1MB=1024KB，1GB=1024MB，1TB=1024GB，1PB=1024TB……

2. 存储器的分类

根据存储材料的性能及使用方法的不同，存储器有几种不同的分类方法。

（1）按存储介质分类。

半导体存储器：用半导体器件组成的存储器。

磁表面存储器：用磁性材料做成的存储器。

（2）按存储方式分类。

随机存储器：任何存储单元的内容都能被随机存取，且存取时间和存储单元的物理位置无关。

顺序存储器：只能按某种顺序来存取，存取时间与存储单元的物理位置有关。

（3）按存储器的读写功能分类。

只读存储器（ROM）：ROM 中的数据是厂家在制造时用特殊方法写入的，是固定不变的，只能读出而不能写入，断电后其中的信息也不会丢失。

随机存取存储器（RAM）：可以随机地按任意指定地址向存储单元读写数据，既能读出又能写入。由于数据是通过电信号写入存储器的，因此断电后信息丢失。

（4）按照存储器在计算机系统中所起的作用分类。

① **内存储器（内存）**：内存又称为主存，属于主机的组成部分，是由半导体器件组成的。内存能被 CPU 直接访问，存取速度比较快，价格高，其容量不宜太大。随着微机档次的提高，内存容量可以逐步扩充。

内存按其工作方式的不同，又可以分为随机存取存储器和只读存储器。

② **外存储器（外存）**：外存又称为辅助存储器（辅存），属于外部设备（外设）。它的容量一般都比较大，价格低，但读写速度较慢，一般用来存放大量暂时不用的程序、数据和中间结果，需要时，可成批地与内存进行数据交换。外存只能与内存交换数据，不能被 CPU 直接访问。计算机在执行某项任务时，将与任务有关的程序和原始数据从外存中调入内存，通过 CPU 与内存进行高速的数据处理，然后将最终结果通过内存再写入外存。

< 18 >

在微型计算机中，常用的外存有硬盘、U 盘（优盘）和光盘等。

硬盘是计算机主要的外存储器，它的种类有机械硬盘（HDD）和固态硬盘（SSD）。

机械硬盘由磁盘、磁头、控制电机、主轴等组成。常见的机械硬盘有 3.5 英寸和 2.5 英寸两种，2.5 英寸硬盘常用于便携式计算机、小型机箱等，3.5 英寸硬盘常用于台式机、服务器。机械硬盘的特点是存储容量大，价格低，但是数据存取慢，占用空间大，发热量较大。机械硬盘结构如图 1.8 所示。

固态硬盘由电子存储芯片阵列组成，包含存储单元和控制单元，其中存储单元有 Flash 芯片、DRAM 芯片等类型。其特点是存取速度快，但是价格比机械硬盘高。固态硬盘如图 1.9 所示。

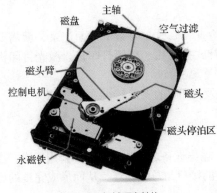

图 1.8 机械硬盘结构

图 1.9 固态硬盘

U 盘（USB Flash Disk）又称优盘、闪存盘，它采用闪存技术，通过 USB 接口接入 PC，实现了即插即用，是较为常见的移动式存储设备。其价格相对低廉，存取速度快，占用空间小，常用于 PC 之间的文件传输。

光盘是以光信息作为存储的载体，并利用激光原理进行读写的设备，可以存放文字、声音、图形、图像、动画和视频等多媒体数字信息。

1.5.4 输入/输出设备

输入/输出设备（I/O 设备）是计算机系统的重要组成部分，没有 I/O 设备，计算机是无法与外界（人、环境、其他设备等）交换数据的。

1. 输入设备

输入设备（Input Device）是外界向计算机传送数据和信息的装置，用于把原始数据和处理这些数据的程序输入计算机。计算机能够接收各种类型的数据，文字、数字、图形、图像、声音等都可以通过不同类型的输入设备传输到计算机中，再进行存储、处理和输出。输入设备是用户和计算机系统之间进行信息交换的主要装置之一。

常见的输入设备有键盘、鼠标、摄像头、扫描仪、光笔、手写输入板、游戏杆、语音输入装置等。鼠标主要有光电式鼠标和无线鼠标，键盘分为机械键盘和非机械键盘。机械键盘常用的轴体有青轴、茶轴、红轴、黑轴等。

2. 输出设备

输出设备（Output Device）是计算机硬件系统的终端设备，作用是将计算机中的数据传送到外部媒介，并把各种计算结果以数字、字符、图像、声音等形式表现出来。常见的输出设备有显示器、打印机、绘图仪、影像输出系统、语音输出系统、磁记录设备等，最常用的输出设备为显示器和打印机。

< 19 >

（1）显示器。

显示器又称为监视器，是将电子文件通过特定的传输设备显示到屏幕上再送达人眼的显示工具。常见的显示器种类有阴极射线管显示器、液晶显示器（时下主流的显示器）、3D 显示器。

显示器的主要性能参数包括分辨率和对比度。显示器的分辨率，如今主流的是 1920 像素×1080 像素。分辨率指画面的解析度，1920 为水平方向的像素数，而 1080 为垂直方向的像素数，数值越大，图像越清晰。此外，清晰度还与屏幕的尺寸有关，相同的分辨率，屏幕尺寸越小的则清晰度越高，同理，相同屏幕尺寸下，分辨率数值越大，则清晰度越高。对比度是指一幅图像中最亮的白和最暗的黑的比值。对比度越高，图片中暗的部分越暗，亮的部分越亮；反之，对比度越低，图片中暗的部分偏亮，亮的部分偏暗。

（2）打印机。

在显示器上输出的内容只能当时查看，便于检查和修改。要留下书面记录，就需要用打印机。按打印机的打印原理分类，可把打印机分为针式打印机、喷墨打印机、激光打印机和热转换打印机。

打印机的衡量标准主要有分辨率、打印的速度以及打印时的噪声大小。

1.5.5 总线

总线是一种内部结构，它是 CPU、内存、输入/输出设备之间传递数据的公用通道，主机中的各个部件通过总线相互连接，外部设备则通过对应的接口与总线相连，从而形成完整的计算机硬件系统。

按照总线上传输的信号不同，总线可分为 3 类：传送数据信号的数据总线、传送地址信号的地址总线和传送各种控制信号的控制总线。

1．数据总线

数据总线（Data Bus，DB）是 CPU 与存储器、CPU 与 I/O 设备之间传送数据信号的公用通道。数据总线上的信息是双向传输的。

2．地址总线

地址总线（Address Bus，AB）传送的是 CPU 向存储器、I/O 设备发出的地址信息。地址总线上的信息是单向传输的。

3．控制总线

控制总线（Control Bus，CB）传送的是各种控制信号，有 CPU 送往存储器、I/O 设备的控制信号，有 I/O 接口反馈给 CPU 的应答信号、请求信号。因此，控制总线上的信息是双向传输的。

总线的主要性能参数有总线带宽、总线位宽和总线工作时钟频率。

（1）**总线带宽**：也称总线传输速率，用来描述总线传输数据的快慢。总线带宽用总线上单位时间可传送的数据量表示，常用单位为 MB/s。

（2）**总线位宽**：指总线一次能传送的二进制位数，单位为 bit（位）。我们常说的 32 bit（位）、64bit（位）即指总线位宽。总线位宽越大，则单位时间通过总线传送的数据越多，总线带宽也越大。

（3）**总线工作时钟频率**：简称为总线时钟，用以描述总线工作速度，用总线上单位时间可传送数据的次数表示，常用单位为 MHz。总线工作时钟频率越高，则单位时间通过总线传送数据的次数越多，总线带宽也越大。

总线解决了不同设备之间通信的问题。总线的设计降低了电路设计的复杂程度。如果总线不存在，当有一个新的设备需要接入计算机时，就需要设计新的接口用于设备连接。有了总线之后，任何遵从总线接口设计标准的设备都可以直接连接总线。

< 20 >

1.6　计算机的主要技术指标及性能

1.6.1　计算机的接口

计算机接口是供 I/O 设备与计算机系统进行连接、具有相应通信规程的各种插头或插座，又称 I/O 接口。目前常见的接口类型有并口、串口和 USB 接口。

1．并口

并口也称为并行接口或 IEEE1284 接口，用于连接打印机，采用 25 针 D 形接头。所谓"并行"，是指 8 位、16 位或 32 位数据一起进行传输，这样数据传送速度会大大提高。但并行传输的线路长度是有限制的，线路越长，受到的干扰就会越强，数据也越容易出错。

2．串口

串口也称为串行接口或 RS-232 接口。现在的计算机主机一般配有 2 个串口 COM1 和 COM2。串口的数据是一位一位传输的，虽然这样传输速度较慢，但传输距离较长，数据在传输过程中不容易出错，因此当需要远距离通信时，应使用串口。

3．USB 接口

USB 接口即通用串行总线接口，是目前应用最广泛的新型接口，在计算机、数码相机、手机等设备中普遍使用。USB 接口具有传输速度快、支持热插拔及连接多个设备的特点。通过 USB 集线器可扩展 USB 接口数量，理论上可连接 127 个设备。USB 2.0 的数据传输率为 480Mbit/s，而 USB 3.0 的数据传输率达到了 5.0Gbit/s，且 USB 3.0 向下兼容 USB 2.0。

1.6.2　计算机的主要技术指标

计算机的技术指标用于衡量计算机系统功能的强弱，主要有字长、时钟频率、运算速度、存储容量和存取周期等。计算机功能的强弱或性能的好坏，不是由单独某一项技术指标决定的，而是由它的系统结构、指令系统、硬件组成、软件配置等多方面的因素综合决定的。

1．字长

字长指计算机的运算器能同时处理的二进制数的位数。字长越长，表示数的范围越大，即有效数字的位数越多，计算精度越高，运算速度也越快。

2．时钟频率

时钟频率也叫作主频，是计算机 CPU 在单位时间内发出的脉冲数，主要单位为 MHz 或 GHz。

3．运算速度

运算速度是衡量 CPU 工作快慢的指标，通常指每秒所能执行的指令条数，单位是 MIPS（百万条指令每秒）。

4．存储容量

这里的存储容量主要是指计算机的内存容量。需要执行的程序与需要处理的数据都存放在内存中，内容的容量越大，能存入的信息字节就越多，能直接存储的程序就越长，计算机的计算能力也就越强。

5．存取周期

把信息存入存储器，称为"写"，把信息从存储器里取出，称为"读"。存储器进行一次"读"或"写"所需要的时间称为存储器的访问时间，而连续进行两次"读"或"写"所需的最短时间就是存取周期。很明显，存取周期的长短，影响着计算机的计算能力。

计算机的性能
评价及医学相关
软件介绍

< 21 >

习题

1. 单选题

（1）一个完整的计算机系统应包括（　　　）。

　　A. 主机和外设　　　　　　　　　　　B. 硬件系统和软件系统

　　C. 系统软件和应用软件　　　　　　　D. 运算器、控制器和存储器

（2）计算机自诞生以来，在性能、价格等方面都发生了巨大的变化，但是（　　　）并没有发生多大的改变。

　　A. 耗电量　　　　B. 体积　　　　C. 运算速度　　　　D. 基本工作原理

（3）通常说的 Intel CPU 3.16GHz 中的 3.16 是指（　　　）。

　　A. 生产编号　　　　B. 无实际意义　　　　C. 计算机名字　　　　D. CPU 时钟频率

（4）CPU 不能直接访问的存储器是（　　　）。

　　A. ROM　　　　B. RAM　　　　C. 内存　　　　D. 外存

（5）下面列出的计算机病毒传播途径，不正确的是（　　　）。

　　A. 使用来路不明的软件　　　　　　　B. 通过借用他人的 U 盘

　　C. 机器使用时间过长　　　　　　　　D. 通过网络传输

（6）配置高速缓冲存储器（Cache）是为了解决（　　　）。

　　A. 内存与辅助存储器之间速度不匹配问题

　　B. CPU 与内存储器之间速度不匹配问题

　　C. 主机与外设之间速度不匹配问题

　　D. CPU 与辅助存储器之间速度不匹配问题

（7）机器语言是用二进制代码表示的，它能被计算机（　　　）。

　　A. 编译后执行　　　B. 解释后执行　　　C. 直接执行　　　D. 汇编后执行

（8）计算机病毒是（　　　）。

　　A. 计算机系统自生的　　　　　　　　B. 一种人为编制的计算机程序

　　C. 主机发生故障时产生的　　　　　　D. 可传染疾病给人体的那种病毒

（9）CPU 是（　　　）的简称。

　　A. 运算器　　　　B. 控制器　　　　C. 逻辑器　　　　D. 中央处理器

（10）计算机软件系统应包括（　　　）。

　　A. 汇编程序和编译程序　　　　　　　B. 人事管理软件

　　C. 系统软件和应用软件　　　　　　　D. 程序和数据

2. 填空题

（1）存储容量的基本单位是_____。

（2）在微型计算机中，一般有 3 种总线，即地址总线、控制总线和_____。

（3）汉字的输入功能是把汉字_____转换成汉字内码。

（4）标准 ASCII 字符集采用的二进制码长是_____位。

（5）微型机在运行程序时要占用内存空间，这里所说的内存指的是_____。

< 22 >

第2章 Windows 10 操作系统

在计算机系统中，操作系统（Operating System，OS）是计算机硬件上的第一层软件，是硬件和其他软件沟通的桥梁。操作系统控制各种程序的运行，管理系统资源，提供最基本的计算功能（如管理及分配内存、决定系统资源优先次序等），还提供文件系统、设备驱动程序、用户接口、系统服务程序等基本服务。

本章主要介绍操作系统的功能、分类以及 Windows 10 文件资源管理器的使用、文件及文件夹的基本操作、程序管理及磁盘管理、任务栏及系统设置等。

本章重点：操作系统的主要功能和作用、Windows 10 文件及文件夹的基本操作、文件资源管理器的使用方法、程序管理及系统设置。

2.1 操作系统概述

操作系统是配置在计算机硬件上的第一层软件，是对硬件系统的首次扩充，在计算机系统中占据了特别重要的地位，其他所有系统软件和应用软件都依赖于操作系统的支持。可以说，操作系统是最重要、最不可缺少的一种系统软件。有了操作系统，用户才能方便地使用计算机，有效地管理和利用计算机资源。

2.1.1 操作系统的定义

操作系统是控制计算机硬件和软件资源的一组系统软件。操作系统能有效地组织和管理计算机中的硬件和软件资源，合理地组织计算机工作流程，控制程序执行，并向用户提供各种服务，提供用户与系统交互的操作界面，使得用户能够方便、灵活、有效地使用计算机，并使整个计算机系统能够高效地运行。

从用户角度来看，操作系统使用户无须了解更多硬件和软件细节就能使用计算机，是用户与计算机硬件的接口，用户在操作系统的帮助下能够方便、快捷、安全、可靠地操纵计算机硬件工作，运行自己的程序。从资源管理的角度来看，操作系统的主要任务是管理和控制计算机的各种软硬件资源，使计算机系统中所有软硬件资源协调一致，有条不紊地工作。因此，操作系统也是计算机硬件与其他软件的接口。

操作系统与软件和硬件的关系如图 2.1 所示。

2.1.2 操作系统的功能

操作系统管理计算机硬件资源和软件资源。具体来说，它具有处理器管理、存储管理、设备管理、文件管理和作业管理五大基本功能。

图 2.1　操作系统与软件和硬件的关系

1．处理器管理

为了提高资源利用率，许多操作系统将程序分成一个或多个进程运行，以进程为单位进行资源（包括 CPU、内存等）分配，进程是系统进行资源调度和分配的独立单位。

处理器管理也称进程管理，主要任务是合理、有效地把 CPU 的时间分配给正在申请使用 CPU 的各个程序。当一个应用程序要运行时，操作系统必须先为它创建一个或几个进程，并为其分配必要的资源，当进程运行结束时，要立即撤销该进程。在许多操作系统中可以查看所有已经创建的进程。比如，在 Windows 10 操作系统下，按 Ctrl + Shift + Esc 组合键调出"任务管理器"，在"任务管理器"窗口中可以看到各个进程对 CPU 及内存的占用情况，如图 2.2 所示。

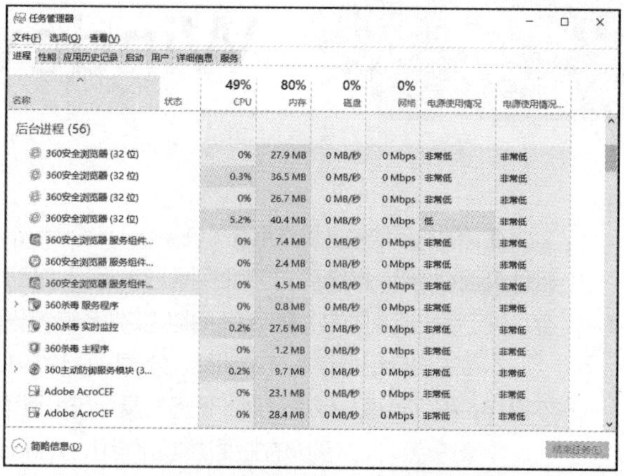

图 2.2　各进程对 CPU 和内存的占用情况

2．存储管理

存储器是计算机系统的关键资源之一。如何利用好存储器，不仅直接影响存储器的使用效率，还影响整个系统的性能。操作系统的存储管理主要是对主存（内存）进行管理，主要任务是为多道程序的运行提供良好的环境，方便用户使用存储器，提高存储器的利用率以及从逻辑上扩充内存。存储管理包括内存分配、内存保护、地址映射和内存扩充。

（1）**内存分配**。为多道程序和数据分配内存空间，使它们所占用的存储区不发生冲突，提高存储器的利用率。

（2）**内存保护**。确保每个用户程序都在自己的内存空间中运行，防止因用户程序错误破坏系统或其他用户程序，防止程序相互干扰。

（3）**地址映射**。一个应用程序经过编译后通常形成若干目标程序，这些目标程序再经过连接形成可执行程序，可执行程序中的地址都是相对于起始地址计算的，这样的地址称为逻辑地址。程序运行时被调入内存，操作系统要将程序中的逻辑地址变换为存储空间的真实物理地址。

（4）**内存扩充**。计算机的内存是 CPU 可以直接进行存取的存储器，其特点是存取速度快，但容量有限，这势必会影响系统的整体性能。操作系统进行内存扩充并非增加物理内存的空间，而是借助虚拟存储技术，利用硬盘空间模拟内存，在逻辑上为用户提供一个比实际内存更大的存储空间，从而提高系统的整体性能。

3．设备管理

外部设备是计算机与人以及与其他系统进行信息交流的重要资源，也是计算机系统中最具多样性和变化性的部分。设备管理负责对接入本计算机的所有外部设备进行管理。

任何程序要想使用任何外部设备，都要向操作系统提出请求，操作系统根据设备使用情况合理地为用户进行设备分配，并在使用中处理各种中断情况，尽可能地使外部设备和主机并行工作，解决快速 CPU 与慢速外部设备的矛盾，使用户不必关注具体外部设备的物理特性和具体控制命令，就可以方便灵活地使用这些设备。常见的外部设备有键盘、鼠标、显示器、打印机、摄像头、音箱等。打印机是经常要用到的输出设备，利用操作系统的相关设置，可以把一台打印机共享为网络打印机，供局域网中多个用户使用，从而提高其利用率。

4．文件管理

由于内存空间有限并且不能长期保存数据，因此大量信息以文件的形式存放在外存中，用户需要对文件进行处理时再将它们调入内存。对文件的组织管理都是由操作系统中被称为文件系统的软件来

< 24 >

完成的。文件系统的主要任务是管理文件目录、为文件分配存储空间、执行用户提出的使用文件的各种命令，支持文件的建立、存储、检索、调用和修改等操作，解决文件的共享、保密和保护等问题，并提供方便的用户界面。用户可以按照文件名存取文件，而不必考虑文件存放在外存中的具体物理位置及它们是如何存放的。

5．作业管理

在计算机中，作业（Job）是用户在一次算题过程中或一个事务处理中要求计算机系统所做的工作的集合，包括要执行的全部程序模块和需要处理的全部数据。作业管理是为处理器管理做准备的，包括对作业的组织、调度和运行控制。

作业有 4 种状态。①提交状态：指作业由输入设备进入外存的过程，处于提交状态的作业，其信息正在进入系统。②后备状态：作业的全部信息进入外存后，系统就为该作业建立一个作业控制块（Job Control Block，JCB）。③执行状态：一个后备作业被作业调度程序选中，被分配了必要的资源并进入了内存，作业调度程序为其建立了相应的进程后，该作业就由后备状态变成了执行状态。④完成状态：当作业正常运行结束或因程序出错等被终止运行，它所占用的资源未全部被系统回收时的状态。

2.1.3　操作系统的分类

操作系统有不同的分类标准，简单介绍如下。

1．按使用界面分类

（1）**命令行界面操作系统**。在命令行界面操作系统中，用户只能在命令提示符下输入命令对计算机进行操作，如 DOS、Novell 等系统。命令行界面操作系统需要用户记忆操作命令，因此没有图形界面操作系统那么方便用户操作。但是，由于其本身的特点，命令行界面操作系统较为节约计算机系统的资源。在熟记命令的前提下，使用命令行界面往往比使用图形界面的操作速度要快。所以，图形界面操作系统中都保留着可选的命令行界面。

（2）**图形界面操作系统**。图形界面操作系统交互性好，用户无须记忆命令，可根据图形界面的提示进行操作，如 Windows 系统。

2．按用户数目分类

（1）**单用户操作系统**。单用户操作系统是在一个计算机系统内，一次只能有一个用户的作业运行，用户占用全部软件、硬件资源。在微型计算机上使用的 DOS、Windows 3.x、OS/2 都属于单用户操作系统。

（2）**多用户操作系统**。多用户操作系统允许多个用户通过各自终端使用同一台主机，共享主机中的各类资源。常见的多用户操作系统有 Windows Server、Linux 等。

3．按任务数目分类

（1）**单任务操作系统**。单任务操作系统中系统每次只能执行一个程序，例如，打印机在打印时，计算机就不能再进行其他工作，如 DOS 系统。

（2）**多任务操作系统**。多任务操作系统允许系统同时运行两个以上的程序，例如，在运行音乐播放软件的同时执行 Word 字处理操作。Windows 2000/NT、Windows XP/Vista/7/8/10、Linux、UNIX 等系统都属于多任务操作系统。

4．按结构和功能分类

（1）**批处理操作系统**。批处理操作系统的用户每次把一批经过合理搭配的作业通过输入设备提交给系统，系统完全按照预定流程执行作业，执行完毕后才能根据输出结果分析作业运行状况。批处理操作系统的主要特点是用户脱机使用计算机和成批处理作业，优点是系统吞吐量大，资源利用率高，缺点是不便于程序的调试和人机对话。

（2）**实时操作系统**。实时操作系统是一种时间性强、响应快、可靠性高的操作系统，能够对来自

< 25 >

外界的信息在规定时间内做出及时的响应并进行处理。

（3）**分时操作系统**。分时操作系统是使一台计算机采用时间片轮转的方式同时为几个、几十个甚至几百个用户服务的一种操作系统。计算机与许多终端用户连接起来后，分时操作系统将 CPU 时间与内存空间按一定的时间间隔，轮流地切换给各终端用户的程序使用。由于时间间隔很短，每个用户的感觉就像他独占计算机一样。分时操作系统的特点是具有交互性、即时性、同时性和独占性。分时操作系统典型的例子就是 UNIX 和 Linux 系统，其可以同时连接多个终端并且每隔一段时间重新扫描进程，重新分配进程的优先级，动态分配系统资源。

（4）**网络操作系统**。提供网络通信和网络资源共享功能的操作系统称为网络操作系统，它是负责管理整个网络资源和方便网络用户使用网络资源的软件的集合。

（5）**分布式操作系统**。分布式操作系统属于分布式软件系统的一部分，主要负责管理分布式资源和控制分布式程序运行。分布式操作系统是由多台计算机通过网络连接在一起而组成的系统，系统中任意两台计算机可交换信息，且无主次之分。一个程序可分布在几台计算机上并行运行，即几台计算机互相协调完成一个共同的任务。分布式操作系统的引入可增强系统的处理能力、提高系统的可靠性。

（6）**嵌入式操作系统**。嵌入式操作系统（Embedded Operation System，EOS）是指用于嵌入式系统的操作系统，负责嵌入式系统的全部软硬件资源的分配及任务调度、控制、协调等活动，过去主要用于工业控制和国防领域。随着 Internet 技术的发展、信息家电的普及应用及 EOS 的微型化和专业化，EOS 从单一的弱功能向高专业化的强功能方向发展。嵌入式操作系统在系统实时高效性、硬件的相关依赖性、软件固化以及应用的专用性等方面具有较为突出的特点。EOS 是相对于一般操作系统而言的，它除了具有一般操作系统的基本功能，还具有任务调度、同步机制、中断处理等功能。嵌入式操作系统在工业控制、交通管理、信息家电、家庭智能管理、POS 网络、环境工程与自然、机电产品、移动互联网等领域都有应用。

5. 按设备可移动性分类

（1）**非移动设备操作系统**。非移动设备操作系统主要应用在服务器、台式机等设备上，如 Windows Server、Windows 10 等。

（2）**可移动设备操作系统**。可移动操作系统指在移动设备上使用的操作系统，如苹果公司的 iOS 系统、谷歌公司的 Android 系统、惠普公司的 WebOS 系统、开源的 MeeGo 系统、华为公司的鸿蒙系统。

2.1.4 常用操作系统

1. Windows 操作系统

Windows 操作系统是由美国微软（Microsoft）公司研发的操作系统，问世于 1985 年。它起初是 MS-DOS 模拟环境，后来微软不断对其进行更新升级，提升易用性，使 Windows 成为了应用最为广泛的操作系统。

Windows 采用图形界面，比起 MS-DOS 需要输入命令使用的方式更人性化。随着计算机硬件和软件的不断升级，Windows 也在不断升级，架构从 16 位、32 位到 64 位，系统版本从最初的 Windows 1.0 到大家熟知的 Windows 95、Windows 98、Windows 2000、Windows XP、Windows Vista、Windows 7、Windows 8、Windows 8.1、Windows 10、Windows 11 和 Windows Server。

Windows 操作系统的主要特点如下。

（1）人机操作性优异。

Windows 操作系统能够作为个人计算机的主流操作系统，其优异的人机操作性是重要因素。Windows 操作系统界面友好，窗口美观，操作动作易学，多代系统之间有良好的传承，计算机资源管

< 26 >

理效率较高，效果较好。

（2）支持的应用软件较多。

Windows 操作系统作为优秀的操作系统，由开发操作系统的微软公司控制接口和设计，公开标准，因此，有大量商业公司在该操作系统上开发商业软件。Windows 操作系统的大量应用软件为客户提供了方便。这些应用软件门类全，功能完善，用户体验较好。

（3）对硬件支持良好。

对硬件的良好适应性是 Windows 操作系统的又一个重要特点。Windows 操作系统支持多种硬件平台，宽泛、自由的开发环境，激励了硬件公司选择与 Windows 操作系统相匹配，也激励了 Windows 操作系统不断完善和改进，同时，硬件技术的提升，也为操作系统的功能拓展提供了支撑。另外，Windows 操作系统支持多种硬件的热插拔，便于用户使用，受到用户的欢迎。

2. UNIX 操作系统

UNIX 是 20 世纪 70 年代初出现的一个操作系统，除了作为网络操作系统，还可以作为单机操作系统使用。UNIX 作为一种开发平台和台式机操作系统，是一个分时操作系统。从用户角度来说，UNIX 是一个多用户、多任务的操作系统，可以在微型机、工作站、大型机及巨型机上安装运行。UNIX 稳定可靠，因此在金融、保险等行业得到广泛应用。UNIX 操作系统有很多种类，比较知名的有 AIX、Solaris、HP-UX，它们都在大型服务器市场占有一定地位。

UNIX 操作系统的主要特点如下。

（1）UNIX 操作系统在结构上分为核心部分（Kernel）和外围部分（Shell），两者有机结合为一个整体。核心部分承担系统内部的各个模块的功能，即进程管理、存储管理、设备管理和文件管理。核心程序的特点是精心设计、简洁精练，只需占用很小的空间而常驻内存，以保证系统的高效率运行。外围部分包括系统的用户界面、系统实用程序以及应用程序，用户通过外围程序使用计算机。

（2）UNIX 操作系统提供良好的用户界面，具有使用方便、功能齐全、操作灵活、易于扩充和修改等特点。

（3）UNIX 操作系统包含非常丰富的语言处理程序、实用程序和工具软件，向用户提供了相当完备的软件开发环境。

（4）UNIX 操作系统的绝大部分程序是用 C 语言编写的，只有约占 5% 的程序用汇编语言编写。C 语言是一种高级语言，它使得 UNIX 易于理解、修改和扩充，并且具有非常好的移植性。

3. Linux 操作系统

Linux 是一种免费使用和自由传播的类 UNIX 操作系统，由芬兰赫尔辛基大学的学生林纳斯（Linux B. Torvalds）在 1991 年首次编写。由于其源代码免费开放，许多人对 Linux 进行改进、扩充、完善，使其一步一步地发展为完整的 Linux 操作系统。Linux 继承了 UNIX 的优点，并进一步改进，紧跟技术发展潮流。

由于 Linux 操作系统廉价、灵活、功能强大，所以许多服务器都采用了 Linux 操作系统。Linux 与 Apache、MySQL、PHP/Python 等技术的组合，已经成为最常用的网站技术平台。比较常用的 Linux 操作系统有 Debian GNU/Linux、RedHat Linux，SUSE Linux 和 Ubuntu Linux，其中 Ubuntu Linux 主打桌面操作系统市场，能提供类似于 Windows 的图形界面。

Linux 操作系统的主要特点如下。

（1）**完全免费**。Linux 是一款免费的操作系统，用户可以通过网络或其他途径免费获得，并可以任意修改其源代码。这是其他的操作系统所做不到的。正是由于这一点，来自全世界的无数程序员参与了 Linux 的修改、编写工作，程序员可以根据自己的兴趣和灵感对其进行改变，这让 Linux 吸收了无数程序员的思想精华，不断壮大。

< 27 >

（2）**完全兼容 POSIX 1.0 标准**。用户可以在 Linux 下通过相应的模拟器运行常见的 DOS、Windows 的程序。这为用户从 Windows 转到 Linux 奠定了基础。许多用户在考虑使用 Linux 时，就想到以前在 Windows 下常用的程序是否能正常运行，这一点消除了他们的疑虑。

（3）**良好的界面**。Linux 同时具有命令行界面和图形界面。在命令行界面用户可以通过键盘输入相应的命令来进行操作。在类似 Windows 图形界面的 X-Window 图形界面，用户可以使用鼠标进行操作。X-Window 环境可以说是一个 Linux 版的 Windows。

（4）**支持多种平台**。Linux 可以运行在多种硬件平台上，如具有 x86、680x0、SPARC、Alpha 等处理器的平台。此外 Linux 还是一种嵌入式操作系统，可以运行在 PDA、机顶盒或游戏机上。同时，Linux 也支持多处理器技术。多个处理器同时工作，使系统性能大大提高。

4．macOS 操作系统

macOS 是一套由苹果公司开发的运行于 Macintosh 系列计算机上的操作系统，也是首个在商用领域成功的图形界面操作系统。macOS 是基于 XNU 混合内核的图形化操作系统，一般情况下在普通计算机上无法安装。疯狂肆虐的计算机病毒几乎都是针对 Windows 的，macOS 由于架构与 Windows 不同，因此很少受到计算机病毒的袭击。

macOS 基于 UNIX 开发而成，它具有 UNIX 的稳定性，设计简单直观，还提供超强性能图形界面，并支持互联网标准，是最早采用面向对象技术的操作系统。macOS 采用 C、C++和 Objective-C 编程开发。2020 年 11 月 13 日，macOS Big Sur 正式版发布。2021 年 10 月 26 日，苹果公司向 Mac 用户推送了 macOS Monterey 12.0.1 正式版。

5．iOS 操作系统

iOS 是由苹果公司为移动设备开发的操作系统，支持的设备包括 iPhone、iPod touch、iPad、Apple TV。与 Android 及 Windows Phone 不同，iOS 不支持非苹果公司生产的硬件设备。iOS 与 macOS 操作系统一样，属于类 UNIX 的商业操作系统。

2007 年 1 月 9 日苹果公司在 Macworld 展览会上发布了被乔布斯称之为"iPhone runs OS X"的操作系统，同年 6 月第一版 iOS 操作系统发布。2008 年 3 月 6 日，苹果公司发布了第一个测试版开发包，并且将"iPhone runs OS X"改名为"iPhone OS"。2022 年 1 月 28 日，苹果公司向 iPhone 和 iPad 用户推送了 iOS/iPadOS 15.4 开发者预览版 Beta 更新，带来了 Universal Control 全局控制、全新的 emoji 表情、苹果钱包 Apple Card 小部件等新功能。2022 年 11 月 10 日，苹果公司向用户推送了 iOS 16.1.1 正式版。

6．Android 操作系统

Android 操作系统是 2008 年 9 月由谷歌（Google）公司正式发布的基于 Linux 内核的开源操作系统，也是目前全球智能手机市场占有率最高、增长最快的操作系统。各手机厂商可以无偿地搭载 Android，而且它提供了和 iPhone 类似的功能，可以达到和 iPhone 类似的用户体验。

Android 底层是 Linux，上层应用程序框架都是基于 Java 的，也就是说 Android 的应用软件是用 Java 语言编写的。Google 提供了一整套开发 Android 应用软件的软件开发工具包（Software Development Kit，SDK）。任何人只要懂得 Java 语言，就可以免费使用 Android SDK 开发 Android 手机软件，并且可以发布到 Google Market 等应用市场上。

2.2 Windows 10 操作系统概述

Windows 10 操作系统从 2015 年 7 月 29 日发布至今，经过多次更新，已逐渐成为计算机的主流操作系统。本节简要介绍 Windows 10 操作系统的常用操作。

< 28 >

2.2.1　Windows 10 的安装

Windows 10 操作系统有 32 位和 64 位之分，目前主流的是 64 位。用户在安装前应先了解计算机的配置，如果配置太低，可能会安装不成功或影响系统运行性能。

安装 Windows 10 操作系统的最低配置要求：CPU 1GHz，内存 1GB（32 位）或 2GB（64 位），硬盘空间 16GB（32 位）或 20GB（64 位），显卡 DirectX 9 或更高版本（包含 WDDM 1.0 驱动程序），显示器分辨率是 800 像素×600 像素以上。

目前 Windows 10 的安装程序有很多版本，不同安装程序的安装方法也不相同，一般是先使用可启动系统的 U 盘启动计算机，然后使用 Windows 10 的 ISO 文件安装。

2.2.2　Windows 10 的启动和退出

1．Windows 10 的启动

按下计算机电源开关，即可启动 Windows 10 操作系统。如果设置了用户名和密码，在屏幕上会出现输入用户名和密码的对话框，输入正确的用户名和密码，进入 Windows 10 操作系统。

2．Windows 10 的退出

在桌面左下角单击"开始"按钮▦，选择"电源"组中的"关机"命令，即可关闭计算机并退出 Windows 10 操作系统。也可以右击"开始"按钮，在弹出的快捷菜单中选择"关机或注销"→"关机"，关闭计算机并退出 Windows 10 操作系统。

在退出 Windows 10 的过程中，若系统中有需要用户保存操作的程序，Windows 10 会询问用户是强制关机，还是取消关机。

2.2.3　Windows 10 的桌面

用户第一次启动 Windows 10 时，桌面默认只显示"回收站"图标，用户可以根据需要添加"此电脑""网络"以及其他桌面图标。

Windows 10 桌面如图 2.3 所示。

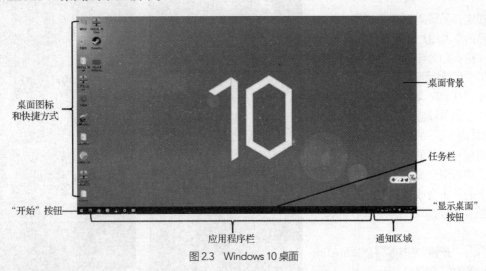

图 2.3　Windows 10 桌面

桌面背景是屏幕上的主体图像，起到美化界面的作用。

桌面图标和快捷方式由图形和文字组成，代表某一个工具、程序或文件等。双击快捷方式可以打开文件夹或文件，或启动某个应用程序。用户可以自行设置桌面图标和快捷方式。

任务栏位于桌面底部，包括"开始"按钮▦、应用程序栏、通知区域和"显示桌面"按钮。

< 29 >

1．"开始"菜单

单击"开始"按钮▦可打开"开始"菜单。"开始"菜单集成了系统的几乎所有功能，各功能选项按英文字母的顺序排列。

2．应用程序栏

应用程序栏的左侧放置快速启动应用程序图标，用于快速启动应用程序。单击某个程序图标，即可打开对应的应用程序；当鼠标指针停留在某个程序图标上时，将会显示该程序的提示信息。

应用程序栏的右侧放置已打开窗口的最小化图标，当前活动窗口呈高亮状态。用户如果要激活其他窗口，只需单击相应的图标。

3．通知区域

该区域显示时间指示器、输入法指示器、扬声器控制指示器，以及系统运行时常驻内存的应用程序图标。

4．"显示桌面"按钮

该按钮位于任务栏的右端，单击该按钮时，所有已打开窗口将最小化到任务栏，直接回到系统桌面。

2.2.4 "开始"菜单

单击"开始"按钮▦会弹出"开始"菜单，如图 2.4 所示，其左侧为"电源"按钮和"用户"按钮，右侧是按英文字母顺序排列的所有应用程序列表。

单击"电源"按钮，可进行睡眠、关机和重启操作。

睡眠：系统将处于待机状态，系统功耗降低，单击或按任意键即可唤醒系统。

关机：计算机执行快速关机命令。关机前，建议手动关闭所有已打开的应用程序。

重启：系统将结束所有当前会话，关闭 Windows，然后重新启动系统。

单击"用户"按钮，可进行更改账户设置、锁定和注销操作。

更改账户设置：进入更改账户界面。

锁定：系统返回用户切换界面，在该界面单击用户图标可解除锁定。

注销：关闭当前用户的所有程序，返回用户切换界面。

在"开始"菜单右侧的应用程序列表中，菜单项除了有文字，还有文件夹图标和向下的箭头等。其中，文件夹图标和向下的箭头表示还有下级菜单，单击则会显示下级菜单项，同时向下的箭头会改变为向上的箭头。若要隐藏下级菜单，再次单击菜单项即可。

右击"开始"按钮▦会弹出"开始"快捷菜单，如图 2.5 所示，Windows 10 最常用的功能选项都包含在此快捷菜单中。

图2.4 "开始"菜单

图2.5 "开始"快捷菜单

< 30 >

2.3 Windows 10 文件及文件夹的管理

2.3.1 文件及文件夹

1. 文件名

文件是存储在存储介质上具有名字的一组相关信息的集合，任何程序和数据都以文件的形式存储在存储介质上。

文件名是存取文件的依据。文件的命名有一定的规则，只有按规则命名的文件才能被操作系统所识别。文件名通常由主文件名和扩展名两部分组成。一般主文件名应该采用有意义的词汇或数字，以便用户识别；扩展名表示文件类型，跟在主文件名后面，用圆点"."与主文件名分隔。其格式为

<主文件名>[.扩展名]

在 Windows 10 中，文件的主文件名不可以省略。主文件名由一个或多个字符组成，最多可以包含 255 个字符，可以用中文文字，也可以用英文字母。键盘上的英文字母、数字、空格、句点及特殊符号与汉字皆可使用，但不能出现"\""/"":""*""?"" ""<"">""|"等符号。主文件名在使用英文时保留英文字母的大小写，但在确认文件时并不区分它们，例如，ABC 与 abc 被认为是同一文件名。

不同操作系统文件命名规则有所不同，例如，Windows 操作系统下文件名不区分大小写，而 Linux 操作系统下文件名则区分大小写。

在 Windows 10 中，扩展名有系统定义和自定义两类。系统定义扩展名一般不允许改变，有"见名知类"的作用；自定义扩展名可以省略或由多个字符组成。

系统文件的主文件名和扩展名由系统定义。用户文件的主文件名可由用户自己定义，主文件名应按"见名知意"来命名，扩展名一般由系统约定。

2. 文件类型

文件类型有很多，不同类型的文件具有不同的用途，一般文件的类型可以用其扩展名及文件的图标样式来区分。常用类型文件的扩展名是有约定的，对有约定的扩展名，用户不应随意更改，以免造成文件不能正常使用。常用的文件扩展名如表 2.1 所示。

表 2.1　常用的文件扩展名

扩展名	文件类型	扩展名	文件类型	扩展名	文件类型
txt	文本文件	rar	压缩文件	wav	未压缩声音文件
exe	可执行文件	htm/html	网页文件	mp3	声音文件
com	系统命令文件	tmp	临时文件	avi	视频文件
sys	系统配置文件	jpg	图像文件	bak	备份文件
doc/docx	Word 文件	bmp	位图文件	c	C 语言源程序
xls/xlsx	Excel 文件	gif	可制作动画图片	cpp	C++源程序
ppt/pptx	PowerPoint 文件	bat	批处理文件	asm	汇编语言源程序
hlp	帮助文件	obj	目标文件	accdb	Access 文件

不同文件类型的文件，其图标也不相同，如图 2.6 所示。Windows 10 默认隐藏已知的文件扩展名。

3. 文件夹

文件夹可以理解为用来存放文件的容器，便于用户使用和管理文件。在 Windows 10 中，文件夹是按树形结构来组织和管理的，如图 2.7 所示。

文件夹树形结构的最高层称为根文件夹，一个逻辑磁盘只有一个根文件夹。在根文件夹中建立的文件夹称为子文件夹，子文件夹还可以再包含子文件夹。

< 31 >

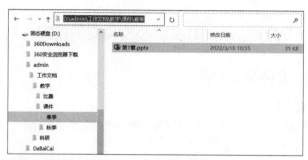

图 2.6　不同文件类型图标　　　　　　　图 2.7　文件夹结构及文件路径

除根文件夹以外的文件夹都必须有文件夹名，文件夹的命名规则和文件的命名规则类似，但一般不需要扩展名。

文件夹可以包含文档文件、应用程序文件和其他文件夹。

4．文件路径

路径：在文件夹树形结构中，从根文件夹到任何一个文件都有唯一的通路，该通路的全部节点组成路径。路径通常包含文件所在存储器的盘符，以及找到此文件应打开的所有文件夹名，并用"\"将各项隔开。

当前文件夹：指正在操作的文件所在的文件夹。

绝对路径和相对路径：绝对路径是指从根文件夹开始的路径；相对路径是指从当前文件夹开始的路径。

例如，在图 2.7 中，"第 1 章.pptx"文件的绝对路径为"D:\admin\工作文档\教学\课件\春季\第 1 章.pptx"。

5．文件/文件夹属性

文件和文件夹除了拥有名称，还有大小、存放的位置、占用的空间、创建和修改的时间以及所有者信息等，这些信息合称为文件或文件夹的属性。

右击文件或文件夹，在弹出的快捷菜单中选择"属性"命令可查看和设置文件的属性，如图 2.8 所示。

只读：设置为只读属性的文件只允许读，不能改写文件内容。

隐藏：设置为隐藏属性的文件在正常情况下不可见。

2.3.2　文件资源管理器

Windows 10 的"文件资源管理器"是用于管理计算机所有文件资源的应用程序。通过"文件资源管理器"可以打开文档、新建和删除文件、移动和复制文件、启动应用程序、打印文档和创建快捷方式，还可以对文件进行搜索、归类和属性设置。

图 2.8　文件属性

1．打开"文件资源管理器"

打开"文件资源管理器"有如下 3 种方法。

方法一：在桌面上双击"此电脑"图标。

方法二：右击"开始"按钮打开快捷菜单，选择"文件资源管理器"命令。

方法三：选择"开始"→"Windows 系统"→"文件资源管理器"命令。

2．使用"文件资源管理器"

"文件资源管理器"窗口如图 2.9 所示，其由功能选项卡、功能区、地址栏、搜索栏、导航窗格、资源显示窗格、显示模式切换按钮组成。

< 32 >

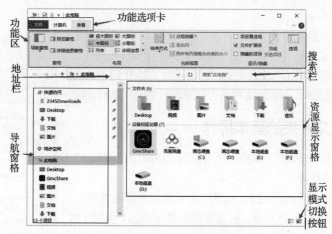

图 2.9　"文件资源管理器"窗口

功能选项卡随选择的资源项目不同而不同，如选择的是"此电脑"，其功能选项卡包括"文件""计算机""查看"，如图 2.10 所示；如选择的是"网络"，其功能选项卡包括"文件""网络""查看"，如图 2.11 所示；如选择的是磁盘驱动器，其功能选项卡包括"文件""主页""共享""查看""管理-驱动器工具"，如图 2.12 所示；如选择的是文件夹或网盘，其功能选项卡包括"文件""主页""共享""查看"，如图 2.13 所示。

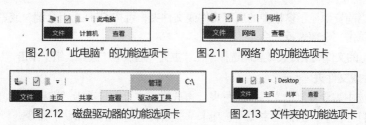

图 2.10　"此电脑"的功能选项卡　　图 2.11　"网络"的功能选项卡

图 2.12　磁盘驱动器的功能选项卡　　图 2.13　文件夹的功能选项卡

（1）浏览文件及文件夹。

"文件资源管理器"窗口的左侧是导航窗格，通过树形结构可以查看整个计算机系统的组织结构，以及所有访问路径的详细内容。

如果文件夹左侧带有">"符号，则表示该文件夹还包含子文件夹，单击">"，将显示包含的文件夹的结构，同时文件夹前的">"符号更改为"∨"符号，单击"∨"，可折叠文件夹。

当用户从"文件资源管理器"左侧的导航窗格中选定一个文件夹时，右侧资料显示窗格中将显示该文件夹包含的文件和子文件夹。

（2）调整窗格。

如果要调整导航窗格和资源显示窗格的大小，可将鼠标指针置于两个窗格的分隔条上，当鼠标指针变成"⟺"形状时，按住鼠标左键并向左右拖动分隔条，即可调整导航窗格与资源显示窗格的大小。

（3）设置资源查看方式。

任意一个项目都有"查看"功能选项卡，通过"查看"选项卡中的命令可以对资源显示方式和布局进行设置。

如图 2.9 所示，"查看"选项卡分为 4 个组。

◇ "窗格"组中的命令可以对导航窗格、预览窗格和详细信息窗格进行设置。

◇ "布局"组中的命令可以使文件及文件夹以不同的样式显示，如超大图标、大图标、中图标、小图标、列表、详细信息等。

◇ "当前视图"组中的命令可以对资源进行排序和分组显示，如依据名称、大小、类型、修改日

< 33 >

期等排序和分组显示。

❖ "显示/隐藏"组中的命令可以将选择的文件的某些属性隐藏或显示，如是否显示文件扩展名、是否显示隐藏的项目、是否显示项目复选框。

单击"选项"按钮，弹出"文件夹选项"对话框，如图2.14所示。在"文件夹选项"对话框中，可以对文件资源管理进行更进一步的设置。

图2.14　文件夹选项

2.3.3　文件及文件夹的基本操作

以下对文件及文件夹的操作，都在"文件资源管理器"中完成。

1. 选定文件或文件夹

在对文件或文件夹进行操作之前，要选定要操作的文件或文件夹。可以通过鼠标来选定这些操作对象。被选定的对象呈蓝色（不同主题风格会有不同）。

（1）要选定单个的文件、文件夹或磁盘，直接单击要选定的对象。

（2）要选定多个连续的文件或文件夹，单击第一个文件或文件夹，按住Shift键，再单击最后一个文件或文件夹，这时它们之间的文件和文件夹都会被选定。也可以拖曳鼠标选择连续的文件或文件夹。

（3）要选定多个不连续的文件或文件夹，单击第一个文件或文件夹，按住Ctrl键，再依次单击要选定的对象。

（4）要选定当前资源显示窗格中的所有文件或文件夹，可按Ctrl+A组合键，或者在"主页"选项卡"选择"组中单击"全部选择"命令。

（5）要对选定的文件或文件夹做反向选择，在"主页"选项卡"选择"组中单击"反向选择"命令。

2. 复制文件或文件夹

方法一：先选中需要复制的文件或文件夹，再选择"主页"选项卡"剪贴板"组中的"复制"命令，然后转换到目标位置，选择"主页"选项卡"剪贴板"组中的"粘贴"命令。

方法二：先选中需要复制的文件或文件夹，按Ctrl+C组合键，然后转换到目标位置，按Ctrl+V组合键。

方法三：在要复制的文件或文件夹上按住鼠标左键，直接把文件拖动到目标位置后松开鼠标左键即可（如果是在同一个磁盘分区内复制，应在拖动鼠标的同时按住Ctrl键，否则为移动文件）。

方法四：如果要把硬盘上的文件或文件夹复制到U盘或移动硬盘上，可右击该文件或文件夹打开快捷菜单，选择"发送到"命令，然后选择目标盘符。

3. 移动文件或文件夹

方法一：先选中需要移动的文件或文件夹，再选择"主页"选项卡"剪贴板"组中的"剪切"命令，然后转换到目标位置，选择"主页"选项卡"剪贴板"组中的"粘贴"命令。

方法二：先选中需要移动的文件或文件夹，按Ctrl+X组合键，然后转换到目标位置，按Ctrl+V组合键。

方法三：在要移动的文件或文件夹上按住鼠标左键，直接把文件拖动到目标位置后松开鼠标左键即可（如果是在不同磁盘分区间移动，应在拖动鼠标的同时按住Shift键，否则为复制文件）。

4. 删除文件或文件夹

方法一：选中需要删除的文件或文件夹，按Delete键。

方法二：右击文件或文件夹，在弹出的快捷菜单中选择"删除"命令。

方法三：选中需要删除的文件或文件夹，选择"主页"选项卡"组织"组中的"删除"命令。

执行以上删除操作时，操作系统默认将删除的文件或文件夹放入回收站，用户需要时可以从回收站还原文件。

若需永久删除文件，可在删除文件的同时按住Shift键，或选择"主页"选项卡"组织"组的"删

< 34 >

除"下拉列表中的"永久删除"命令。

5．重命名文件或文件夹

方法一：右击文件或文件夹，在弹出的快捷菜单中选择"重命名"命令，键入新名字，按 Enter 键即可。

方法二：选定文件或文件夹，再单击该文件或文件夹的名称，该名称会突出显示并有框围起来，键入新名字，按 Enter 键即可。

方法三：选定文件或文件夹，选择"主页"选项卡"组织"组中的"重命名"命令，键入新名字，按 Enter 键即可。

> ⚠️ **注意**
>
> 不要轻易修改文件的扩展名，否则系统可能无法打开改名后的文件。

6．创建新的文件夹

方法一：打开要在其中创建新文件夹的文件夹，选择"主页"选项卡"新建"组中的"新建文件夹"命令，在出现的"新建文件夹"文本框中输入新文件夹名，按 Enter 键即可。

方法二：在当前资源显示窗格的空白处右击，在弹出的快捷菜单中选择"新建文件夹"命令，在出现的"新建文件夹"文本框中输入新文件夹名，按 Enter 键即可。

7．创建快捷方式

快捷方式是 Windows 提供的一种快速启动程序、打开文件或文件夹的方法，它是应用程序的快速链接。快捷方式的扩展名为 lnk。快捷方式一般存放在桌面、"开始"菜单、任务栏上的快速启动区这 3 个地方。创建快捷方式的方法如下。

方法一：安装应用程序时自动创建快捷方式。

方法二：在"文件资源管理器"窗口中右击应用程序、文件或文件夹，在弹出的快捷菜单中选择"发送到"→"桌面快捷方式"命令，将在桌面建立快捷方式。

方法三：在"文件资源管理器"窗口中右击应用程序、文件或文件夹，在弹出的快捷菜单中选择"创建快捷方式"命令，将在当前文件夹中建立快捷方式。

8．搜索文件或文件夹

磁盘上有了许多文件以后，查找某个文件或某些文件就很有必要。将鼠标光标定位于"文件资源管理器"的搜索栏中，"文件资源管理器"即显示"搜索工具–搜索"功能选项卡，如图 2.15 所示。

"搜索工具–搜索"选项卡分为 3 个组。

图 2.15　搜索工具

❖ "位置"组中的命令可以指定搜索范围，默认在所有子文件夹中进行搜索。

❖ "优化"组中的命令可以指定被搜索文件的修改日期、文件类型、文件大小等，例如，指定搜索图片、文档、音乐、电影等类型的文件，搜索某个修改日期范围的文件，搜索某个文件大小范围的文件。

❖ "选项"组中的"高级选项"命令可以更改索引位置。

在搜索栏中输入要查找的内容，在使用文件名查找时，可以使用通配符"？"和"*"表示一批文件。其中"？"代表任意一个字符，一个"？"只能代表一个字符；"*"则代表任意多个任意字符。例如，在搜索栏中输入如下内容，单击"开始搜索"按钮，可以查找到相应的文件。

输入"pdf"后开始搜索，可找出文件名包含"pdf"的所有文件。

输入"pdf*"后开始搜索，可找出文件名以"pdf"开头的所有文件。

< 35 >

输入"*pdf"后开始搜索，可找出文件名以"pdf"结尾的所有文件。

输入"pdf?"后开始搜索，可找出文件名以"pdf"开头、后跟一个任意字符的所有文件。

输入"??pdf*"后开始搜索，可找出文件名以两个任意字符后加"pdf"开头，后跟任意字符的所有文件。

输入"*.pdf"后开始搜索，可找出扩展名为"pdf"的所有文件。

9. "回收站"的使用和设置

"回收站"是一个特殊的文件夹，占用一定的硬盘空间。在 Windows 10 默认设置下，删除文件被暂时存放在"回收站"中。用户以后如果要重新使用已删除的文件，可以从回收站中恢复。只有在回收站中文件被删除或清空回收站时，这些文件才从硬盘中删除。

（1）恢复被删除的文件或文件夹。

在桌面上双击"回收站"图标，打开"回收站"窗口，选定欲恢复的文件，在"管理-回收站工具"选项卡的"还原"组中选择相应还原命令即可。也可以在文件图标上右击，在快捷菜单中选择"还原"命令。

（2）清理回收站。

① 删除回收站中的某个文件：在"回收站"窗口中右击要删除的文件，在弹出的快捷菜单中选择"删除"命令，弹出"删除文件"对话框，单击"是"按钮即可删除所选定的文件。

② 清空回收站：在"回收站"窗口中选择"管理-回收站工具"选项卡"管理"组中的"清空回收站"命令，弹出"删除多个项目"对话框，单击"是"按钮即可删除所有的文件。

（3）设置回收站。

在桌面上右击"回收站"图标，在快捷菜单中选择"属性"命令，即可打开"回收站 属性"对话框，如图 2.16 所示。

◇ 选中"自定义大小"单选按钮，可以对各驱动器回收站存储容量的最大值进行设置。

◇ 选中"不将文件移到回收站中，移除文件后立即将其删除"单选按钮，删除的文件直接被删除，不放入回收站。

◇ 勾选"显示删除确认对话框"复选框，在删除文件或文件夹时系统会弹出确认对话框，否则将直接删除文件或文件夹。

图 2.16　回收站属性

2.4　磁盘管理

一台计算机可以连接多个磁盘驱动器，如硬盘驱动器和光驱等。每一个硬盘又可分为多个分区，每一个分区代表一个逻辑磁盘。因此，双击桌面图标"此电脑"，在打开的窗口中，可以看到多个磁盘驱动器。

2.4.1　查看磁盘属性

每个磁盘都有它的属性，通过查看磁盘属性，可以了解磁盘的容量、可用空间大小、已用空间大小、磁盘的卷标以及文件系统信息等。

右击要查看的磁盘，在弹出的快捷菜单中选择"属性"命令，在弹出的"属性"对话框的"常规"选项卡中，可以查看磁盘的容量、可用空间、已用空间、磁盘的卷标和文件系统，在对话框上部的文本框中可以修改磁盘的卷标，它是磁盘的名字，如图 2.17 所示。对话框下部的"压缩此驱动器以节约磁盘空间"等复选框只在文件系统为 NTFS 时出现，也就是说当磁盘为 NTFS 格式时，才具有可压缩性。

图 2.17　磁盘属性

< 36 >

2.4.2　磁盘分区管理

在 Windows 10 中，几乎所有的磁盘管理操作都可以通过计算机管理中的"磁盘管理"功能实现。

在桌面上右击"此电脑"图标，在快捷菜单中选择"管理"，弹出"计算机管理"窗口，在左侧选择"磁盘管理"，如图 2.18 所示。窗口右侧的上方列出所有磁盘的基本信息，包括类型、文件系统、容量、状态等信息。窗口右侧的下方按照磁盘的物理位置给出简略的示意图，并以不同的颜色表示不同类型的磁盘。

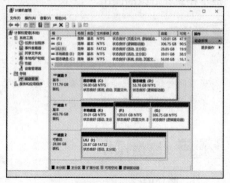

图 2.18　磁盘管理

1．物理磁盘与逻辑磁盘

物理磁盘是计算机系统中物理存在的磁盘。计算机系统中可以有多块物理磁盘，在 Windows 10 中分别以"磁盘 0""磁盘 1"等标注出来。图 2.18 所示的窗口信息表明，此计算机系统中有 2 块物理硬盘，1 块物理移动盘。

逻辑磁盘是在安装系统时对物理磁盘按存储容量大小进行逻辑分区的结果，用"C:""D:""E:"等盘符来表示。图 2.18 所示的窗口信息表明，此计算机系统中，第 1 个物理硬盘被划分为"C:""D:"2 个分区，第 2 块物理硬盘被划分为"E:""F:""G:"3 个分区。

2．删除已有分区

在磁盘管理的分区列表或图形显示中，右击要删除的分区，在弹出的快捷菜单中选择"删除卷"命令，会弹出系统警告，单击"是"按钮即可删除分区。删除分区后，磁盘的图形显示中会显示相应分区大小的未分配分区。

3．新建分区

按以下步骤可新建分区。

（1）在图 2.18 所示的窗格中，右击未分配的分区，在弹出的快捷菜单中选择"新建简单卷"命令，弹出"新建简单卷向导"对话框，单击"下一步"按钮。

（2）弹出"指定卷大小"对话框，为简单卷设置大小，完成后单击"下一步"按钮。

（3）弹出"分配驱动器号和路径"对话框，对话框中有 3 个单选按钮："分配以下驱动器号""装入以下空白 NTFS 文件夹中""不分配驱动器号或驱动器路径"。根据需要选中相应单选按钮，单击"下一步"按钮。

（4）弹出"格式化分区"对话框，单击"下一步"按钮，在弹出的对话框中单击"完成"按钮，即可完成新建分区的操作。

4．扩展分区

用户可以在不格式化已有分区的情况下，扩展分区容量，并保留分区中原有的数据，但在扩展分区容量时，磁盘需有未分配空间。扩展分区操作步骤如下。

（1）在图 2.18 所示的窗格中，右击需扩容的分区，在弹出的快捷菜单中选择"扩展卷"命令，弹出"扩展卷向导"对话框，单击"下一步"按钮。

（2）选择可用空间，并设置要扩展容量大小，单击"下一步"按钮。

（3）单击"完成"按钮，即可扩展该分区容量。

5．格式化分区

格式化分区的过程，是把文件系统放置在分区上，并在磁盘上划出区域。通常可以用 NTFS、ReFS 格式来格式化分区。格式化分区后，分区中的数据将被全部清除。格式化分区的操作方法如下。

（1）在图 2.18 所示的窗格中，右击需格式化的分区，在弹出的快捷菜单中选择"格式化"命令，弹出"格式化"对话框。

< 37 >

也可以在"文件资源管理器"中右击磁盘驱动器盘符，在弹出的快捷菜单中选择"格式化"命令。

（2）在"格式化"对话框中，先对格式化的参数进行设置，然后单击"开始"按钮，片刻后便完成了格式化分区的操作。

> **注意**
>
> "磁盘管理"可以对逻辑分区进行一些基础的底层操作，如划分磁盘分区、格式化驱动器等。由于操作不当可能导致磁盘数据丢失或硬件损坏，因此只有系统管理员才有权限进行此操作，对于计算机硬盘逻辑分区不精通的用户请谨慎使用这些功能。

2.4.3 磁盘操作

1. 磁盘清理

用户在使用计算机过程中会安装和使用很多应用软件，进行大量的读写磁盘的操作，使得磁盘上留存许多临时文件和无用的文件。这些文件不仅占用存储空间，还会影响系统运行性能，因此，应定期清理磁盘，释放存储空间。

方法一：选择"开始"→"Windows 管理工具"→"磁盘清理"命令。

方法二：在"文件资源管理器"中，右击某个磁盘，在弹出的快捷菜单中选择"属性"命令，在弹出的"磁盘属性"对话框的"常规"选项卡中选择"磁盘清理"命令。

在"磁盘清理"对话框中选择要删除的文件，如图 2.19 所示（针对不同的磁盘，系统扫描计算出的可删除文件不同），单击"确定"按钮即可。

2. 磁盘碎片整理

若计算机配置的是机械硬盘，在使用过程中，由于频繁地建立和删除文件，同一个文件会被分散保存在同一磁盘的不连续的位置，这时 Windows 会花费更多的时间读写文件。这些被分散保存在磁盘不同地方的不连续的文件称为磁盘碎片。为了提高读写文件效率，需要定期整理磁盘碎片。所谓整理磁盘碎片，指的是系统将碎片文件从不同的位置移动到磁盘卷上相邻的位置，使其拥有独立的连续的存储空间，以提高读写速度。

操作方法：选择"开始"→"Windows 管理工具"→"碎片整理和优化驱动器"命令，弹出"优化驱动器"对话框，如图 2.20 所示。

图 2.19　磁盘清理

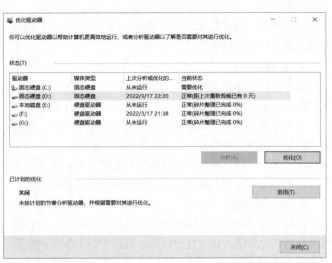

图 2.20　优化驱动器

< 38 >

> **⚠️ 注意**
>
> 　　磁盘碎片整理是应对机械硬盘速度变慢的有效办法，固态硬盘的物理构件及工作原理与机械硬盘不同，不应对其进行磁盘碎片整理。

2.5 管理和运行应用程序

　　应用程序是在 Windows 操作系统提供的平台上实现各种功能的软件。应用程序种类繁多，功能各异，有文字处理程序、图形图像处理程序、游戏程序等。通过应用程序，人们可以利用计算机完成各种各样的工作。

2.5.1 运行应用程序

　　Windows 10 为运行应用程序提供了多种途径。
　　方法一：在"开始"菜单中选择相应的应用程序选项。
　　方法二：在桌面上双击应用程序的快捷方式。
　　方法三：单击快速启动区中的应用程序图标。
　　方法四：在"开始"快捷菜单中选择"运行"命令，在"打开"文本框中输入应用程序名称。
　　方法五：在"文件资源管理器"中双击应用程序文件。

2.5.2 安装和卸载应用程序

　　各种操作系统仅为用户提供人机交互的基础平台，它们都离不开应用程序，正是因为有了各种各样的应用软件，计算机才能够在各个方面发挥出巨大的作用。虽然 Windows 10 操作系统有着非常强大的功能，但它内置的应用程序有限，满足不了用户个性化的实际应用需求。因此，用户还要安装各种应用程序，对不需要的应用程序，也可以及时删除。

　　1．安装应用程序

　　在 Windows 10 中，各种应用程序的安装都极为简单。较正规的软件在软件安装盘上都会有一个名为"setup.exe"或"install.exe"的可执行文件，运行这个可执行文件，然后按照提示一步一步地操作，即可完成程序的安装。这类程序通常都在 Windows 的注册表中进行注册，并自动在"开始"菜单中添加对应的选项，有时还会在桌面及快速启动区自动创建快捷方式。

　　某些程序则是"便携的"，也称为"绿色软件"，常以压缩文件的形式存在，不用专门安装，用户将其解压缩即可使用。

　　2．卸载应用程序

　　不再使用的应用程序可以从系统中卸载，腾出更多的磁盘空间。应用程序在安装时，会向 Windows 系统目录中添加一些相应的支持文件，如 DLL 链接文件等。此外，应用程序可能还在系统中进行了登记注册。如果这些内容不除去，系统中会保留许多无用的残留文件。因此删除程序不能像删除文件那样直接删除（绿色软件由于没有经过安装过程，删除解压出来的全部文件即可将其完全删除），必须采用卸载的方法，才能将与应用程序相关的所有内容从系统中清除干净。

　　卸载正规的应用程序操作非常简单，在"控制面板"窗口中单击"卸载程序"，打开"卸载或更改程序"窗口，如图 2.21 所示。该窗口中列出了在系统注册表中注册过的所有软件，双击要卸载的程序，根据向导提示可以修复或卸载该应用程序。

< 39 >

图 2.21　卸载或更改程序

还有一些应用程序带有自动卸载程序，运行自动卸载程序即可。但实际上各种应用软件中总有些不太"友好"的软件，它们在安装时不在 Windows 系统中注册，在"卸载或更改程序"窗口中找不到它们的信息。如果要卸载这些应用程序，只能手工删除软件安装时创建的目录，这样往往不能彻底删除该软件。

2.5.3　硬件及驱动程序安装

在计算机系统中，大多数设备是即插即用型的，如键盘、鼠标、移动硬盘、U 盘等。一般系统会自动安装它们的驱动程序。有一些设备，如显卡、声卡、网卡、打印机等，虽然系统能够识别，但仍需要用户自行安装驱动程序。

1. 自动安装

当计算机中新增一个即插即用型的硬件设备时，Windows 10 会自动检测到硬件，如果 Windows 10 附带该硬件的驱动程序，则会自动安装，否则会提示用户安装该硬件自带的驱动程序。

2. 手动安装

手动安装有以下两种方法。

方法一：使用安装程序。一些硬件，如打印机、扫描仪等都有厂商提供的安装程序，这些安装程序的名称通常是"setup.exe"或"install.exe"。首先将硬件连接到计算机，然后运行安装程序，按安装程序提示操作即可。

方法二：使用"设备管理器"。右击"开始"按钮，在弹出的快捷菜单中选择"设备管理器"，打开"设备管理器"窗口，在设备列表中右击未安装驱动程序的设备图标，在弹出的快捷菜单中选择"扫描检测硬件改动"，扫描完成后，弹出"驱动程序软件安装"对话框，按安装向导提示操作安装驱动程序。

2.5.4　应用程序切换

Windows 10 操作系统的多任务处理机制更为强大、更为完善，系统的稳定性也大大提高，可在多个应用程序之间任意切换。

1. 单击任务栏上的图标按钮进行任务切换

在任务栏上单击代表窗口的图标，即可将相应的任务窗口切换为当前任务窗口。

2. 使用快捷键切换

方法一：利用 Alt+Tab 组合键进行切换。同时按下 Alt 键和 Tab 键，然后松开 Tab 键，屏幕上出现

< 40 >

任务切换栏。在此栏中，系统当前打开的程序都以相应图标的形式平行排列，按住 Alt 键不放，每按一下 Tab 键，当前选定的图标就向后切换一次，当切换到需要的程序时，松开 Alt 键即可。

方法二：利用 Alt+Esc 组合键进行切换。系统会按照应用程序窗口图标在任务栏上的排列顺序切换窗口。不过，使用这种方法，只能切换非最小化的窗口，对于最小化窗口，它只能激活，不能放大。

方法三：利用 Windows+D 组合键进行切换。系统会最小化所有打开的任务窗口，直接切换到桌面。

2.5.5　任务管理器

任务管理器是一款非常实用的系统工具，也是在 Windows 中最常用的工具之一，使用它可以方便地查看和管理计算机上所运行的程序和进程。启用"任务管理器"的方法如下。

方法一：按 Ctrl+Alt+Delete 组合键，在弹出的菜单中选择"任务管理器"命令。

方法二：按 Ctrl+Shift+Esc 组合键，打开"任务管理器"窗口。

方法三：右击"开始"按钮，在弹出的快捷菜单中选择"任务管理器"命令。

1．查看和管理应用及进程

在"任务管理器"窗口的"进程"选项卡中，可以查看当前正在运行的应用和进程的运行状态。在运行的应用或进程上右击，弹出快捷菜单如图 2.22 所示，可对正在运行的程序进行管理，如结束任务、打开详细信息、找到文件所在位置、打开文件属性对话框等。

2．启用和禁用程序

在"任务管理器"窗口的"启动"选项卡中，可以启用和禁用程序，如图 2.23 所示。

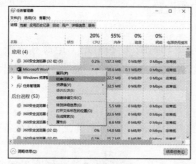

图 2.22　"进程"选项卡

图 2.23　"启动"选项卡

3．查看主要设备当前性能

在"任务管理器"窗口的"性能"选项卡中，可以查看 CPU、内存、硬盘、网络设备当前的性能，如图 2.24 所示。

4．查看用户状态

在"任务管理器"窗口的"用户"选项卡中，可以查看当前用户状态，如图 2.25 所示。

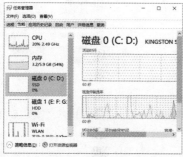

图 2.24　"性能"选项卡

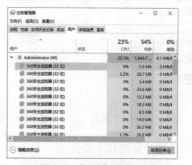

图 2.25　"用户"选项卡

< 41 >

2.6 Windows 10 设置

Windows 10 中的"Windows 设置",是为用户提供个性化设置和管理功能的工具箱,几乎所有的硬件资源和软件资源都可以在"Windows 设置"窗口中进行设置和调整。

可以单击"开始"→"设置"按钮打开"Windows 设置"窗口,也可以右击"开始"按钮,在弹出的快捷菜单中选择"设置"命令。打开的设置"Windows 设置"窗口如图 2.26 所示。

由于篇幅的限制,此节只介绍部分功能,其余功能读者可以查阅相关资料进行学习。

图 2.26　Windows 设置

2.6.1 "系统"设置

Windows 10 中的"系统"设置,包括设置显示、电源和睡眠、剪贴板、查看和设置计算机基本属性等。

1. 显示

方法一:依次单击"开始"→"设置"→"系统"→"显示"。

方法二:右击桌面空白处,在弹出的快捷菜单中选择"显示设置"命令。

打开的"显示"设置窗口如图 2.27 所示,在此窗口中可以进行夜间模式设置、文本及应用项目的大小缩放比例设置、显示分辨率的设置以及显示方向的设置。

2. 电源和睡眠

依次单击"开始"→"设置"→"系统"→"电源和睡眠",打开的"电源和睡眠"设置窗口如图 2.28 所示,在此窗口中可以调整屏幕关闭时间和计算机进入"睡眠"状态时间,通过选择更短的屏幕显示时长和睡眠设置,延长电池使用时间。

3. 剪贴板

剪贴板是内存中的一块区域,是 Windows 内置的一个非常有用的工具,它使得在各种应用程序之间传递信息成为可能。

依次单击"开始"→"设置"→"系统"→"剪贴板",打开的"剪贴板"设置窗口如图 2.29 所示,在此窗口中可以对是否保存剪贴板历史记录进行设置,还可以清除剪贴板中的所有数据。

图 2.27　"显示"设置　　　　图 2.28　"电源和睡眠"设置　　　　图 2.29　"剪贴板"设置

4. 查看和设置计算机基本属性

方法一:依次单击"开始"→"设置"→"系统"→"关于"。

< 42 >

方法二：右击桌面上的"此电脑"图标，在弹出的快捷菜单中选择"属性"命令。

打开的"关于"设置窗口如图 2.30 所示，在此窗口中可以查看此计算机的基本硬件设备规格，如处理器、内存的规格，查看计算机名以及此计算机安装的操作系统的规格，还可以为计算机重新命名。

图 2.30　"关于"设置

2.6.2　"个性化"设置

Windows 10 中的"个性化"设置，包括设置背景、颜色、锁屏界面、主题、"开始"菜单、任务栏等。

1. 背景

方法一：依次单击"开始"→"设置"→"个性化"→"背景"。

方法二：右击桌面空白处，在弹出的快捷菜单中选择"个性化"命令。

打开的"背景"设置窗口如图 2.31 所示，可以为桌面背景选择图片、颜色以及背景填充模式。

2. 颜色

依次单击"开始"→"设置"→"个性化"→"颜色"，在打开的"颜色"设置窗口中，可以对 Windows 颜色模式、应用亮度模式、透明效果及主题色进行设置。

3. 锁屏界面

依次单击"开始"→"设置"→"个性化"→"锁屏界面"，在打开的"锁屏界面"设置窗口中，可以对锁屏界面背景进行设置，还可以对屏幕保护程序进行设置。

4. 主题

依次单击"开始"→"设置"→"个性化"→"主题"，在打开的"主题"设置窗口中，可以对背景、颜色、声音方案、鼠标光标方案、桌面图标、是否启用高对比度等进行设置。例如，打开"桌面图标设置"对话框如图 2.32 所示，在对话框中可以对桌面图标布局及图标样式进行设置。

图 2.31　"背景"设置　　　　图 2.32　"桌面图标设置"对话框

5. "开始"菜单

依次单击"开始"→"设置"→"个性化"→"开始"。打开"开始"设置窗口如图 2.33 所示，在此窗口中可以对"开始"菜单进行个性化的设置，如是否显示磁贴、是否显示最近添加的应用、是否显示最常用的应用、是否显示建议等。

6. 任务栏

方法一：依次单击"开始"→"设置"→"个性化"→"任务栏"。

< 43 >

方法二：右击任务栏空白处，在弹出的快捷菜单中选择"任务栏设置"命令。

打开的"任务栏"设置窗口如图2.34所示，在此窗口中可以对任务栏进行个性化的设置，如是否锁定任务栏、是否自动隐藏任务栏、是否使用小任务栏按钮、是否合并任务栏按钮等，还可以设置任务栏在屏幕上的位置。

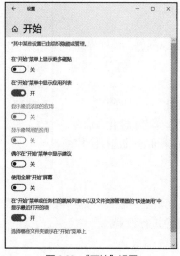
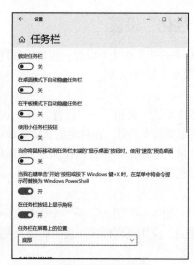

图2.33 "开始"设置　　　　　　　图2.34 "任务栏"设置

习题

"时间和语言"设置

1. 单选题

（1）计算机软件分为系统软件和应用软件，其中处于系统软件核心地位的是（　　）。

    A. 数据库管理系统　　　　　　　　B. 程序语言系统

    C. 操作系统　　　　　　　　　　　D. 编译、解释程序

（2）操作系统的主要功能是（　　）。

    A. 实现软硬转换　　　　　　　　　B. 管理所有软硬件资源

    C. 把源程序转换为机器语言程序　　D. 执行特定的应用程序

（3）程序和软件的区别是（　　）。

    A. 程序直接运行，而软件需要安装

    B. 程序是用高级语言编写的，而软件是由机器语言编写的

    C. 程序是用户自己编写的，而软件是购买的

    D. 软件是程序以及开发、使用和维护所需要的所有文档的总称，程序只是软件的一部分

（4）在Windows中，一个应用程序窗口被最小化后，该应用程序将（　　）。

    A. 被终止执行　　B. 被"挂起"　　C. 转入后台执行　　D. 被暂停执行

（5）在Windows中，"剪贴板"是（　　）。

    A. 内存中的一块区域　　　　　　　B. 云盘上的一块区域

    C. 硬盘中的一块区域　　　　　　　D. U盘上的一块区域

（6）在Windows中，"回收站"占用的是（　　）。

    A. 内存中的一块区域　　　　　　　B. 高速缓存中的一块区域

    C. 硬盘中的一块区域　　　　　　　D. U盘上的一块区域

< 44 >

（7）在 Windows 10 中选定文件或文件夹后，下列操作中不能删除所选的文件或文件夹的是（　　　）。

    A．按 Delete 键

    B．在"文件资源管理器"中选择"主页"选项卡"组织"组中的"删除"命令

    C．右击该文件或文件夹，打开快捷菜单，选择"剪切"命令

    D．右击该文件或文件夹，打开快捷菜单，选择"删除"命令

（8）在 Windows 中，执行删除某程序的快捷方式命令表示（　　　）。

    A．只删除了图标，没删除相关的程序　　　　B．既删除了图标，又删除了有关的程序

    C．该程序部分程序被破坏，不能正常运行　D．以上说法都不对

（9）在 Windows 10 的"文件资源管理器"窗口中，如果想一次选定多个不连续的文件或文件夹，正确的操作是（　　　）。

    A．按住 Ctrl 键，用鼠标右键逐个选取　　　　B．按住 Ctrl 键，用鼠标左键逐个选取

    C．按住 Shift 键，用鼠标右键逐个选取　　　D．按住 Shift 键，用鼠标左键逐个选取

（10）在 Windows 中，在不同驱动器之间移动文件的鼠标操作是（　　　）。

    A．按住 Shift 键拖曳　　　　　　　　　　B．按住 Ctrl 键拖曳

    C．按住 Alt 键拖曳　　　　　　　　　　　D．拖曳

（11）我们常使用剪贴板来复制或移动文件及文件夹，进行"粘贴"操作的快捷键是（　　　）。

    A．Ctrl+Y　　　　　　B．Ctrl+X　　　　　　C．Ctrl+C　　　　　　D．Ctrl+V

（12）在某文件夹中查找所有扩展名为 pdf 的文件，应在"文件资源管理器"的搜索栏中输入（　　　）。

    A．*pdf　　　　　　　B．*.pdf　　　　　　　C．Pdf　　　　　　　　D．pdf.*

（13）在 Windows 默认环境中，切换中英文输入法的快捷键是（　　　）。

    A．Win+空格　　　　　B．Ctrl+空格　　　　　C．Shift+空格　　　　　D．Ctrl+Tab

（14）在 Windows 10 中，可以"创建快捷方式"的（　　　）。

    A．只能是可执行程序或程序组　　　　　　B．只能是单个文件

    C．可以是任何文件或文件夹　　　　　　　D．只能是程序文件和文档文件

（15）在 Windows 中，快捷方式的扩展名是（　　　）。

    A．ini　　　　　　　　B．txt　　　　　　　　C．lnk　　　　　　　　D．sys

2．填空题

（1）在 Windows 10 的"回收站"窗口中，要想恢复选定的文件或文件夹，可以使用快捷菜单中的_____命令。

（2）在 Windows 10 的"文件资源管理器"中，当用鼠标左键在不同磁盘驱动器之间拖动对象时，系统默认的操作是_____。

（3）在 Windows 中，如果要选取多个连续文件，应先选择第一个文件，然后按住_____键选取最后一个文件。

（4）打开"任务管理器"的快捷键是_____。

（5）用 Windows 的"记事本"所创建文件的默认扩展名是_____。

（6）在 Windows 中，可以使用"*"和_____作为通配符查找文件。

（7）在 Windows 10 中，_____击所选对象可以弹出该对象的快捷菜单。

（8）在 Windows 中，"剪切""复制""粘贴""全选"操作的快捷键分别是_____、_____、_____、_____。

< 45 >

第 **3** 章　文字处理软件 Word 2016

Word 2016 是一款办公软件，是微软公司的一个文字处理器应用程序。它给用户提供了许多易于使用的文档创建工具，同时也提供了可用于创建复杂文档的功能集。用户使用它可以创建专业的文档。

本章主要介绍 Word 文档的创建、对象的插入、表格的插入与编辑、长文档的排版，以及如何使用邮件功能批量制作信封及文档。

本章重点：Word 2016 文档的创建与编辑、对象插入、表格制作、长文档的排版和邮件功能的应用。

3.1　Word 2016 概述

文字处理软件是办公软件的一种，一般用于文字的格式化和排版。文字处理软件的发展和文字处理的电子化是信息社会的标志之一。现有的中文文字处理软件主要有微软公司的 Word、金山公司的 WPS、永中 Office 和开源的 OpenOffice 等。

微软公司 1983 年 10 月发布了 Xenix 和 MS-DOS 版 Word 1.0，1989 年发布了 Windows 版 Word 1.0，采用了带有下拉菜单的全鼠标驱动界面和真正的 "所见即所得" 显示方式。1990 年 11 月，面向 Windows 平台的 MS Office 软件正式面世，将 Word、Excel 和 PowerPoint 这 3 个主要功能打包起来一起贩售，具体版本为 Word 1.1、Excel 2.0 和 PowerPoint 2.0。之后微软公司不断对 MS Office 进行功能升级，先后推出 MS Office 95、97、2000、2003、2007、2010、2013、2016、2019 等版本。本书选用 MS Office 2016 版为教学背景。

3.1.1　Word 2016 新增功能

同 Word 2013 版本相比较，Word 2016 增加了如下新功能。

（1）将共享功能和 OneDrive 进行了整合，在 "文件" 菜单的 "共享" 界面中，可以直接将文件保存到 OneDrive 中，然后邀请其他用户一起来查看、编辑文档。

（2）增加了一个相当强大而又实用的功能——墨迹公式，用户使用这个功能可以快速地在编辑区域手写输入数学公式，这些公式将被转换成系统可识别的文本格式。

（3）在插入的图片、形状、文本框等对象右侧增加了一个布局选项按钮 "📄"，可以非常方便地对所插入的对象进行格式设置。

（4）在 "插入" 选项卡中增加了 "屏幕截图" 命令，可以将未最小化的窗口截取为图片，直接插入正在编辑的 Word 文档。

（5）Tell Me 是全新的 Office 助手，在选项卡标签右侧增加了智能搜索功能，在 🔍 告诉我您想要做什么... 搜索框中输入搜索关键字，可搜索 Word 提供的功能及帮助。

📑 **知识扩展**

2014 年 2 月 19 日，微软公司正式宣布 OneDrive 云存储服务上线，支持 100 多种语言，面向全球替代 SkyDrive。

3.1.2　Word 2016 的工作窗口

Word 2016 的工作窗口由快速访问工具栏、标题栏、功能区、文档编辑区、状态栏构成，如图 3.1 所示。

1. 快速访问工具栏

快速访问工具栏位于标题栏左侧，用户可以快速访问使用频繁的命令，一般默认的命令包括"保存""撤销"和"恢复"。用户也可以根据使用习惯自定义快速访问工具栏。

自定义快速访问工具栏有如下两种方法。

图 3.1　Word 2016 的工作窗口

方法一：单击"文件"→"选项"命令，打开"Word 选项"对话框，如图 3.2 所示。单击左侧列表中的"快速访问工具栏"，再单击"添加"按钮（也可双击"从下列位置选择命令"列表框中的命令选项），然后单击"确定"按钮，即可把相应命令添加到快速访问工具栏，供用户使用。

方法二：单击"自定义快速访问工具栏"下拉按钮，打开图 3.3 所示的"自定义快速访问工具栏"下拉列表，勾选下拉列表中的命令即可在快速访问工具栏中添加相应命令。

图 3.2　"Word 选项"对话框

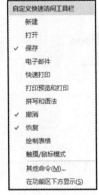

图 3.3　自定义快速访问工具栏

2. 标题栏

标题栏位于窗口的最上方，激活时呈现蓝色，未被激活时呈现灰色。标题栏包含正在编辑的文档名、程序名称、"最小化"按钮、"还原"按钮和"关闭"按钮。

3. 功能区

功能区位于标题栏下方的带状区域，系统默认的选项卡主要有开始、插入、设计、布局、引用、邮件、审阅、视图等，用户可以根据需要添加或删除选项卡。

（1）"开始"选项卡：包括剪贴板、字体、段落、样式和编辑 5 个选项组，主要用于帮助用户对 Word 2016 文档进行文字编辑和格式设置，是用户最常用的选项卡之一。

（2）"插入"选项卡：包括页面、表格、插图、媒体、链接、批注、页眉和页脚、文本、符号等选项组，主要用于在 Word 2016 文档中插入各种元素。

（3）"设计"选项卡：包括文档格式和页面背景 2 个选项组，主要用于文档的格式和背景设置。

< 47 >

（4）"布局"选项卡：包括页面设置、稿纸、段落和排列4个选项组，主要用于设置 Word 2016 文档页面样式。

（5）"引用"选项卡：包括目录、脚注、引文与书目、题注、索引和引文目录选项组，主要用于实现在 Word 2016 文档中插入目录等比较高级的功能。

（6）"邮件"选项卡：包括创建、开始邮件合并、编写和插入域、预览结果和完成选项组。该选项卡的作用比较专一，专门用于在 Word 2016 文档中进行邮件合并方面的操作。

（7）"审阅"选项卡：包括校对、语言、中文简繁转换、批注、修订、更改、比较和保护选项组，主要用于对 Word 2016 文档进行校对和修订等操作，适用于多人协作处理 Word 2016 长文档。

（8）"视图"选项卡：包括视图、显示、显示比例、窗口和宏选项组，主要用于帮助用户设置 Word 2016 工作窗口的视图方式，以方便操作。

知识扩展

在选项卡中添加选项组。

① 参照自定义快速访问工具栏的操作方法，打开"Word 选项"对话框，单击左侧列表中的"自定义功能区"；或者右击功能区，在打开的快捷菜单中选择"自定义功能区"命令，显示图3.4所示的对话框。

② 在"主选项卡"列表框中勾选要添加自定义选项组的主选项卡名称（如勾选"开始"）；单击"新建组"按钮，右击"新建组"，然后选择"重命名"，输入新建组的名称（如"格式"），同时可选择一个图标来表示该新建组。

③ 在"从下列位置选择命令"列表框中选择要添加的命令选项，单击中间的"添加"按钮将选择的命令加载到新建组中即可。如图3.5所示，"开始"选项卡中增加了"格式"选项组。

图 3.4 自定义功能区

图 3.5 添加选项组示例

4．文档编辑区

文档编辑区是对文档进行输入和编辑的区域，其中不断闪烁的"｜"光标指示插入点所在位置。文档编辑区左侧为文本选定区，鼠标指针移动到该区域时，会自动变为向右倾斜的空心箭头"⏹"，此时通过单击及上下拖曳鼠标可快速选定文本块。

5．状态栏

状态栏主要用于显示当前文档的相关信息。状态栏左侧区域主要显示当前光标所在页码、文档总页数、文档总字数、输入法状态。状态栏右侧区域有视图方式按钮及缩放条，可以单击相应的视图方式按钮进行视图方式的切换，拖动缩放条上的小方块可以改变文档的显示比例。

3.1.3 文档的视图方式

Word 2016 提供了 5 种视图方式来显示文档内容，分别是页面视图、阅读视图、Web 版式视图、大纲视图和草稿。

< 48 >

1．页面视图

页面视图是 Word 的默认视图方式，常用于文档的编辑和排版，也用来显示文档的打印结果外观，包括页眉、页脚、图形对象、分栏设置、页面边距等元素，是最接近打印结果的视图方式。

2．阅读视图

阅读视图中默认以"列布局"分栏样式来显示文档内容。在阅读视图下，用户可单击"工具"→"查找"命令在文档中查找所需的内容。

> **⚠ 注意**
>
> 在阅读视图中，只可浏览文档，不可编辑文档；如需编辑文档，可先单击状态栏右侧的"页面视图"或者"Web 版式视图"，再对文档进行编辑。

3．Web 版式视图

Web 版式视图以网页的形式显示文档内容，特别适用于发送电子邮件和创建网页。

4．大纲视图

大纲视图适用于 Word 长文档的快速浏览和排版，可用于设置和显示文档标题的层级结构，并可以方便地折叠和展开各种层级的文档。

5．草稿

以草稿显示文档，文档的页面边距、分栏设置、页眉、页脚和图形对象等元素不再显示出来，仅显示标题和正文，可进行文档格式设置及修改文档内容。

3.2　文档的创建与编辑

我们平时工作和学习中会经常用到 Word 文档，通过掌握文档的基本操作步骤和操作方法，如创建文档、编辑和修改、格式设置、插入对象和表格、文档排版与审阅等，可以自由设计并制作精美的个性海报、邀请函、电子板报、个人简历、求职信、通知书等。

3.2.1　文档的创建及基本操作

1．创建文档

创建 Word 文档的常用方法如下。

方法一：启动 Word 2016，此时会出现新建文档界面，如图 3.6 所示。右侧窗格中有很多可用模板，单击其中的"空白文档"模板或其他模板即可。

方法二：启动 Word 2016 并进入 Word 2016 工作窗口后，单击"文件"→"新建"命令，然后单击右侧的"空白文档"模板。

方法三：在"文件资源管理器"窗口或桌面空白处右击，在弹出的快捷菜单中单击"新建"→"DOCX 文档"命令，即可创建

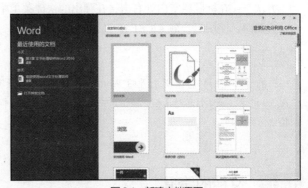

图 3.6　新建文档界面

一个名为"新建 DOCX 文档"的空白文档。双击新建的文档图标启动 Word，即可对文档进行编辑。

< 49 >

✎ 提示

　　Word 模板是一种特殊文档，它提供文档外观的基本格式、页面布局和初始文本等，用 Word 编辑的文档都基于某一种文档模板。例如，空白文档是基于 Normal.dot 的模板，用户可以设置自己的样式、正文、对象和图表对象等。

2. 保存文档

　　新建文档首次保存时，单击快速访问工具栏中的"保存"按钮，或者单击"文件"→"保存"命令，或者使用组合键 Ctrl＋S，都可打开"另存为"界面，然后在右侧窗格中选择存储位置或单击"浏览"，打开"另存为"对话框，如图 3.7 所示。

✎ 提示

　　如果文档曾保存过，执行上述保存步骤会将文档自动以原文件名覆盖保存在原来的位置，如果需要修改文件名、更改保存位置或者保存类型，则单击"文件"→"另存为"命令，再次打开"另存为"对话框，重新进行相关设置即可。

3. 打开文档

　　方法一：在"文件资源管理器"或桌面上，直接双击某一 Word 文档，即可打开该文档。
　　方法二：在 Word 2016 工作窗口中单击"文件"→"打开"命令，在右侧窗格中选择或单击"浏览"，打开"打开"对话框，如图 3.8 所示，找到文档所在位置，选中并打开文档。

图 3.7　"另存为"对话框

图 3.8　"打开"对话框

4. 关闭文档

　　可以采用如下方法关闭当前编辑的 Word 文档。
　　方法一：单击 Word 工作窗口的标题栏最右侧的"关闭"按钮。
　　方法二：单击"文件"→"关闭"命令。
　　方法三：在标题栏空白处右击，在弹出的快捷菜单中选择"关闭"命令。
　　方法四：使用组合键 Alt＋F4。

✎ 提示

　　执行上述操作时，如果打开的 Word 文档的编辑操作没有保存，系统会打开图 3.9 所示的提示信息对话框，提示用户是否对更改内容进行保存，单击"保存"按钮保存文档。

图 3.9　提示信息对话框

3.2.2　文档的编辑

　　创建文档之后，即可在文档编辑区输入文本内容，进行文本选定、移动和复制、删除、查找和替换等文档编辑操作。

< 50 >

1. 输入内容

在输入文档内容之前，首先要确定插入点的位置，它由一根闪烁的短竖线标记；其次要明确当前的输入模式，一般默认为插入模式，若需要设置为改写模式，则单击"文件"→"选项"命令，在打开的"Word 选项"对话框中，单击左侧"高级"选项，然后勾选"使用改写模式"复选框；最后选择并切换输入法状态，并根据需要输入内容。

> **注意**
>
> 在插入模式下，输入的内容将显示在插入点位置，原插入点前后文本内容不会改变；而在改写模式下，输入的内容将替换插入点之后的文本内容。

（1）键盘输入。

键盘作为最常见的输入设备，在"英文输入法"状态可以方便地输入英文字母、数字和其他字符。切换至"中文输入法"后，可输入汉字、中文标点符号，通过输入法软键盘还可以输入数字序号、希腊字母、注音符号等，如图 3.10 所示。

（2）插入符号和特殊字符。

输入内容的过程中，如果遇到键盘和输入法软键盘都没有的符号，还可以使用 Word 自带的符号库，单击"插入"选项卡"符号"组中的"符号"下拉按钮，在打开的列表框中选择"其他符号"，打开"符号"对话框如图 3.11 所示。对话框中有"符号"和"特殊字符"两个选项卡，从对应的选项卡中找到符号，单击"插入"按钮即可。

（3）插入其他文件的内容。

Word 允许将其他文件的内容直接插入当前文档，可实现将多个文档合并成一个文档，实现多人合作编写文档，同时提高输入效率，其操作步骤如下。

（1）单击"插入"选项卡"文本"组中的"对象"按钮，打开"对象"对话框，单击"由文件创建"选项卡标签，如图 3.12 所示。

图 3.10　输入法软键盘

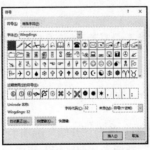
图 3.11　"符号"对话框

图 3.12　"对象"对话框

（2）在"文件名"文本框中输入要插入内容的文件路径及文件名，也可通过"浏览"来选择文件路径及文件名，单击"确定"按钮，即可将指定的其他文件内容插入当前文档。

2. 文本的选定

对已经录入的文档内容进行编辑和修改时，首先要选定文本，才能进行插入、删除、修改等编辑操作。文本的选定常用的 3 种方法是鼠标选取、文本选定区选取和快捷键选取。

（1）鼠标选取。

如果选取的文本内容较少，则直接从开始位置拖曳鼠标至结束位置；若文本内容较多，可先单击开始位置，再按住 Shift 键，单击选定文本的结束位置。

（2）文本选定区选取。

在文档编辑区左侧为文本选定区，鼠标指针移动到该区域时，会自动变为向右倾斜的空心箭头。

< 51 >

① 选取某一行。在文本选定区单击可选择空心箭头所指向的整行文本。

② 选取某一段。在文本选定区双击可选择空心箭头所指向的整个段落。

③ 选取整篇文档。在文本选定区三击可选择整个文档。

（3）快捷键选取。

① Ctrl+A：全选整个文档。

② Ctrl+Shift+End：选取自光标所在处至文档结束处文本。

③ Ctrl+Shift+Home：选取自光标所在处至文档开始处文本。

④ Ctrl+单击文本：选取光标所在句子（两个句号间的文本）。

⑤ Ctrl+鼠标拖曳：选取不连续文本。

⑥ Alt+鼠标拖曳：选取矩形区域文本。

3. 文本的移动和复制

（1）文本的移动。

文本的移动即将文本内容从一个地方移动到另外一个地方。可使用如下方法完成文本的移动。

① 使用鼠标。选定需要移动的文本内容，按住鼠标左键拖曳至目标位置，然后释放鼠标完成文本的移动。

② 使用快捷键。选定需要移动的文本内容，按 Ctrl+X 组合键，然后将光标移动至目标位置，按 Ctrl+V 组合键，完成文本的移动。

③ 使用剪贴板。选定需要移动的文本内容，单击"开始"选项卡"剪贴板"组中的"剪切"按钮，然后将光标移动至目标位置，单击"剪贴板"组中的"粘贴"按钮，同样可完成文本的移动。

（2）文本的复制。

文本的复制是将文本内容复制后粘贴到目标位置。可使用如下方法完成文本的复制。

① 使用鼠标。选定要复制的文本内容，按住 Ctrl 键，用鼠标拖曳选定的文本内容到目标位置后释放鼠标完成复制。

> **注意**
>
> 鼠标拖曳过程中，鼠标指针右下方会出现"+"符号，如果鼠标指针右下方没有"+"符号，则拖曳鼠标操作实现的是移动文本内容。

② 使用快捷键。选定要复制的文本内容，按 Ctrl+C 组合键，然后将光标移动至目标位置，按 Ctrl+V 组合键，完成文本的复制。

③ 使用剪贴板。选定要复制的文本内容，单击"开始"选项卡"剪贴板"组中的"复制"按钮，然后将光标移动至目标位置，单击"开始"选项卡"剪贴板"组中的"粘贴"按钮。

> **注意**
>
> 剪贴板是 Windows 系统中一段可连续的、可随存放的信息量大小而变化的内存空间，用来临时存放交换信息。在 Office 2016 中，剪贴板中可以存放最多 24 次复制或剪切的内容，如文本、图像、表格等。使用剪贴板粘贴时，单击"粘贴"下拉按钮，可以选择"粘贴""保留源格式""仅保留文本"3 种粘贴格式。

4. 文本的删除

在编辑文档时，删除文本内容可使用退格（Backspace）键或删除（Delete）键，其中退格键用于删除插入点左侧的文本，而删除键用于删除插入点右侧的文本，且每次按键只能删除一个字符；如果一次要删除的内容较多，可以先选定要删除的内容，再使用删除键删除选定的内容。

< 52 >

5．查找和替换文本

在 Word 中，查找和替换是必不可少的编辑功能，用户可以通过查找和替换功能查找指定信息、批量替换或者批量修改文档内容。

（1）查找。

查找指对文档中特定内容进行定位查看。在 Word 中，查找功能不仅可以查找文本内容，还可以查找具有指定格式的文本。查找内容允许添加特殊符号，如段落标记、制表符、分节符等，复杂的查找还可以使用通配符。用户可以使用导航窗格的"搜索文档"文本框进行简单查找，也可以使用"查找和替换"对话框进行高级查找。

① 使用导航窗格"搜索文档"文本框查找。

单击"开始"选项卡"编辑"组中的"查找"按钮，或者使用 Ctrl+F 组合键调出导航窗格，将光标定位到"搜索文档"文本框中，输入要查找内容（如"插入"），如图 3.13 所示，文档中搜索到的文字将用黄底黑字显示。

图 3.13　导航窗格

② 使用"查找和替换"对话框查找。

单击"开始"选项卡"编辑"组中的"查找"下拉按钮，在打开的下拉列表中单击"高级查找"命令，打开"查找和替换"对话框的"查找"选项卡，如图 3.14 所示。单击"在以下项中查找"下拉按钮，在打开的下拉列表中选择查找范围（如"主文档"），在下方单击"格式"下拉按钮或者"特殊格式"下拉按钮，可设置查找内容的格式或添加特殊符号、特殊格式。

（2）替换。

替换是指将文档中某一内容换成另一内容，可以使用替换操作将当前文档中查找到的内容手动逐一替换或自动全部替换为新内容。

例如，将当前文档中所有"查找"替换为"搜索"，其操作步骤如下。

① 单击"开始"选项卡"编辑"组中的"替换"按钮，或者使用 Ctrl+H 组合键，打开"查找和替换"对话框的"替换"选项卡，如图 3.15 所示。

图 3.14　"查找和替换"对话框"查找"选项卡

图 3.15　"查找和替换"对话框"替换"选项卡（一）

② 在"查找内容"文本框中输入"查找"，在"替换为"文本框中输入"搜索"，单击"替换"按钮进行单次替换，单击"全部替换"按钮进行一次全部替换。

【查找和替换应用小技巧】

① 批量修改文本格式。在"查找和替换"对话框的"替换"选项卡中，在"查找内容"和"替换为"文本框中输入相同的文本内容，然后将光标定位到"替换为"文本框中，单击"格式"下拉按钮，再单击"字体"命令，在打开的"替换字体"对话框中，设置自己想要的字体、字号、字体颜色等，如图 3.16 所示。单击"确定"按钮，返回图 3.17 所示的"查找和替换"对话框，再单击"替换"按钮或"全部替换"按钮，即可将文档中查找到的内容替换为指定格式。

< 53 >

图 3.16 "替换字体"对话框　图 3.17 "查找和替换"对话框—"替换"选项卡（二）

② 删除多余空行。在"查找内容"文本框中输入"^p^p"，在"替换为"文本框中输入"^p"，即可删除多余的空行。

③ 批量删除图片。在"查找内容"文本框中输入"^g"，在"替换为"文本框中输入" "（空格），即可将文中所有的图片全部删除掉。

> **提示**
>
> 可以单击"查找和替换"对话框中的"不限定格式"按钮，取消"查找内容"和"替换为"文本框中的格式设置。

3.2.3　文档的格式设置

我们在编写文档的过程中，不能只注重文档内容，而忽视文档的美化工作。如何才能告别"白纸黑字"，让文档更加时尚和美观呢？下面分别介绍文档排版中常用的格式设置，包括字体格式、段落格式、其他特殊格式、主题和样式等。

1. 字体格式

文档中的字体格式包括字体、字形、字号、字符颜色、下画线、字符间距、字体效果等。字体格式可以通过如下方法设置。

方法一：**通过"字体"选项组设置**。单击"开始"选项卡"字体"选项组中的相应命令进行设置，如图 3.18 所示。

方法二：**使用"字体"对话框设置**。单击"字体"选项组右下角的按钮，或者按 Ctrl+D 组合键，或者在文档编辑区右击，在快捷菜单中选择"字体"命令，打开"字体"对话框，如图 3.19 所示。

图 3.18 "字体"选项组

图 3.19 "字体"对话框

< 54 >

提示

如果选项卡中的按钮只有图标，没有文字说明，用户可将鼠标指向要查看的命令按钮，此时鼠标指针右下方会出现按钮功能提示。

2．段落格式

在文档中输入内容时，按 Enter 键可结束当前段落的编辑，同时开启下一个新的段落。在 Word 文档中按 Enter 键后，会自动产生段落标记 "↵"，该标记表示上一个段落的结束，在该标记之后的内容则位于下一个段落中。

Word 中的段落格式是文档段落的属性，包括对齐方式、段落缩进、段间距与行距、边框和底纹、制表位等。

（1）对齐方式。

为使文档整齐美观，通常要将文档段落对齐。段落有左对齐、居中对齐、右对齐、两端对齐、分散对齐共 5 种对齐方式。在一般情况下，段落的对齐方式是两端对齐。5 种对齐方式效果如图 3.20 所示，设置方法如下。

方法一：通过 "段落" 组设置。单击 "开始" 选项卡 "段落" 组中的相应命令进行设置，如图 3.21 所示。

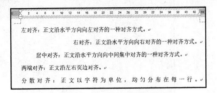

图 3.20　5 种对齐方式效果

图 3.21　"段落" 组

方法二：使用 "段落" 对话框设置。单击 "开始" 选项卡 "段落" 组右下角的 按钮，或者在文档段落任意位置右击，在快捷菜单中选择 "段落" 命令，打开 "段落" 对话框，如图 3.22 所示，在对话框的 "缩进和间距" 选项组的 "对齐方式" 下拉列表中选择所需的对齐方式进行设置。

（2）段落缩进。

段落缩进指的是一个段落首行、左右边界距离页面左右两侧以及相互之间的距离关系。段落缩进一般包括左缩进、右缩进、首行缩进、悬挂缩进 4 种形式。

① 左缩进是指整个段落左边界距离页面左侧的缩进量。

② 右缩进是指整个段落右边界距离页面右侧的缩进量。

③ 首行缩进是指段落的首行第一个字符的起始位置距离页面左侧的缩进量。

④ 悬挂缩进是指段落中除首行外的其他行第一个字符的起始位置距离页面左侧的缩进量，适用于报纸或杂志等场合。

段落缩进的设置方法如下。

方法一：使用水平标尺设置。拖动水平标尺的缩进方式滑块，可设置相应的缩进量，如图 3.23 所示。

方法二：使用 "段落" 对话框设置。在图 3.22 所示对话框的 "缩进" 选项组中设置相应的缩进方式即可。

图 3.22　"段落" 对话框

图 3.23　水平标尺设置段落缩进

< 55 >

（3）段间距与行距。

段间距是指相邻两个段落的垂直距离，可分为段前间距和段后间距。行距是指行与行的垂直距离。在图3.22所示对话框的"间距"选项组中设置段间距，在"行距"下拉列表中设置行距。

（4）边框和底纹。

给段落设置边框和底纹可以使内容更突出和醒目，设置方法如下。

单击"段落"选项组的"边框"下拉按钮 ▦▾ ，在下拉列表中选择"边框和底纹"命令，打开"边框和底纹"对话框的"边框"选项卡，如图3.24所示，在此可以设置文字边框和段落边框。切换到"底纹"选项卡，如图3.25所示，在"填充"下拉列表中选择相应的颜色，给选定段落添加颜色底纹；在"图案"选项组"样式"下拉列表中选择图案样式，给选定段落添加图案底纹。

图3.24 "边框和底纹"对话框"边框"选项卡

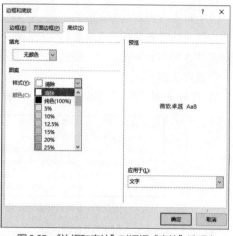

图3.25 "边框和底纹"对话框"底纹"选项卡

📋 **知识扩展**

边框分为文字边框、段落边框和页面边框。

文字边框应用于所选定的文字，段落边框应用于所选定的段落。设置段落或文字边框，应先在"边框"选项卡中选择边框线的样式、颜色、宽度，在"应用于"下拉列表中选择"文字"或"段落"，再在左侧"设置"组中选择边框样式。

页面边框应用于整篇文档。单击"边框和底纹"对话框中的"页面边框"选项卡标签，如图3.26所示，在对话框中设置边框线的样式、颜色、宽度后，再在"设置"组中选择边框样式，即可设置页面边框。还可以在"艺术型"下拉列表中选择艺术型边框。

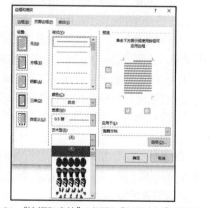

图3.26 "边框和底纹"对话框"页面边框"选项卡

（5）制表位。

制表位是指水平标尺上的位置，它指定文字缩进的距离或一栏文字开始的位置。表格是由表元素和表格线组成的。表可以不用表格线来划分成小格，而是依靠表元素之间固定间距和规则的纵横定位来形成表的特征，这就是制表位。

"制表位位置"用来确定表内容的起始位置，然后，表元素按照指定的对齐方式向右依次排列。制表位的三要素包括制表位位置、制表位对齐方式和制表位的前导符。在设置一个新的制表位的时候，主要是针对这3个要素进行操作。制表位的设置方法如下。

< 56 >

在图 3.22 所示的"段落"对话框的"缩进和间距"选项卡中，单击"制表位"按钮，打开图 3.27 所示的"制表位"对话框，可在对话框中设置制表位的三要素。

图 3.27　"制表位"对话框

📋 **知识扩展**

　　制表位的对齐方式与段落的对齐方式类似，只是多了小数点对齐方式和竖线对齐方式。选择小数点对齐方式之后，可以保证输入的数值以小数点为基准对齐；选择竖线对齐方式时，在制表位处显示一条竖线，在此处不能输入任何数据。制表位的对齐方式可以在水平标尺上查看。

　　前导符是制表位的辅助符号，用来填充制表位前的空白区域。例如，图书目录就经常利用前导符来索引具体的标题位置。前导符有 4 种样式，即细虚线、点画线、实线、粗虚线。

　　制表位是符号与段落缩进格式的有机结合，在普通段落中可以插入的对象都能够被插入制表位。

⚠ **注意**

　　硬回车与软回车的区别：通过按 Enter 键产生的标记，俗称硬回车；按 Shift+Enter 组合键得到的标记俗称软回车（也叫手动换行符），该标记并不是段落标记。

3．其他特殊格式

在文档排版时，除了设置字体格式和段落格式，还可以添加一些特殊的格式效果。

（1）分栏。

在默认情况下，Word 2016 提供了 5 种分栏类型，即一栏、两栏、三栏、偏左和偏右。其设置方法如下。

单击"布局"选项卡"页面设置"组中的"分栏"下拉按钮，打开图 3.28 所示的下拉列表，在下拉列表中选择分栏的类型，可给选定的段落分栏。如需设置栏间分隔线、栏间宽度与间距，或设置更多的栏数，可在下拉列表中选择"更多分栏"，打开图 3.29 所示的"分栏"对话框，在"栏数"数值微调框中输入所需的栏数，可设置任意栏数；勾选"分隔线"复选框，可给栏间添加"分隔线"；系统默认每一栏的宽度相等，如需设置每栏的宽度不同，先取消勾选"栏宽相等"复选框，再设置每栏的宽度和栏与栏的间距。

图 3.28　"分栏"下拉列表

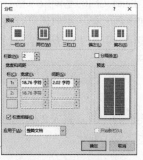

图 3.29　"分栏"对话框

< 57 >

技巧

　单击"分栏"下拉列表中的"一栏"选项，可以取消分栏。

（2）首字下沉。

首字下沉指的是将段落开头的一个或几个字符放大数倍，并以下沉或者悬挂的方式改变文档的版面样式，吸引人们的注意力。首字下沉的设置方法如下。

单击"插入"选项卡"文本"组中的"首字下沉"下拉按钮，在打开的下拉列表中可选择下沉类型（无、下沉或悬挂），或者选择"首字下沉选项"，打开图3.30所示的"首字下沉"对话框，在对话框中进行下沉位置、下沉字体、下沉行数的设置。

技巧

　单击"首字下沉"下拉列表或"首字下沉"对话框中的"无"选项，可以取消首字下沉。

（3）项目符号和编号。

文档段落中添加项目符号和编号可以使得文本内容更加层次清晰，标题和重点突出，易于理解。

① **段落添加项目符号**。选定需要添加项目符号的段落，单击"开始"选项卡"段落"组中的"项目符号"下拉按钮，在显示的项目符号下拉列表中选择项目符号样式，即可设置项目符号，设置效果示例如图3.31所示。

② **段落添加编号**。选定需要添加编号的段落，单击"开始"选项卡"段落"组中的"编号"下拉按钮，在显示的编号下拉列表中选择编号样式，设置效果示例如图3.32所示。

图3.30 "首字下沉"对话框　　　图3.31 项目符号示例　　　图3.32 编号示例

4. 文档主题

文档主题是一个综合性概念，它涵盖了整篇文档的配色方案、字体方案和效果方案，可以从整体上控制文档的基调或风格。通过文档主题可以改变文档的主题颜色、主题字体和主题效果。用户还可以自定义主题并将其保存，它将出现在自定义主题的列表中，可用于所有的Word、Excel和PowerPoint文档。设置文档主题的步骤如下。

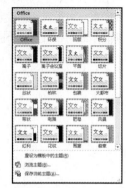

（1）单击"设计"选项卡"主题"组中的"主题"按钮，打开图3.33所示的主题列表。

（2）单击一个符合要求的主题，完成文档主题的设置。这时，文档中的字体、颜色、效果都会随主题发生变化。

图3.33 主题列表

< 58 >

主题列表以图示的方式列出了所有内置的文档主题，当不确定使用哪个主题时，可以先选定文本，然后在这些主题之间滑动鼠标，通过实时预览功能观察当前文档试用主题的效果，当某个主题的预览效果符合要求时，单击对应的主题即可。

不同的主题对应一组不同的样式，即一个主题有多个对应的文档格式，单击某一主题后，"设计"选项卡的"文档格式"组中会出现与选定的主题相对应的文档格式，如图 3.34 所示。单某一文档格式之后，Word 就会对整篇文档应用这个主题方案。

图 3.34　"文档格式"组

5．样式和样式集

样式就是一系列格式的集合，可以包含段落、字体、编号等。Word 根据应用对象的不同，提供字符、段落、链接段落、表格、列表 5 种样式类型。我们常见的系统内置样式很多，如正文、标题、副标题等，用户也可以修改样式或创建新样式。

样式集就是样式的集合，它可以是文档中标题、正文和引用等不同文本和对象格式的集合。Word 为不同类型的文档提供了多种内置的样式集，供用户选择使用。"开始"选项卡"样式"组中显示样式集，用户也可以根据需要修改文档中使用的样式集。

3.3　对象的插入与编辑

在 Word 文档中，除了文字和符号，还可以插入图片、形状和 SmartArt 图形、图表、文本框、艺术字和公式等各种对象。

3.3.1　插入图片

在 Word 2016 中，可插入 EMF、WMF、JPG、TIF、PNG、BMP 等多种格式的图片，这些格式的图片可以是存储在计算机硬盘（如 C 盘、D 盘、E 盘）或移动存储设备（如 U 盘、移动硬盘）中的图片，也可以是联机图片和屏幕截图。

1．插入计算机中的图片

插入图片的操作步骤如下。

（1）单击"插入"选项卡"插图"组中的"图片"按钮，打开"插入图片"对话框。

（2）选择图片位置及要插入的图片，如图 3.35 所示，单击"插入"按钮，即可把选定的图片插入文档光标处。

2．插入联机图片

联机图片是指存储在网络上、云盘中的图片，

图 3.35　"插入图片"对话框

< 59 >

插入联机图片操作步骤如下。

（1）单击"插入"选项卡"插图"组中的"联机图片"按钮，打开"插入图片"界面。

（2）在"必应图像搜索"搜索框中输入关键字（如"机器人"），如图 3.36 所示，按 Enter 键，打开图 3.37 所示"bing"界面，选择图片后单击"插入"按钮，即可把选定的图片插入文档。

图 3.36　"插入图片"界面　　　　　　　　图 3.37　"bing"界面

> **知识扩展**
>
> OneDrive 是一种云存储服务。它支持 Android/iOS 智能手机、平板电脑，以及 Windows 计算机。从 Windows 8 开始，Windows 操作系统中已经内置了 OneDrive 服务，用户可以将一些重要的文件上传到 OneDrive，以防止数据丢失。
>
> OneDrive 是一种在线存储，用户可以从任何位置访问其中的文件。重要的文档、照片或其他文件均可以通过 OneDrive 在计算机或其他设备上进行访问，然后与朋友、家人及同事共享。

3．插入屏幕截图

屏幕截图是 Word 2016 的新增功能，它可以将未最小化的窗口截取为图片并插入文档。获取屏幕截图包括截取可用的视窗和屏幕剪辑两种方式。

（1）截取可用的视窗。

Word 2106 把打开的应用程序窗口作为"可用的视窗"，单击"插入"选项卡"插图"组中的"屏幕截图"下拉按钮，打开"可用的视窗"下拉列表，如图 3.38 所示，单击"可用的视窗"下拉列表中的图标，即可截取对应窗口的图片并自动插入文档。

（2）屏幕剪辑。

屏幕剪辑是指对屏幕截图的范围进行自定义设置，其操作方法如下。

先打开要截取的窗口或者图片，在图 3.38 所示的下拉列表中单击"屏幕剪辑"命令，鼠标指针变成黑色十字形状，将鼠标指向需要截取的起始位置，按住鼠标左键拖曳至结束位置，松开鼠标左键，选取的区域即以图片形式自动插入当前文档。

4．绘制形状和 SmartArt 图形

Word 2016 保留了插入形状功能，包含 8 种形状类型：线条、矩形、基本形状、箭头总汇、公式形状、流程图、星与旗帜、标注。

SmartArt 图形是一种图形和文字相结合的图形，Word 2016 中提供了列表、流程、循环、层次结构、关系和矩阵等多种 SmartArt 类型，使用 SmartArt 图形功能可以快速建立流程图、结构图等专业、美观的图示，从而使文档表达更加清楚准确。插入 SmartArt 图形的操作步骤如下。

（1）**插入 SmartArt 图形**。单击"插入"选项卡"插图"组中的"SmartArt"按钮，打开"选择 SmartArt 图形"对话框，在对话框左侧选择图形类型（如"关系"），然后在中部列表框中选择某一图形（如"射线循环"），如图 3.39 所示。

（2）**编辑 SmartArt 图形的文本**。在图 3.39 中单击"确定"按钮，在文档中插入图 3.40 所示的编辑框和图形。在"在此处键入文字"文本框中依次输入"动态管理系统""分区域施策""阶段性疫情

< 60 >

防控重点""签出健康码模式",然后删除多余的文本框。

(3)**修改 SmartArt 图形版式**。单击"SmartArt 工具-设计"选项卡"版式"组中的"分离射线"版式,结果如图 3.41 所示。

图 3.38　可用的视窗

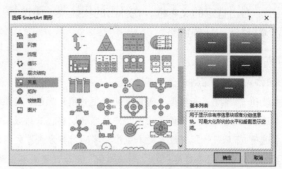

图 3.39　"选择 SmartArt 图形"对话框

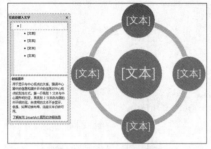

图 3.40　编辑 SmartArt 图形

图 3.41　SmartArt 图形版式修改

提示

①**格式化图形文本**。图形中的文字格式化和文档中的字体格式化操作相同,可以使用"开始"选项卡"字体"组中的命令格式化图形中的文字。还可以使用"SmartArt 工具-格式"选项卡对 SmartArt 图形及文字进行格式化。

②**形状的添加与删除**。选定形状,按 Delete 键可删除形状;右击形状,在打开的快捷菜单中选择"添加形状"命令可添加形状。

3.3.2　插入文本框和艺术字

在报纸或杂志排版中,为了突出关键信息,有时需要在文档中插入文本框或具有艺术效果的文字,文本框可以放置在文档任意位置,艺术字可以增强文字的表现力。在 Word 文档中可以插入文本框和艺术字对象,使文档得到更好的视觉效果。

1.插入文本框

在 Word 文档中可以插入系统内置的文本框,也可以绘制文本框,具体操作方法如下。

(1)**插入内置文本框**。单击"插入"选项卡"文本"组中的"文本框"下拉按钮,打开图 3.42 所示的下拉列表,在列表中选择内置文本框,系统自动在文档中添加一个具有内容和格式的文本框,用户可以修改文本框的文字,并改变文本框的格式。

(2)**绘制文本框**。在图 3.42 中选择"绘制文本框"或"绘制竖排文本框",鼠标指针变成十字形状,按住鼠标左键拖动即可在文档中绘制一

图 3.42　"插入文本框"列表框

< 61 >

个文本框。将光标置于文本框中就可以输入文字，并对文字格式化。

2. 文本框的格式设置

为了突出文本框的特性，可以设置文本框的边框，给文本框添加底纹，改变文本框的大小，设置文本的叠放层次。右击选定的文本框，在弹出的快捷菜单中选择"设置形状格式"，在文档编辑区右侧会出现"设置形状格式"任务窗格。

📋 **知识扩展**

"设置形状格式"任务窗格包含如下选项。

① "文本选项-文本填充与轮廓"可设置文本框的填充颜色、边框颜色及边框线型，如图 3.43 所示。

② "文本选项-文字效果"可设置文本框中文字的阴影、三维效果等艺术效果，如图 3.44 所示。

③ "文本选项-布局属性"可设置文本框中文字的对齐方式、文字方向及上下左右边距，如图 3.45 所示。

④ "设置形状格式"任务窗格中的"形状选项"用于设置文本框的填充颜色及边框颜色和线型。图 3.46 所示为将文本框的边框设置成了"无线条"并添加三维格式的效果图。

  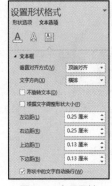 

图 3.43 文本填充与轮廓　　图 3.44 文字效果　　图 3.45 布局属性　　图 3.46 文本框边框设置

---

3. 插入艺术字

Word 提供了多种艺术字样式，基于样式再给艺术字添加三维效果及阴影，则艺术字可风采多样。艺术字的插入及格式化具体操作如下。

单击"插入"选项卡"文本"组中的"艺术字"下拉按钮，打开图 3.47 所示的"艺术字样式"下拉列表，在列表中选择所需的样式。此时在文档中会插入一个艺术字编辑框，如图 3.48 所示，直接在编辑框内输入文字即可。

图 3.47 "艺术字样式"下拉列表　　　　图 3.48 艺术字编辑框

3.3.3 公式的插入与编辑

在编辑包含数学、物理、化学等内容的文档时，常常需要运用公式。在 Word 2016 中既可直接插入内置的公式，也可根据需要自定义公式。

Word 2016 提供了内置的公式模板及墨迹公式，其插入方法如下。

1. 插入内置公式

内置公式可以帮助用户快速完成一个和内置公式相近的公式的输入。单击"插入"选项卡"符号"

< 62 >

组中的"公式"下拉按钮,打开图3.49所示的下拉列表,在"内置"下方选择所需的内置公式,即可在文档中插入该公式,同时在文档中出现公式编辑框,如图3.50所示。在公式编辑状态下,功能区会增加一个"公式工具-设计"选项卡,此选项卡包含了"工具""符号""结构"3个选项组,如图3.51所示。

图 3.49　"公式"下拉列表　图 3.50　公式编辑框　　　　　　图 3.51　"公式工具-设计"选项卡

📋 **知识扩展**

　　用户编辑公式可以从键盘直接输入,如果遇到不能从键盘输入的符号,可在"插入"选项卡"符号"组中选择相应的符号完成公式中的符号输入。

　　每个公式都有自己的结构,编辑公式时应首先分析其结构,然后在"结构"选项组中选择相同或相似的公式结构。进行公式编辑时,务必注意光标的位置和大小的变化。

2.插入新公式

　　如果找不到合适的内置公式,可插入一个新公式。在图3.49所示的下拉列表中选择"插入新公式",文档中会插入一个空的公式编辑框,在公式编辑框内可通过键盘或者"公式工具-设计"选项卡的"符号"组及"结构"组完成公式的输入。

3.插入墨迹公式

　　墨迹公式是手写输入公式的方法,通常用于数理化老师在上网课时现场给学生板书公式。单击"插入"选项卡"符号"组中的"公式"下拉按钮,在打开的下拉列表中选择"墨迹公式",打开图3.52所示的公式书写框,包含预览窗口、公式输入窗口和"写入""擦除"等按钮。

图 3.52　公式书写框

3.3.4　插入图表

　　在 Word 文档中插入图表之前,需要对图表的类型进行选择,常用的图表类型包括折线图、柱形图、条形图、饼图等。插入图表后需要在自动打开的 Excel 工作表中编辑图表数据,方能完成图表的制作。

1.插入图表

　　单击"插入"选项卡"插图"组中的"图表"按钮,打开"插入图表"对话框,在对话框左侧选择图表类型(如"柱形图"),然后在右侧上方的图表样式列表中选择某一图表样式(如"簇状柱形图"),如图3.53所示。双击所选的图表样式或者单击"确定"按钮,此时文档编辑区中出现已初始化数据的图表对象,并且同时显示图表数据源编辑窗口。用户可将默认数据替换成所需的表格数据,如图3.54所示。

2.编辑图表

　　完成图表的创建后,可随时对图表进行编辑和修改操作,如更改图表类型、修改图表数据、显示/隐藏图表元素、为图表添加趋势线等。在图表的任意位置单击,功能区中将显示"图表工具-设计"选项卡和"图表工具-格式"选项卡,如图3.55所示。

< 63 >

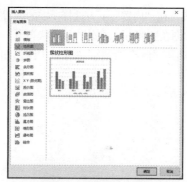

图 3.53 "插入图表"对话框

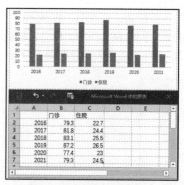

图 3.54 图表数据源编辑窗口

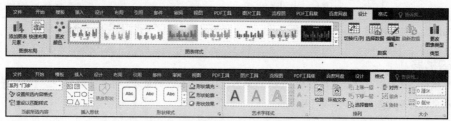

图 3.55 "图表工具-设计"选项卡和"图表工具-格式"选项卡

在"图表工具-设计"选项卡中，可进行"图表布局""图表样式""数据""类型"的编辑修改操作，而在"图表工具-格式"选项卡中可对图表中对象样式和格式进行设置，如形状样式、艺术字样式等。

【例 3-1】如图 3.56 所示，图表"2016—2021 年医疗门诊和住院对比"的图表类型为组合图（簇状柱形图+折线图），图例放置于图表右侧，添加值坐标轴标题"患者/亿人次"，图表下方显示数据表。具体操作步骤如下。

（1）插入图表。单击"插入"选项卡"插图"组中的"图表"按钮，打开"插入图表"对话框，在对话框左侧选择图表类型为"柱形图"，然后在右侧上方的图表样式列表中选择"簇状柱形图"，单击"确定"按钮。

（2）编辑图表数据。单击已插入的图表即可进入图表编辑状态，一般数据编辑窗口会同时出现，若先前关闭则需要再次开启。单击"图表工具-设计"选项卡"数据"组中的"编辑数据"按钮，可再次打开图表数据源编辑窗口，如图 3.57 所示。

完成图表数据源编辑之后，文档中插入的图表如图 3.58 所示。

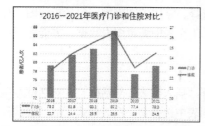

图 3.56 图表"2016—2021 年医疗门诊和住院对比"

图 3.57 图表数据源编辑窗口

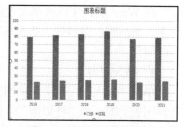

图 3.58 文档中插入的图表

（3）修改图表标题。将图表标题修改为"2016—2021 年医疗门诊和住院对比"。如果图表没有显示标题框，可以在"图表工具-设计"选项卡"图表布局"组中的"添加图表元素"→"图表标题"子菜单中进行添加，如图 3.59 所示。

（4）更改图表类型。将图表类型修改为组合图（簇状柱形图+折线图），其中柱形代表门诊患者，折线代表住院患者。单击"图表工具-设计"选项卡"类型"组中的"更改图表类型"按钮，在弹出的

< 64 >

"更改图表类型"对话框中，选择图表类型为"组合"，在右侧分别设置系列名称为"门诊"和"住院"，如图 3.60 所示。

图 3.59   "图表标题"子菜单

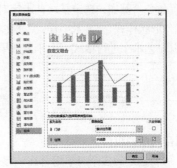

图 3.60   "更改图表类型"对话框

> ⚠ **注意**
>
> 本例中的"住院"系列需要勾选"次坐标轴"复选框，这样左侧主坐标轴和右侧次坐标轴分别代表"门诊"和"住院"系列的数据轴。

（5）设置图例，将图例放置在图表右侧。单击"图表工具-设计"选项卡"图表布局"组中的"添加图表元素"下拉按钮，在下拉菜单中单击"图例"→"右侧"。

（6）设置轴标题。为图表左侧的值坐标轴（主要纵坐标轴）添加标题"患者/亿人次"。单击"图表工具-设计"选项卡"图表布局"组中的"添加图表元素"→"轴标题"→"主要纵坐标"，此时图表左侧出现标题框，输入主要纵坐标轴标题"患者/亿人次"。

（7）设置数据表。图表下方显示数据表。单击"图表工具-设计"选项卡"图表布局"组中的"添加图表元素"→"数据表"→"显示图例项标示"。

至此，完成"2016—2021 年医疗门诊和住院对比"图表的插入和编辑。

3.3.5 对象格式编辑和图文混排

在 Word 文档中插入所需对象之后，为了达到排版效果，通常还要进一步进行对象格式编辑和图文混排设置。

1. 对象的选定

文档中已经插入的对象，一定要先选定后编辑。

（1）单个对象的选定。鼠标指向要选定的对象区域，单击即可选定此对象。

（2）多个对象的选定。按住 Shift 键，依次单击要选定的对象。

2. 改变对象的大小

（1）通过对象控制柄。通常被选定编辑的对象四周会出现圆形控制柄，将鼠标指向控制柄，当鼠标指针变成双向箭头时，拖动对象的控制柄可以快速地改变对象大小。

（2）通过选项卡命令。选定对象后，功能区中会出现与该对象对应的选项卡。例如，选定"图片"对象，功能区会出现"图片工具-格式"选项卡；选定"艺术字""文本框""形状"对象，功能区会出现"绘图工具-格式"选项卡；选定"图表"对象，功能区会出现"图表工具"选项卡；选定"公式"对象，功能区会出现"公式工具"选项卡；选定"SmartArt 图形"对象，功能区会出现"SmartArt 工具"选项卡。其中"大小"选项组的"高度"和"宽度"数值微调框，可用于设置对象的高度和宽度，如图 3.61 所示。

图 3.61   "大小"选项组

< 65 >

3．对象的格式及效果设置

选定对象后，功能区会出现与该对象相应的"格式"选项卡或"设计"选项卡，其中包含了对象的格式及效果设置命令。例如，选定某一艺术字对象，功能区会增加一个"绘图工具-格式"选项卡，包含"插入形状""形状样式""艺术字样式""文本""排列""大小"选项组，如图 3.62 所示。通过这 6 个选项组可以对艺术字进行格式、大小及效果设置。

图 3.62　"绘图工具-格式"选项卡

4．对象的组合与取消组合

在 Word 中，可将选定的多个对象组合在一起，再进行整体移动或格式化设置。Word 2016 中组合的对象也可单独选定进行编辑及格式化。对象组合与取消组合的操作方法如下。

（1）**通过快捷菜单命令**。选定多个对象之后，右击选定的多个对象中的某一个对象，在打开的快捷菜单中选择"组合"命令，可完成多个选定对象的组合。反之，右击已经组合的对象，在打开的快捷菜单中选择"取消组合"命令，可完成组合对象的取消组合操作。

（2）**通过选项卡命令**。选定多个对象之后，单击"绘图工具-格式"或者"图片工具-格式"选项卡"排列"组中的"组合"→"组合"命令，如图 3.63 所示。反之，选定已经组合的对象，单击"排列"组中的"组合"→"取消组合"命令。

图 3.63　"排列"选项组

5．图文混排

所谓图文混排，就是将文字与图片混合排列，图文混排有嵌入型、四周型、紧密型环绕、穿越型环绕、上下型环绕、衬于文字下方、浮于文字上方 7 种类型。文档中插入对象时可以通过改变环绕文字来完成布局，选中对象，单击"图片工具-格式"选项卡"排列"组中单击"环绕文字"下拉按钮，即可打开"环绕文字"下拉列表，如图 3.64 所示，根据布局需要设置即可。

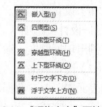

图 3.64　"环绕文字"下拉列表

3.3.6　课堂案例：制作"拥抱生命科学新时代"宣传海报

为了展现我国在生命科学研究领域的工作情况，我们采集来自互联网的相关文字素材，设计并制作主题为"拥抱生命科学新时代"的宣传海报。文档包含文字、图片、图形、文本框、艺术字、公式等元素，通过对象编辑和图文混排，达到简洁美观、重点突出的视觉效果。"拥抱生命科学新时代"宣传海报效果图如图 3.65 所示。

【操作步骤】

（1）**创建一个 Word 文档**。

启动 Word 2016，以"拥抱生命科学新时代"为文件名存储创建的文档。

（2）**设置页面背景**。单击"设计"选项卡"页面背景"选项组"页面颜色"下拉列表中的"填充效果"，打开"填充效果"对话框，如图 3.66 所示，完成页面背景的渐变设置。颜色：双色。颜色 1：蓝色，个性色 1。颜色 2：蓝色，个性色 1，深色 50%。底纹样式：水平。变形：2。

（3）**插入艺术字海报标题**。海报标题"拥抱生命科学新时代"如图 3.67 所示。单击"插入"选项卡"文本"组中的"艺术字"下拉按钮，根据设计要求选择艺术字样式，并通过功能区"绘图工具-格式"选项卡完成相应格式设置。艺术字样式：填充-白色，轮廓-着色 1，阴影。字体：黑体。字号：小初。字形：加粗。文字效果：发光→发光变体→蓝色 18pt。形状填充：灰色-25%，背景 2，深色 10%。形状效果：发光→发光变体→蓝色 18pt。

< 66 >

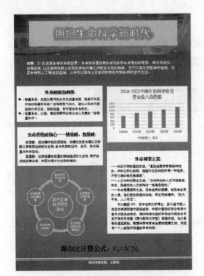

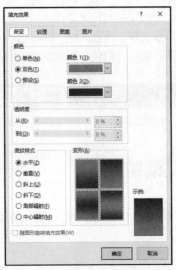

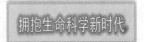

图 3.65 宣传海报效果图　　　　图 3.66 "填充效果"对话框　　　　图 3.67 艺术字海报标题

（4）**插入海报文本框**。参照图 3.65，在海报特定位置分别插入 4 个文本框。图 3.68 所示为海报中 4 个版块的文本框文字内容。先设置"摘要"内容文本框的格式。字体：黑体。字号：小四。字体颜色：白色。文本框填充：无填充。文本框线条：无线条。再设置其余 3 个内容文本框的格式。标题文本：黑体，四号，加粗，黑色。正文文本：黑体，五号，黑色。文本框填充：纯色填充-白色。文本框线条：实线-黑色。

（5）**插入簇状柱形图表**。"2018—2022 年中国生命科学研究资金投入趋势图"如图 3.69 所示，图示右侧为数据源编辑窗口。

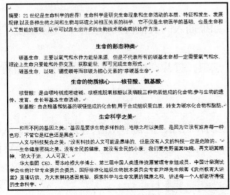

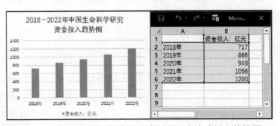

图 3.68 海报文字内容　　　　图 3.69 2018—2022 年中国生命科学研究资金投入趋势图

（6）**插入海报素材图片**。如图 3.70 所示，插入素材图片"双螺旋.jpg"，调整大小并将其置于文档的艺术字海报标题的下方。

（7）**插入 SmartArt 图形**。SmartArt 图形如图 3.71 所示。

图 3.70 双螺旋.jpg　　　　图 3.71 SmartArt 图形

< 67 >

（8）插入摩尔比计算公式。公式字体与格式如图 3.72 所示。

（9）海报底部插入线条及落款文字。落款文字"海报内容来源：互联网"，如图 3.73 所示。字体：等线，五号，加粗，白色。线条：实线，白色，复合线条-由细到粗。宽度：7.75 磅。

摩尔比计算公式: $V_m = N/N_A$

图 3.72　摩尔比计算公式

海报内容来源：互联网

图 3.73　海报底部设计

3.4 表格的插入与编辑

如果不强调复杂的数据计算、统计和数据分析功能，使用 Word 来制作表格比 Excel 还要方便、快捷。

3.4.1　插入表格

在 Word 中插入表格的方法通常有 5 种，一是使用"插入表格"库来自动插入表格，二是通过"插入表格"对话框进行选项设置来插入表格，三是绘制表格，四是插入快速表格，五是插入 Excel 电子表格。

1. 使用"插入表格"库来插入表格

要在文档中快速插入表格，可单击"插入"选项卡"表格"组中的"表格"下拉按钮，打开下拉列表，移动鼠标在"插入表格"库相应的范围内选择表格的行数和列数，如图 3.74 所示。

2. 使用"插入表格"对话框插入表格

"插入表格"库中可插入的表格最多只有 10 列 8 行，如果插入的表格行列数更多，可以通过"插入表格"对话框自定义表格行列来插入表格。

在图 3.74 中单击"插入表格"库下方的"插入表格"选项，打开"插入表格"对话框，根据需要进行表格属性设置即可。

3. 绘制表格

在 Word 中还可以使用鼠标在页面上任意画出横线、竖线和斜线，生成单元格、行和列表框，从而建立起所需的复杂表格。在图 3.74 中单击"插入表格"库下方的"绘制表格"选项，此时鼠标指针回到文档编辑区，并变为铅笔形状，进入绘制表格的编辑状态。完成绘制后，单击表格之外的任意区域，即可退出绘制表格编辑状态。

4. 插入快速表格

在 Word 中内置有多种用途、多种样式的表格模板，让用户可以快速创建表格。使用表格模板创建的表格包含初始数据和表格样式，只需修改表格的文字内容，并对表格行列进行简单设置即可满足需求。

将鼠标指向图 3.74 中"插入表格"库下方的"快速表格"选项，打开"内置"表格列表如图 3.75 所示，从中选择一种表格模板即可快速插入表格。

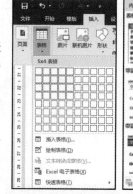

图 3.74　"表格"下拉列表　　图 3.75　"内置"表格列表

5. 插入 Excel 电子表格

为了增强 Word 表格的数据处理能力，还可以使用插入 Excel 电子表格功能来嵌入 Excel 表格，这

< 68 >

样创建的表格对象具有 Excel 的所有数据处理功能，编辑表格时会进入 Excel 编辑状态，单击表格之外的任意位置则退出 Excel 编辑状态。

3.4.2 表格的编辑

表格编辑的基本操作包括插入行（列/单元格）、删除行（列/单元格）、单元格合并和拆分等操作，同 Word 文档的文本及对象编辑一样，遵循先选定后操作的原则。

1. 选定表格对象

在表格中，可选定的表格对象主要有单元格、行、列、整个表格和单元格区域。表格中不同对象的鼠标选定方法如表 3.1 所示。

表 3.1 表格中不同对象的鼠标选定方法

选定表格对象	鼠标操作方法
一个单元格 连续多个单元格	鼠标指向单元格左边界，鼠标指针形状为向右斜上方向加粗黑色箭头，单击即可选择该单元格；若此时拖动鼠标可选择连续多个单元格
一行 连续多行	鼠标指向表格左边界的行选定区，鼠标指针形状为向右斜上方向箭头，单击即可选择该行；若此时鼠标向上或向下拖动可选择连续多行
一列 连续多列	鼠标指向表格上边界的列选定区，鼠标指针形状为向下加粗黑色箭头，单击即可选择该列；若此时鼠标向左或向右拖动可选择连续多列
整个表格	单击表格左上方的全选按钮 ⊞
不连续单元格区域	按住 Ctrl 键，用鼠标分别选定单元格区域中的对象

2. 编辑表格

在选定表格对象之后，就可以开始进行编辑操作，如剪切、复制、插入、删除等。常用的编辑操作命令和工具在"表格工具-布局"选项卡和表格右键快捷菜单中，如图 3.76 和图 3.77 所示。

图 3.76 "表格工具-布局"选项卡　　　　　　　　图 3.77 不同表格对象的右键快捷菜单

✦ 单击"表"选项组中的"属性"按钮，在打开的"表格属性"对话框中，可以设置表格整体的对齐方式、表格行和列、单元格的属性。

✦ 单击"行和列"选项组中的相应按钮，可以删除或插入行或列。

✦ 利用"合并"选项组中的命令可以对选定的单元格进行合并或拆分。其中单击"拆分表格"按钮，可将当前表格拆分成两个。

✦ 在"单元格大小"选项组中，可以调整表格的行高和列宽。通过"自动调整"下拉列表中的命令可以自动调整表格的大小。

✦ 通过"对齐方式"选项组中的命令，可以设置表格中的文本在水平及垂直方向上对齐。

✦ 单击"数据"选项组中的"排序"按钮，可以对表格内容进行简单排序。

< 69 >

> **！注意**
>
> 选定不同的表格对象，右键快捷菜单包含的表格编辑操作命令也会有所不同。图 3.77 所示分别为选定整个表格和一个单元格对象的右键快捷菜单。

3．表格的布局

在文档中插入表格后，当光标位于表格中任意位置时，功能区中会出现"表格工具-设计"和"表格工具-布局"两个选项卡。利用"表格工具-布局"选项卡，可以改变表格的行列数，对表格的单元格、行、列的属性进行设置；可以设置标题行跨页重复内容；还可以对表格中内容的对齐方式进行指定。

4．表格的设计

对已经插入的表格，可以使用表格设计工具进行修饰。在选中表格对象之后，功能区会出现"表格工具-设计"选项卡，主要用于表格样式、底纹和边框的设置，如图 3.78 所示。

图 3.78 "表格工具-设计"选项卡

【例 3-2】"双十一"购物狂欢节，源于淘宝商城（天猫）2009 年 11 月 11 日举办的网络促销活动，现今"双十一"已成为中国电子商务行业的年度盛事，并且逐渐影响到国际电子商务行业。如图 3.79 所示，表格主题为"2019—2021 年天猫、京东'双十一'成交额比较"，其中的数据来源于网络。具体操作步骤如下。

（1）插入表格。单击"插入"选项卡"表格"组中的"表格"下拉按钮，打开"插入表格"库，通过移动鼠标选择表格的行数和列数（5×3）。

（2）编辑表格。选定表格第一行，单击"表格工具-布局"选项卡中的"合并单元格"按钮或者右键快捷菜单中的"合并单元格"命令，完成表格标题行合并。如图 3.80 所示，输入表格基础数据。

（3）表格布局和设计。使用"表格工具-布局"和"表格工具|设计"选项卡，完成表格文本格式和样式设置。图 3.79 所示的表格布局和设计主要包含：表格文本格式（微软雅黑、四号、加粗、居中对齐），表格样式（网格表 5 深色-着色 6）。

2019—2021年天猫、京东"双十一"成交额比较		
		单位：亿人民币
	天猫	京东
2019年	2684	2044
2020年	4982	2715
2021年	5403	3491

图 3.79 表格基础数据

2019—2021年天猫、京东"双十一"成交额比较		
		单位：亿人民币
	天猫	京东
2019年	2684	2044
2020年	4982	2715
2021年	5403	3491

图 3.80 2019—2021 年天猫、京东双十一成交额比较

3.5 长文档的排版

对于那些文字内容较多、篇幅相对较长、文档层次结构复杂的长文档，如评估报告、学位论文、电子教程等，在排版过程中，除了基本的编辑和排版设置，常常需要添加封面、文档目录、页眉与页脚、题注和尾注等。

3.5.1 插入封面

Word 2016 提供了多种风格的封面样式，在插入后生成的封面自动置于文档的首页。

【例 3-3】为一篇名为"中国医疗行业现状及发展前景分析报告"的长文档插入"镶边"样式封面，具体操作步骤如下。

（1）打开"中国医疗行业现状及发展前景分析报告"文档。

< 70 >

（2）单击"插入"选项卡"页面"组中的"封面"下拉按钮。

（3）在图 3.81 所示"封面"下拉列表中，选择"镶边"样式。

（4）编辑文档封面，完成标题和作者文本框的内容输入之后，该文档封面效果如图 3.82 所示。

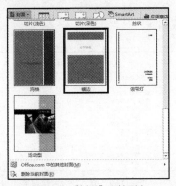

图 3.81　"封面"下拉列表

图 3.82　文档封面效果

3.5.2　创建文档目录

文档目录可以使文档的结构更加清晰，是长文档中不可缺少的一部分。目录的内容通常由各级标题及其所在页的页码组成，功能是显示标题列表和文档内容的快速定位。

创建文档目录的方式有手动添加目录、自动生成目录和自定义生成目录 3 种。单击"引用"选项卡"目录"组中的"目录"下拉按钮，打开"目录"下拉列表，如图 3.83 所示。

【例 3-4】为"中国医疗行业现状及发展前景分析报告"文档创建自动目录，具体操作步骤如下。

（1）打开"中国医疗行业现状及发展前景分析报告"文档。

（2）将文档中章、节标题文字的大纲显示级别标记出来，并设置不同的分级样式，例如，"第一节"为 1 级，就设置为"标题一"样式。也可以将文档切换到大纲视图，再对文字进行显示级别的设置，如图 3.84 所示。

（3）将插入点定位于需要插入目录的位置，单击"引用"选项卡"目录"组中"目录"下拉列表中的"自动目录 1"，即生成图 3.85 所示目录。

图 3.83　"目录"下拉列表

文档目录生成以后，如果文档目录标题内容发生改变，可使用目录同步更新功能。单击"引用"选项卡"目录"组中的"更新目录"按钮，打开"更新目录"对话框，选择"只更新页码"或"更新整个目录"进行同步更新。

图 3.84　"大纲"显示级别

图 3.85　自动目录 1 效果

> ⚠ **注意**
>
> 自动生成目录一般只显示三级目录标题，若要显示更多级别的目录标题，则需要使用手动添加或自定义

< 71 >

的创建方式。如图 3.86 所示，自定义生成目录可以在"目录"对话框中设置目录显示级别，若将其显示级别设置为"4"，则为同一文档创建的四级目录效果如图 3.87 所示。

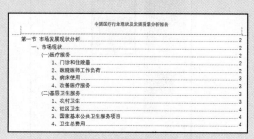

图 3.86 "目录"对话框　　　　　　　　　　图 3.87 四级目录效果

3.5.3 添加页眉与页脚

页眉与页脚是指文档中每个页面的顶部和底部区域，在其中可以插入文本和图形，如插入页码、日期、公司徽标、文档标题、文件名或作者名等信息。在页脚中插入页码可以方便读者快速翻阅和查找文档内容。

【例 3-5】在"中国医疗行业现状及发展前景分析报告"文档中，添加顶部居中显示页眉"中国医疗行业现状及发展前景分析报告"和底部居中显示页脚"页码"。具体操作步骤如下。

（1）打开"中国医疗行业现状及发展前景分析报告"文档。

（2）单击"插入"选项卡"页眉和页脚"组中的"页眉"下拉按钮，此时出现下拉列表，选择页眉样式"空白"或单击"编辑页眉"，进入页眉编辑状态之后，功能区出现"页眉和页脚工具-设计"选项卡，如图 3.88 所示。

图 3.88 "页眉和页脚工具-设计"选项卡

（3）在页眉编辑框中输入"中国医疗行业现状及发展前景分析报告"。

（4）单击"转至页脚"按钮，在页脚编辑框中插入页码（页面底端-普通数字 2），如图 3.89 所示。

（5）完成页眉和页脚设置，文档效果如图 3.90 所示。

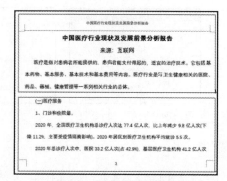

图 3.89 插入页码　　　　　　　　　　图 3.90 页眉和页脚设置效果

< 72 >

3.5.4　插入题注

在 Word 中，题注主要用于给图片、图表、表格、公式等内容添加标题和编号。

【例 3-6】为"中国医疗行业现状及发展前景分析报告"文档中的"门诊和住院量"图表添加题注"图 1　全国医疗卫生机构门诊量及增长速度"。具体操作步骤如下。

（1）打开"中国医疗行业现状及发展前景分析报告"文档，选定要添加题注的图表。

（2）单击"引用"选项卡"题注"组中的"插入题注"按钮。

（3）此时出现"题注"对话框，当前显示默认题注标签和编号"Figure 1.1"，如图 3.91 所示。

（4）自定义题注标签和编号。如图 3.92 所示，单击"新建标签"按钮，在"新建标签"对话框中输入新标签"图"，标签位置不变；单击"编号"按钮，在"题注编号"对话框中，取消勾选"包含章节号"复选框。

（5）最后输入题注内容"全国医疗卫生机构门诊量及增长速度"，单击"确定"按钮完成设置。图表添加题注的效果如图 3.93 所示。

 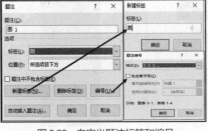 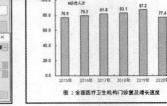

图 3.91　"题注"对话框　　　　图 3.92　自定义题注标签和编号　　　　图 3.93　图表添加题注效果

3.5.5　插入脚注和尾注

脚注和尾注都是引用的一种，可以为文档提供解释、批注。脚注和尾注的主要区别在于：脚注一般位于需要注释的页面的底部，是为解释正文中某个专业术语或句子而在页脚进行注释说明；而尾注是在全文的尾部给予说明，常用于列出引文的文献来源，如参考文献。

【例 3-7】在"中国医疗行业现状及发展前景分析报告"文档中，为正文首个词语"医疗"插入脚注，并在文档末尾插入尾注列出参考数据来源。具体操作步骤如下。

（1）打开"中国医疗行业现状及发展前景分析报告"文档。

（2）选定正文中的首个词语"医疗"，单击"引用"选项卡"脚注"组中的"插入脚注"按钮，此时词语"医疗"右上角出现脚注标记，页脚出现脚注编辑区，即可输入注释内容，如图 3.94 所示。

（3）单击"引用"选项卡"脚注"组中的"插入尾注"按钮，此时光标自动跳转到文档末尾，并进入尾注编辑区。

（4）在尾注编辑区中输入参考数据来源，如图 3.95 所示。

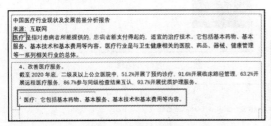 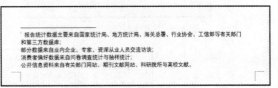

图 3.94　文档插入脚注　　　　　　　　　　　　图 3.95　文档插入尾注

< 73 >

3.6 邮件功能的应用

在平时的学习和工作中，我们经常要批量制作一些主体内容相同、部分数据有变化的文档，如信封和标签、名片、成绩单、邀请函等，这时就可以利用 Word 的邮件功能，快速批量地生成文件。下面以批量制作信封和邀请函文档为例，介绍邮件功能的具体使用方法。

【例 3-8】为促进医学影像技术学术交流和合作，20××年×月将举行医学影像国际研讨会，会前需通知相关单位和专家参会，为此要批量制作信封和会议邀请函文档。具体操作步骤如下。

1. 批量制作信封

（1）启动 Word 2016，单击"邮件"选项卡"创建"组的"中文信封"命令，打开"信封制作向导"对话框，如图 3.96 所示。

（2）单击对话框中的"下一步"按钮，选择信封样式，如图 3.97 所示。

图 3.96 信封制作向导

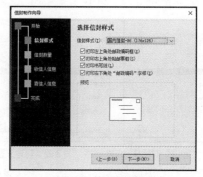
图 3.97 选择信封样式

（3）完成样式选择并预览之后，单击"下一步"按钮，选择生成信封的方式和数量。如图 3.98 所示，选中第一个单选按钮，则生成单个信封，此时需要输入收件人信息；选中第二个单选按钮，则可以根据地址簿批量生成信封。这里选择生成批量信封。

（4）单击"下一步"按钮，选择地址簿文件并设置地址簿中的对应项（收件人标题字段），如图 3.99 所示。地址簿文件可以是 Excel 工作表或以制表符分割的文本文件，并且带有标题行。如图 3.100 所示，收件人信息一般包含姓名、单位、地址、邮编等标题字段。

图 3.98 选择生成信封的方式和数量

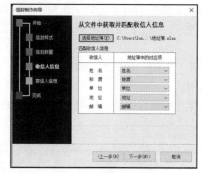
图 3.99 收件人信息

	A	B	C	D	E	F
1	姓名	性别	称谓	单位	地址	邮编
2	王某	男	教授	XX大学医学中心医学影像学院	四川省成都市人民南路	610041
3	张某某	男	教授	XX大学附属医院医学影像中心	贵州省贵阳市北京路	550001
4	田某某	女	教授	XX大学医学影像学院	天津市武清区泉州路	301700

图 3.100 收件人信息工作表

< 74 >

（5）单击"下一步"按钮，输入寄信人信息，如图 3.101 所示。

（6）单击"下一步"按钮，批量生成的信封页面内容将显示在一个新建的 Word 文档中，每个收件人一个信封页面，如图 3.102 所示，预览后保存或打印即可。

图 3.101　寄信人信息

图 3.102　信封页面效果

2. 批量制作文档

下面制作会议邀请函文档。批量制作会议邀请函文档之前，需要准备数据源和邀请函主文档。数据源可以是 Word、Excel 或 Access 等创建的二维表，需要包含收件人的相关信息，类似信封制作中地址簿的作用；主文档是指文档中固定不变的内容，如邀请函中的标题、会议内容、会议地址等。

（1）**制作邀请函主文档**。首先创建一个 Word 空白文档，并制作出邀请函主文档，如图 3.103 所示。

（2）**确定邮件合并类型**。单击"邮件"选项卡"开始邮件合并"组中的"开始邮件合并"→"信函"命令。

（3）**选择数据源/收件人**。单击"邮件"选项卡"开始邮件合并"组中的"选择收件人"下拉按钮，下拉列表中有 3 种选择方式：键入新列表、使用现有列表、从 Outlook 联系人中选择，如图 3.104 所示。前面制作信封时已有收件人地址簿，因此选择"使用现有列表"，打开"选取数据源"对话框，选择并打开收件人地址簿，如图 3.105 所示。

图 3.103　邀请函主文档

图 3.104　"选择收件人"下拉列表

图 3.105　"选取数据源"对话框

（4）**在主文档中插入合并域**。在主文档中，将光标定位到要插入被邀请人的位置，单击"编写和插入域"选项组的"插入合并域"下拉按钮，选择"姓名"字段域并将它插入主文档。

（5）**编辑插入域规则**。在"邮件"选项卡的"编写和插入域"组中，单击"规则"下拉列表中的

< 75 >

"如果…那么…否则…"命令，打开"插入 Word 域"对话框。在"域名"下拉列表中选择"性别"，在"比较条件"下拉列表中选择"等于"，在"比较对象"文本框中输入"男"，在"则插入此文字"文本框中输入"先生"，在"否则插入此文字"文本框中输入"女士"，如图 3.106 所示，然后单击"确定"按钮。

（6）**预览查看结果**。单击"预览结果"选项组中的"预览结果"按钮，预览并查看结果，如图 3.107 所示。

（7）**完成并合并**。如图 3.108 所示，"完成并合并"下拉列表包含"编辑单个文档""打印文档""发送电子邮件"3 种合并结果的输出形式。

图 3.106 "插入 Word 域"对话框

图 3.107 "预览结果"选项组

图 3.108 "完成并合并"下拉列表

习题

文件的审阅、保护及打印

1. 单选题

（1）Word 2016 文档的默认文件扩展名为（   ）。

    A. txt   B. txt   C. doc   D. docx

（2）Word 的默认视图方式是（   ）。

    A. 页面视图   B. 大纲视图   C. 阅读视图   D. Web 版式视图

（3）在 Word 2016 文档中，除了文字和符号，还可以插入的对象是（   ）。

    A. 图片   B. 表格和图表   C. 文本框   D. 以上都对

（4）下列关于查找和替换功能的叙述不正确的是（   ）。

    A. 查找功能不仅可以查找文本内容，还可以查找具有指定格式的文本

    B. 查找功能只能限定查找文本内容，不可以指定查找文本的格式

    C. 替换功能不仅可以将查找内容替换为新内容，还可以批量修改文本格式

    D. 替换功能可以用于删除段落中的多余空行

（5）Word 2016 文档编辑时，关于剪贴板的使用叙述正确的是（   ）。

    A. 剪贴板可用于永久存储交换信息

    B. 剪贴板中只能存放最近一次复制或剪切的内容

    C. 剪贴板粘贴时，可以选择粘贴、保留源格式、仅保留文本 3 种粘贴格式

    D. 剪贴板用于存放信息的内存空间不变

（6）在 Word 中，下述关于分栏操作的说法，正确的是（   ）。

    A. 任何视图下都可以看到分栏效果   B. 可以将指定的段落分成不同宽度的两栏

    C. 分栏设置的栏宽和间距与页面宽度无关 D. 栏与栏之间不可以设置分隔线

< 76 >

（7）在 Word 中，选定表格中不连续单元格区域的正确操作方法是（　　　）。

    A. 按住 Ctrl 键，用鼠标分别选定单元格区域

    B. 按住 Alt 键，用鼠标分别选定单元格区域

    C. 按住 Shift 键，用鼠标分别选定单元格区域

    D. 直接用鼠标分别选定单元格区域

（8）在 Word 文档中，插入批注的功能区选项卡是（　　）选项卡。

    A. "插入"　　　　B. "审阅"　　　　C. "引用"　　　　D. "视图"

（9）已经编辑好的文档，为防止他人编辑和修改可以通过（　　）来进行保护。

    A. 锁定　　　　B. 只读设置　　　　C. 修订　　　　D. 编辑限制

（10）设置打印纸张大小时，应使用的命令是（　　）。

    A. "文件" → "页面设置"　　　　　　B. "文件" → "选项"

    C. "文件" → "打印"　　　　　　　　D. "文件" → "打印预览"

2. 填空题

（1）Word 2016 是一种_____软件。

（2）段落缩进一般包括左缩进、右缩进、_____、悬挂缩进 4 种形式。

（3）_____用于指定文字缩进的距离或一栏文字开始的位置。

（4）图文混排就是将文字与图片混合排列，可以在选中对象的右键快捷菜单中选择_____命令，根据布局需要选择设置。

（5）屏幕截图包括截取可用的视窗和_____两种方式。

（6）_____是手写输入公式的方法，通常用于数理化老师在上网课时现场给学生板书公式。

（7）OneDrive 是一种_____，用户可以将一些重要的文件数据上传到 OneDrive，以防止数据丢失。

（8）在 Word 中，插入题注主要是给图片、图表、表格、公式等内容添加_____。

（9）在 Word 2016 中，使用_____功能可以批量制作信封和邀请函。

（10）使用_____功能，文档编辑时所有修改的内容都会被记录，通过特殊格式标记之后很容易识别。

< 77 >

第 **4** 章　演示文稿制作软件 PowerPoint 2016

　　PowerPoint 2016 具有丰富的制作模板，优美的背景颜色，方便的制表、制图工具，生动的动画演示。用户使用它能够制作出集文字、图形、图像、声音以及视频剪辑等多媒体元素于一体的演示文稿。它能与其他应用程序互通信息，资源共享，能通过网络发布。

　　本章主要介绍演示文稿的创建和保存，幻灯片的制作、编辑、交互设计及风格的统一，动画效果的设置与演示文稿的放映设置等。

　　本章重点：PowerPoint 2016 演示文稿的制作与编辑、幻灯片的风格统一、幻灯片的动画效果与放映设置。

4.1　PowerPoint 2016 概述

　　PowerPoint 是一款功能强大的演示文稿制作软件。Power Point 最初并不是微软公司开发的，而是美国伯克利大学一位叫罗伯特·加斯金斯（Robert Gaskins）的博士生开发的，之后微软公司通过收购的方式将 Power Point 收入麾下，其最终成为了 Office 办公软件系列的重要组件之一。

　　近年来，PowerPoint 演示文稿已经广泛应用于工作汇报、企业宣传、产品推介、婚礼庆典、项目竞标、管理咨询等场景，成为了人们工作生活的重要组成部分。

4.1.1　PowerPoint 2016 新增功能

　　同 PowerPoint 2013 相比较，PowerPoint 2016 增加了如下新功能。

　　（1）新增 Office 主题色。在原有的白色和深灰色 Office 主题色之外新增了彩色和黑色两种主题色。

　　（2）新增 Tell Me 助手功能。在选项卡标签右侧的搜索框中，可以输入想要执行的功能或操作。

　　（3）新增"智能查找"功能。选择某个字词或短语后右击，在右键快捷菜单中选择"智能查找"，即显示来源于网络搜索的结果。

　　（4）新增屏幕录制功能。通过该功能可以录制计算机屏幕上的任何内容。

　　（5）新增墨迹公式功能。通过它可以使用鼠标或触摸笔将需要的数学公式手写出来，还可以绘制一些规则或不规则的图形，以及书写需要的文字内容。

　　（6）全新的切换效果类型"变形"，可在幻灯片上执行平滑的动画、切换和对象移动。

4.1.2　PowerPoint 2016 的工作窗口

Microsoft Office 2016 套装软件具有相似的界面，PowerPoint 2016 的工作窗口由快速访问工具栏、标题栏、功能区、视图区、编辑区、状态栏构成，如图 4.1 所示。

图 4.1　PowerPoint 2016 的工作窗口

快速访问工具栏：位于标题栏左侧，用户可以快速访问使用频繁的命令。

标题栏：显示程序名和 PowerPoint 演示文稿的名称。

功能区：分类显示操作命令，包含了编辑 PowerPoint 需要的所有功能。

视图区：显示幻灯片缩略图列表。

编辑区：幻灯片的编辑工作区。

状态栏：显示当前操作或对象的提示信息。

4.1.3　演示文稿的视图方式

PowerPoint 2016 提供了 5 种视图方式，分别为普通视图、大纲视图、幻灯片浏览视图、备注页视图和阅读视图，用户可根据阅读和编辑的需要选择不同的视图方式。视图方式的切换可以通过单击 "视图" 选项卡 "演示文稿视图" 组中的相应视图按钮，或单击状态栏右侧的视图按钮 回 　来实现。

1．普通视图

普通视图是 PowerPoint 2016 的默认视图方式，包含大纲窗格、幻灯片窗格和备注窗格 3 种窗格，通过拖动窗格边框可调整不同窗格的大小。在此视图中可以输入、编辑、修饰演示文稿的内容，它是制作演示文稿的主要视图方式。

2．大纲视图

大纲视图含有大纲窗格、幻灯片缩略图窗格和幻灯片备注页窗格。大纲窗格中显示演示文稿的文本内容和组织结构，不显示图形、图像、图表等对象。在大纲视图方式下编辑演示文稿，可以调整各幻灯片的前后顺序，可以在一张幻灯片内调整标题的层次级别和前后次序，还可以将某幻灯片的文本复制或移动到其他幻灯片中。

3．幻灯片浏览视图

幻灯片浏览视图按每行若干张幻灯片缩略图的方式顺序显示幻灯片，用户可以对多张幻灯片同时进行复制、删除和移动，可以快速定位到某张幻灯片，可以看到改变幻灯片的背景设计、配色方案或更换模板后文稿发生的整体变化，可以检查各张幻灯片是否前后协调、图标的位置是否合适等。

< 79 >

4．备注页视图

备注页视图专门用来编辑和修改幻灯片的备注，在该视图方式下无法对幻灯片的内容进行编辑。切换到备注页视图后，页面上方显示当前幻灯片的缩略图，下方显示备注占位符，可在占位符中添加或修改幻灯片的备注。

5．阅读视图

阅读视图以动态的形式显示演示文稿中各张幻灯片。阅读视图是演示文稿的演示效果，所以当演示文稿创建到一个段落时，可以利用该视图来检查，从而可以对不满意的地方进行及时修改。

4.2 演示文稿的创建和保存

通俗地讲，一个 PowerPoint 文件就是一个演示文稿。演示文稿由与主题内容相关的多张幻灯片构成，包含的页面分为封面、目录、转场页、内容、封底。演示文稿可以通过不同的方式播放，也可将演示文稿打印成一页一页的幻灯片，还可以在召开远程会议时通过网络进行展示。

演示文稿的制作和编辑从新建演示文稿开始。在启动 PowerPoint 2016 之后，会出现新建演示文稿界面，如图 4.2 所示，在界面左侧会显示最近使用的文档列表和"打开其他演示文稿"选项，用于快速打开已有演示文稿；而右侧显示新建演示文稿模板，也可以通过搜索联机模板和主题获得更多的模板和主题。

图 4.2 新建演示文稿界面

4.2.1 创建空白演示文稿

空白演示文稿是一种形式最简单的演示文稿，其幻灯片不包含任何背景和内容，用户可以自由地添加对象、应用主题、配色方案及动画方案。创建空白演示文稿有如下几种方法。

方法一：在 PowerPoint 2016 工作窗口中，单击"文件"→"新建"命令，在图 4.3 所示界面的右侧单击"空白演示文稿"。

方法二：在 PowerPoint 2016 工作窗口中，按 Ctrl+N 组合键。

方法三：在桌面或文件夹中右击，选择"新建"→"PPTX 演示文稿"命令，此时会产生一个名为"新建 PPTX 演示文稿.pptx"的 PowerPoint 文件，默认创建空白演示文稿。

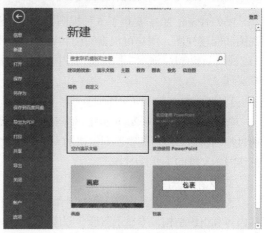

图 4.3 创建空白演示文稿

4.2.2 利用模板创建演示文稿

模板是 PowerPoint 中预先定义内容和格式的一种演示文稿，可以帮助用户快速建立演示文稿。不同的模板包含不同的主题和样式，而且在布局占位符中会显示说明或者建议要插入的内容、信息类型的提示信息，有时模板还会包含图片、动画等元素。例如，单击"欢迎使用 PowerPoint"模板可以生成一个包含 9 张幻灯片的演示文稿。在图 4.3 所示的界面中单击"演示文稿"搜索联机模板和主题，

< 80 >

然后在下方显示的联机模板中选择所需的模板，如"零售设计"，再单击右侧的"创建"按钮，则创建基于"零售设计"模板的演示文稿。

4.2.3　保存演示文稿

在编辑演示文稿过程中要及时保存，建议单击"文件"→"选项"命令，在打开的"PowerPoint 选项"对话框中单击左侧功能区的"保存"选项，设置"保存自动恢复信息时间间隔"。PowerPoint 2016 支持多种演示文稿文件格式，其默认文件扩展为"pptx"，也可以保存为 PDF 文档、图片及视频等。演示文稿常见文件类型如表 4.1 所示。

表 4.1　演示文稿常见文件类型

文件类型	扩展名	说明
PowerPoint 演示文稿	pptx	一个演示文稿，可以在安装 PowerPoint 2007 以上版本的 PC 上打开，也可以在安装 PowerPoint 2008 以上版本的 Mac 上打开，还可以在已安装 PowerPoint 的任何移动设备上打开
PowerPoint Macro-Enabled 演示文稿	pptm	包含 VBA 代码的演示文稿
PowerPoint 97-2003 演示文稿	ppt	可以在早期版本的 PowerPoint（从 PowerPoint 97 到 PowerPoint 2003）中打开的演示文稿
PDF 文档	pdf	基于文档的演示文稿，可保留文档格式并启用文件共享
XPS 文档	xps	一种新的电子纸张格式，用于以最终形式交换文档
PowerPoint 设计模板	potx	PowerPoint 演示文稿模板，可用于设置演示文稿的格式
PowerPoint Macro-Enabled 设计模板	potm	包含预先批准的宏的模板，可将其添加到要用于演示文稿的模板
PowerPoint 97-2003 设计模板	pot	可以在早期版本的 PowerPoint（从 PowerPoint 97 到 PowerPoint 2003）中打开的模板
PowerPoint 放映	ppsx	始终在阅读视图而不是普通视图中打开的演示文稿
PowerPoint Macro-Enabled 放映	ppsm	包含可在幻灯片放映中运行的预先批准的宏
PowerPoint 97-2003 放映	pps	可以在早期版本的 PowerPoint（从 PowerPoint 97 到 PowerPoint 2003）中打开的幻灯片放映演示文稿
PowerPoint Add-In	ppam	一个加载项，用于存储自定义命令、VBA 代码和专用功能（如加载项）
PowerPoint XML 演示文稿	xml	支持 XML 的标准文件格式的演示文稿
MPEG-4 视频	mp4	另存为视频的演示文稿
GIF（图形交换格式）文件	gif	用作图形的幻灯片，用于网页
JPEG（联合图像专家组）文件	jpg	用作图形的幻灯片，用于网页上
PNG（可移植网络图形）文件	png	用作图形的幻灯片，用于网页
TIFF（标记图像文件格式）文件	tif	用作图形的幻灯片，用于网页

保存演示文稿的方法有如下两种。

方法一：使用 Ctrl+S 组合键或在快速访问工具栏中单击"保存"按钮 🖫。

方法二：单击"文件"→"保存"/"另存为"命令。如单击"另存为"会弹出"另存为"对话框，在对话框中可以改变文件的保存位置、文件名及文件类型。

4.2.4　演示文稿制作原则

1. 主题中心明确，逻辑结构清晰

制作演示文稿，首先要明确主题，每张幻灯片围绕一个中心主题展开设计；然后梳理出逻辑框架和结构，即演示文稿要包含哪些页面，以及各页面之间的层次关系，如标题页、目录、转场页、主体

< 81 >

内容页、结束页或副页。

2．样式风格统一，格式搭配合理

同级内容幻灯片的样式风格应该一致，包括页面的排版、色调的搭配、字体和字号等。例如，标题文本应当采用相同的字体、大小、格式、位置和颜色，一般主标题字体的大小在该幻灯片中最大，而副标题的字体比主标题小一些，标题放置的位置也要每张都一致。正文字体比标题稍小，一般字体不小于 18 磅，线条不小于 1.5 磅。尽量使用笔画粗细一致的字体，减少下画线、斜体和粗体的使用。

字体颜色和背景颜色搭配要合理，比如蓝底黑字在屏幕上可以看得较清楚，但是输出成幻灯片就看不清楚。另外，颜色还影响幻灯片的清晰度，如果需要在较暗的环境放映幻灯片，建议使用深色背景和浅色字。

3．页面元素丰富，简约美观生动

PowerPoint 不是单纯的文字展示，要根据幻灯片内容表达的需要来添加文字、图片、图表、动画、声音、影片等多种元素。每页上的元素不能过多，以免出现页面混乱，主体内容不醒目、不突出的情况。应追求简约而不简单、美观生动的设计效果。

4．首尾照应，链接易用

演示文稿中每张幻灯片必须主题一致且内容相互关联。通过设置在固定的文字或按钮上的链接，可实现播放时幻灯片页面的跳转，保证演示文稿的完整性和上下文内容的衔接。

4.3 幻灯片的制作与编辑

我们通常说的幻灯片多指电子幻灯片，它是一种由文字、图片、音视频等元素组成，加上一些动态显示效果的可播放文件。演示文稿中的每一页称为一张幻灯片，它们是演示文稿中既独立又相互联系的页面内容。每一张幻灯片又可以包含文本、图片、图表、动画、声音、影片等元素，这些元素统称为演示文稿对象。

4.3.1 幻灯片的版式

幻灯片版式指的是幻灯片内容在幻灯片上的排列方式，它包含幻灯片上显示的所有内容的格式、位置和占位符。占位符是幻灯片版式上的虚线容器，用于保存标题、正文文本、表格、图表、SmartArt图形、图片、声音和视频等对象。通过幻灯片版式的应用可以对文字、图片、表格等对象快速完成布局。

1．Office 主题版式

PowerPoint 2016 自带多个 Office 主题版式，如标题幻灯片、标题和内容、两栏内容、内容与标题、比较等，如图 4.4 所示。

新建演示文稿时，一般默认使用标题幻灯片版式。在演示文稿编辑状态下，新建幻灯片则需要在 Office 主题列表中选择一种版式进行应用。需要注意的是，PowerPoint 每个主题又有多个幻灯片版式，且每个幻灯片版式的设置各不相同，即每个版式上的不同位置上有不同类型的占位符。

2．自定义幻灯片版式

Office 主题版式不符合设计需求的时候，可以在"幻灯片母版"视图中修改和自定义幻灯片版式。单击"视图"选项卡"母版视图"组中的"幻灯片母版"按钮，可进入母版视图编辑状态，同时功能区出现"幻灯片母版"选项卡，如图 4.5 所示。

图 4.4　Office 主题版式

< 82 >

图 4.5　"幻灯片母版"选项卡

"幻灯片母版"选项卡中的"编辑母版"选项组，主要用于对原有主题版式进行添加、删除和重命名操作；而"母版版式"选项组中的"插入占位符""标题""页脚"等，则可以用于自定义版式。

【例 4-1】为当前主题新建一个名为"多占位符"的自定义版式，版式效果如图 4.6 所示，其操作步骤如下。

（1）单击"视图"选项卡"母版视图"组中的"幻灯片母版"按钮，进入母版视图编辑状态。

（2）单击"幻灯片母版"选项卡"编辑母版"组中的"插入版式"按钮。

（3）在"母版版式"选项组中取消勾选"页脚"复选框，并在"插入占位符"下拉列表中分别选择"文本""表格""图片"，插入对应的占位符。

（4）添加图 4.6 所示布局占位符。

（5）单击"编辑母版"选项组中的"重命名"按钮，将自定义版式命名为"多占位符"，关闭母版视图。

（6）单击"开始"选项卡"幻灯片"组中的"版式"下拉按钮，如图 4.7 所示，"多占位符"自定义版式呈现在 Office 主题列表中。

图 4.6　"多占位符"自定义版式

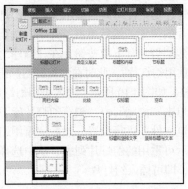

图 4.7　Office 主题中的"多占位符"版式

4.3.2　插入幻灯片

当需要在演示文稿中插入新幻灯片时，首先要确定插入的位置，然后确定版式。其插入方法有如下几种。

1．插入新主题幻灯片

选定要新建幻灯片的位置，单击功能区"开始"选项卡"幻灯片"组中的"新建幻灯片"下拉按钮，在图 4.8 所示的"新建幻灯片"下拉列表中选择所需的版式即可。

2．通过复制选定幻灯片来插入新幻灯片

先选定要复制的幻灯片，然后单击"开始"选项卡"幻灯片"组中的"新建幻灯片"下拉按钮，在"新建幻灯片"下拉列表中选择"复制选定幻灯片"；或者右击所选的幻灯片缩略图，在快捷菜单中选择"复制幻灯片"，然后粘贴到需要的位置。

3．通过幻灯片（从大纲）来新建幻灯片

演示文稿建立后，可以依据文档大纲内容从其他文档导入并生成幻灯片。导入的文档支持格式为

< 83 >

TXT、DOCX、DOC。

选定要新建幻灯片的位置，然后单击"开始"选项卡"幻灯片"组中的"新建幻灯片"下拉按钮，在"新建幻灯片"下拉列表中选择"幻灯片（从大纲）"，打开"插入大纲"对话框，如图 4.9 所示。在"插入大纲"对话框中，设置文本文件或者 Word 文档的路径及文件名后，单击"插入"按钮即可。

图 4.8　"新建幻灯片"下拉列表

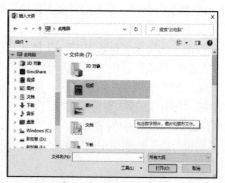

图 4.9　"插入大纲"对话框

4. 通过重用幻灯片来新建幻灯片

重用幻灯片是指使用其他演示文稿的幻灯片内容。选定要新建幻灯片的位置，然后单击"开始"选项卡"幻灯片"组中的"新建幻灯片"下拉按钮，在"新建幻灯片"下拉列表中选择"重用幻灯片"，此时在编辑区右侧出现"重用幻灯片"任务窗格，如图 4.10 所示。输入重用幻灯片的文件路径，也可以通过单击"浏览"→"浏览幻灯片库"或者单击"浏览"→"浏览文件"进行设置，然后"重用幻灯片"任务窗格下方会显示可重用的幻灯片列表，从中选择所需重用的幻灯片缩略图，即可插入幻灯片。

图 4.10　"重用幻灯片"任务窗格

> **提示**
>
> 通过以上方法插入新幻灯片，左侧视图区将出现新建幻灯片的缩略图，右侧编辑区显示该新建幻灯片。也可以在"插入"选项卡中完成插入新幻灯片。

4.3.3　幻灯片对象的编辑

新建的幻灯片根据不同的版式预先进行了占位符布局，不同类型的占位符分别用于保存标题、正文文本、表格、图表、SmartArt 图形、图片、剪贴画、视频和声音等各种对象。我们也可以直接在幻灯片中插入对象，或者选择自定义幻灯片版式及空白版式，任意进行占位符布局。本小节主要介绍占位符类型，插入音频、视频、屏幕录制的多媒体对象的编辑操作方法，其他常用对象的编辑操作与 Word 等其他 Office 组件程序的操作方法一样。

1. 占位符类型

幻灯片版式中的占位符类型有标题占位符、内容占位符、数字占位符、日期占位符和页脚占位符 5 种，其中内容占位符中可以添加文字、表格、图表、SmartArt 图形、图片和视频。编辑幻灯片时，应

< 84 >

根据不同的占位符类型输入数据或者插入相应对象。例如，标题占位符中可以直接输入主标题或副标题文本内容，日期占位符中可以插入日期和时间。

2. 音频

幻灯片中可以插入计算机上的音频或者即时录制的音频，作为在放映时播放的背景音。单击“插入”选项卡“媒体”组中的“音频”下拉按钮，在图 4.11 所示的下拉列表中选择音频文件的来源。

如果选择“PC 上的音频”，会弹出“插入音频”对话框，如图 4.12 所示，分别指定文件的存储位置和文件名，最后单击“插入”按钮。

图 4.11　“音频”下拉列表　　　　图 4.12　“插入音频”对话框

如果选择“录制音频”，则弹出“录制声音”对话框，如图 4.13 所示，使用录制按钮完成录制之后，录制的声音会作为嵌入对象插入当前幻灯片。

成功插入音频之后，在幻灯片中央位置会同时显示声音图标和声音播放控制工具栏，如图 4.14 所示。编辑音频对象时，必须先选定声音图标，此时声音图标四周会出现圆形控制点标记，通过声音图标下方的声音播放控制工具栏，可以预览录制的声音效果。

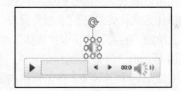

图 4.13　“录制声音”对话框　　　　图 4.14　声音图标和声音播放控制工具栏

使用“音频工具-格式”和“音频工具-播放”选项卡可以进行声音图标和播放选项编辑，如图 4.15 所示。在“音频工具-格式”选项卡中，可以调整声音图标的艺术效果、图片样式、对齐方式等；在“音频工具-播放”选项卡中，可以预览播放声音、剪裁音频、调整音量等。

图 4.15　“音频工具-格式”选项卡和“音频工具-播放”选项卡

> ✎ **提示**
>
> 　　“音频工具-播放”选项卡的“音频选项”组包含一些常用的复选框，例如，“放映时隐藏”可以在幻灯片放映时隐藏声音图标，“跨幻灯片播放”可以将音频作为背景音在整个演示文稿放映时播放，“循环播放，直到停止”可以在放映幻灯片的时间内持续循环播放音频。

< 85 >

3．视频

幻灯片中还可以插入"PC 上的视频"或者"联机视频"。单击"插入"选项卡"媒体"组中的"视频"下拉按钮，在图 4.16 所示的"视频"下拉列表中选择视频文件的来源。

如果选择"PC 上的视频"，则在弹出的"插入视频文件"对话框中分别指定文件的存储位置和文件名，最后单击"插入"按钮插入视频文件。

如果选择"联机视频"选项，则弹出图 4.17 所示的"插入视频"界面。在"YouTube"搜索框中输入关键字（如"冬奥会"），按 Enter 键，在搜索结果框中选择视频，再单击"插入"按钮，即可把选定的视频插入幻灯片；还可以选择"来自视频嵌入代码"从网站插入视频，在嵌入代码框中需要输入以"http"开头的视频 URL，或以"<iframe"开头、以"</iframe>"结尾的代码。

图 4.16 "视频"下拉列表　　　　　　　　　　图 4.17 "插入视频"界面

成功插入视频之后，幻灯片的中央位置会同时显示视频图标和视频播放控制工具栏。视频对象编辑同音频对象的编辑操作一样，需先选定视频图标，再使用功能区的"视频工具"选项卡进行视频图标和播放选项编辑。使用"视频播放控制工具栏"可预览视频内容。

4．屏幕录制

在幻灯片中还可以插入录制屏幕得到的视频，屏幕录制区域可自定义设置。

屏幕录制的操作方法：先打开要录制的窗口，再打开需插入屏幕录制的幻灯片，单击"插入"选项卡"媒体"组中的"屏幕录制"按钮，出现图 4.18 所示的"屏幕录制"工具栏，单击"选择区域"按钮，鼠标指针变成黑色十字形状，将鼠标指向需要录制的屏幕区域的起始位置，按住鼠标左键拖动至结束位置，松开鼠标左键，选

图 4.18 "屏幕录制"工具栏

取的区域四周显示红色虚线框，此时"屏幕录制"工具栏中"录制"按钮呈现可用状态（红色），如果单击"音频"和"录制指针"按钮则可以在屏幕录制时连同声音和指针一起录制，此时单击"录制"按钮即可开始屏幕录制。

屏幕录制结束，需单击"结束"按钮■，此时幻灯片的中央位置会同时显示视频图标和视频播放控制工具栏。屏幕录制得到的视频同其他视频的编辑操作方法一样。

【例 4-2】新建一张"仅标题"版式的幻灯片，标题文本为"北京冬奥会宣传片"，在该幻灯片中插入屏幕录制的北京冬奥会宣传片视频。具体操作步骤如下。

（1）打开演示文稿并选定要新建幻灯片的位置，然后单击"开始"选项卡"幻灯片"组中的"新建幻灯片"下拉按钮，在"新建幻灯片"下拉列表中选择"仅标题"幻灯片版式，完成幻灯片的新建。

（2）选定新建幻灯片，在标题框中输入文本"北京冬奥会宣传片"。

（3）在网页或者视频播放程序中打开要录制的视频播放窗口。

（4）打开要插入屏幕录制的新建幻灯片，单击"插入"选项卡"媒体"组中的"屏幕录制"按钮。

（5）在"屏幕录制"工具栏中单击"选择区域"按钮，鼠标指针变成黑色十字形状；切换到视频

< 86 >

播放窗口，将鼠标指向需要录制的屏幕区域的起始位置，按住鼠标左键拖动至结束位置，松开鼠标左键，选取的录制区域四周显示红色虚线框。

（6）在"屏幕录制"工具栏中，首先单击"音频"按钮，以确保录制时连声音一起录制；然后单击"录制"按钮，此时工具栏中的"录制时间"会自动计时；屏幕录制结束，单击"结束"按钮，此时幻灯片的中央位置会同时显示视频图标和视频播放控制工具栏，如图 4.19 所示。

图 4.19　视频图标和视频播放控制工具栏

（7）在普通视图下，可以使用视频播放控制工具栏来预览视频播放效果，也可以在放映幻灯片时播放视频。

4.3.4　幻灯片的选定

在对幻灯片进行编辑操作之前，必须先选定编辑对象，可以是指定的一张或者多张幻灯片。

1．选定一张幻灯片

在普通视图左侧大纲窗格幻灯片列表中，单击需选定的幻灯片，此时被选定的幻灯片会显示红色边框。也可以在幻灯片浏览视图中单击需选定的幻灯片缩略图。

2．选定连续多张幻灯片

在普通视图下按住 Shift 键，在左侧大纲窗格幻灯片列表中，先后单击需选定的首张幻灯片和末张幻灯片，即可选择连续多张幻灯片。也可以切换到幻灯片浏览视图，从空白处开始按住鼠标左键拖动，即可选定连续多张幻灯片。

3．选定不连续多张幻灯片

在普通视图或幻灯片浏览视图下，按住 Ctrl 键，依次单击所需选择的幻灯片，即可选定不连续多张幻灯片。

4.3.5　删除、移动与复制幻灯片

在普通视图或幻灯片浏览视图下，可以插入、删除、移动和复制幻灯片。插入幻灯片操作见 4.3.2 小节。

1．删除幻灯片

先选定要删除的一张或多张幻灯片，然后按 Delete 键或右击后在快捷菜单中选择"删除幻灯片"命令，可实现删除选定的幻灯片。

2．移动幻灯片

先选定要移动的一张或多张幻灯片，然后单击"开始"选项卡"剪贴板"组中的"剪切"按钮。将光标定位到目标位置，再单击"开始"选项卡"剪贴板"组中的"粘贴"按钮，完成指定幻灯片的移动。也可以在视图区通过鼠标直接拖曳幻灯片到目标位置。

3．复制幻灯片

先选定要复制的一张或多张幻灯片，然后单击"开始"选项卡"剪贴板"组中的"复制"按钮。将光标定位到目标位置，再单击"开始"选项卡"剪贴板"组中的"粘贴"按钮，完成指定幻灯片的复制。也可以在视图区按住 Ctrl 的同时用鼠标拖曳幻灯片到复制的目标位置。

4.3.6　添加幻灯片编号

给幻灯片添加编号有如下 2 种方法。

方法一：选定任意一张幻灯片，单击"插入"选项卡"文本"组中的"幻灯片编号"按钮🔳，在弹出的"页眉和页脚"对话框中勾选"幻灯片编号"复选框，如图 4.20 所示。如果勾选"标题幻灯片

< 87 >

中不显示"复选框,则在标题幻灯片中不显示编号。单击"应用"按钮,则为当前幻灯片添加编号。单击"全部应用"按钮,则为所有幻灯片添加编号。

方法二:在文本框中插入幻灯片编号。首先在需要插入编号的幻灯片中插入文本框,然后单击"插入"选项卡"文本"组中的"幻灯片编号"按钮,文本框中即显示该幻灯片编号。

图4.20　插入幻灯片编号

📝 提示

通过"页眉和页脚"对话框插入的幻灯片编号,其编号格式和显示位置跟幻灯片母版中的编号占位符有关,只能在幻灯片母版视图编辑状态下修改;而通过文本框插入的幻灯片编号,直接编辑文本框对象即可修改。

4.3.7　在幻灯片中插入日期和时间

选定任意一张幻灯片,单击"插入"选项卡"文本"组中的"日期和时间"按钮 🖼️,在弹出的"页眉和页脚"对话框中勾选"日期和时间"复选框,如图4.21所示。

选中"自动更新"单选按钮,可以在下拉列表中选择一种样式,插入当前日期和时间。

选中"固定"单选按钮,直接在下方的文本框中输入指定的日期和时间数值。

单击"应用"按钮,为当前幻灯片添加日期和时间。

单击"全部应用"按钮,为所有幻灯片添加日期和时间。

图4.21　插入日期和时间

4.3.8　使用节管理幻灯片

PowerPoint 中的节与文件夹功能类似,主要用来对幻灯片进行分组管理。使用分节功能可以批量选择多张幻灯片,也可以统一设置节内幻灯片的样式,使演示文稿结构更清晰。一个演示文稿可以设置多个节,它们通过节名称相互区分,而一个节可包含一张或多张幻灯片。

1. 新增节

在普通视图左侧大纲窗格中,在需要新增节的幻灯片之间(或选定一张或多张幻灯片)右击,在快捷菜单中选择"新建节"命令,此时大纲窗格中增加一个"无标题节";如果需要修改节名称,在"无标题节"名称上右击,在快捷菜单中选择"重命名节"命令,在弹出的"重命名节"对话框中输入新的节名称即可,如图4.22所示。

2. 删除节

在普通视图大纲窗格中,右击某节名称,图4.23所示的快捷菜单中有如下3个删除选项,根据需要选

图4.22　"重命名节"对话框　图4.23　"节"右键快捷菜单

< 88 >

择相应命令可删除节。

① 删除节：仅删除节，节内的幻灯片归并到上一节。

② 删除节和幻灯片：不仅删除节，同时删除该节中的幻灯片。

③ 删除所有节：一次性删除当前演示文稿中所有的节，保留所有节中的幻灯片。

3．展开和折叠节

在普通视图大纲窗格中，单击节名称左侧的三角图标，可展开和折叠节。也可以直接双击节名称来展开和折叠节。节展开时三角图标显示为 ◢，节折叠时显示为 ▶。

> ⚠ 注意
>
> 折叠之后节名称右侧会显示数字，该数字代表该节中幻灯片的数量。

4．移动节

方法一：右击需要移动的节的名称，在弹出的快捷菜单中选择"向上移动节"或"向下移动节"。

方法二：将鼠标指向节名称，按住鼠标左键拖动到目标位置。

4.3.9　隐藏与取消隐藏幻灯片

在放映演示文稿时，如果不想显示某些幻灯片，但是又不想把这些幻灯片从演示文稿中删除，可以将这些幻灯片标记为隐藏，标记为隐藏的幻灯片仍然留在文件中，但在放映该演示文稿时会跳过这些隐藏幻灯片。

1．隐藏幻灯片

在普通视图的左侧窗格幻灯片列表中，选定需要隐藏的幻灯片，然后单击"幻灯片放映"选项卡"设置"组中的"隐藏幻灯片"按钮。此时被隐藏的幻灯片左上角序号处会出现一条反斜杠，标志此幻灯片设置了隐藏属性；或者在左侧窗格幻灯片列表中，右击需要隐藏的幻灯片，并在快捷菜单中选择"隐藏幻灯片"命令，同样该幻灯片左上角会出现隐藏标志。

2．取消隐藏幻灯片

在普通视图的左侧窗格幻灯片列表中，选中隐藏的幻灯片，单击"幻灯片放映"选项卡"设置"组中的"隐藏幻灯片"按钮；或者右击隐藏的幻灯片，在快捷菜单中选择"隐藏幻灯片"命令，可以取消隐藏。

> ⚠ 注意
>
> 如果在放映过程中临时需要放映被隐藏的幻灯片，可以在放映过程中右击，在快捷菜单中选择"查看所有幻灯片"命令，在"查看所有幻灯片"界面中，单击需要放映的隐藏幻灯片缩略图，即可放映被隐藏的幻灯片。

4.4 统一幻灯片风格

演示文稿不仅需要内容充实，幻灯片的外观设计也是很重要的，因此演示文稿的基本内容编辑完成之后，还需要进行幻灯片的美化。除了常规的样式和格式的设置，还可以设置幻灯片背景、幻灯片主题和应用幻灯片母版来快速统一幻灯片风格。

4.4.1　设置幻灯片背景

幻灯片背景主要通过填充方式来进行设置。选择"设计"选项卡中"设置背景格式"按钮或者右

< 89 >

键菜单中的"设置背景格式"命令,即可打开"设计背景格式"任务窗格。窗格中有 4 种填充类型:纯色填充、渐变填充、图片或纹理填充、图案填充。

1. 纯色填充

使用一种颜色对背景进行填充,可以自定义颜色和透明度。在"设置背景格式"任务窗格中选中"纯色填充",然后在下方的"颜色"下拉列表中选择一种标准色或者主题颜色,也可以通过取色器自定义一种颜色,如图 4.24 所示。在纯色填充时,还可以通过设置颜色的透明度来丰富颜色的填充效果。

2. 渐变填充

渐变填充可以表现两种或两种以上的颜色过渡效果,一般可以预设或者自定义渐变颜色进行填充。"预设渐变"主要包含预设渐变样式、类型、方向、角度和渐变光圈等,而自定义渐变则是通过改变和添加渐变光圈颜色来形成颜色的过渡。在"设计背景格式"任务窗格中选中"渐变填充",然后在下方设置数值和相应选项,如图 4.25 所示。

> ⓘ **注意**
>
> 自定义渐变颜色需要使用渐变光圈选项右侧的"添加渐变光圈"按钮 和"删除渐变光圈"按钮 ,并对渐变光圈停止点设置颜色,拖动渐变光圈停止点滑块可以改变颜色停止渐变的位置。

3. 图片或纹理填充

使用图片填充背景时,图片的来源可以是文件、剪贴板和网络,而纹理填充则是选择内置的纹理样式。在"设置背景格式"任务窗格中,选中"图片或纹理填充",然后在下方设置数值和相应选项,如图 4.26 所示。

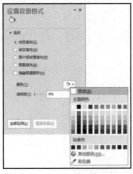

图 4.24　纯色填充

图 4.25　渐变填充

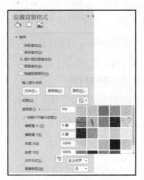

图 4.26　图片或纹理填充

> ⓘ **注意**
>
> 在插入图片时如果选择"文件"会弹出"插入图片"对话框,用户需要选择图片存储位置;如果选择"联机"会弹出"插入图片"界面,选择搜索方式并输入关键字,在结果中选择并插入即可。例如,在"必应图像搜索"搜索框中输入"冰墩墩",显示搜索结果如图 4.27 所示。

图 4.27　图像搜索结果

< 90 >

4. 图案填充

在"设置背景格式"任务窗格中，如果选择"图案填充"，将会显示图案列表，如图 4.28 所示。图案有前景颜色和背景颜色设置，在"颜色"下拉列表中选取或自定义即可。

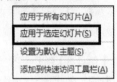

4.4.2　幻灯片主题

幻灯片主题由主题颜色、主题字体和主题效果（如阴影或反射）所构成。PowerPoint 提供了一些预设主题，如画廊、包裹、木材纹理、离子会议室等。可以在新建演示文稿界面的右侧选择主题，也可以在编辑演示文稿时，在"设计"选项卡的"主题"组中进行选择。

图 4.28　图案填充

1. 应用幻灯片内置主题

PowerPoint 中内置了多个幻灯片主题，应用幻灯片内置主题的具体操作方法如下。

（1）选定需要应用主题的一张或多张幻灯片，单击"设计"选项卡，将鼠标指针悬停在"主题"选项组中的某种主题样式，可预览主题样式；单击某主题，所选主题会默认应用到演示文稿中的所有幻灯片；若要向一张或多张幻灯片应用主题，右击所需主题，在图 4.29 所示的快捷菜单中选择"应用于选定幻灯片"即可。

图 4.29　应用主题右键快捷菜单

> ⚠ **注意**
>
> 主题样式显示不完全的情况下，可以单击"主题"组右下方的"其他"下拉按钮▼，打开主题样式下拉列表，如图 4.30 所示。

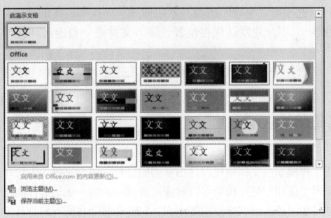

图 4.30　"主题样式"下拉列表

（2）在"设计"选项卡"变体"组中，会显示与当前主题相关的变体样式，变体样式主要包含了颜色、字体、效果和背景样式的组合方案。如需自定义变体样式，可以单击"变体"组右下方的"其他"下拉按钮▼，在下拉列表中分别选择颜色、字体、效果和背景样式进行设置，如图 4.31 所示。

图 4.31　"变体样式"下拉列表

2. 自定义幻灯片主题

若要创建自定义主题，需要从内置主题开始，通过更改颜色、字体或效果来修改该主题。具体操作方法如下。

< 91 >

（1）在"设计"选项卡的"主题"组中，从内置主题中选择一个最接近所需主题的样式。

（2）在"设计"选项卡的"变体"组中，分别修改主题的颜色、字体、效果和背景样式，使效果符合所需幻灯片主题。

（3）打开"设计"选项卡"主题"组中的"主题样式"下拉列表（见图 4.30），选择"保存当前主题"，此时弹出"保存当前主题"对话框，如图 4.32 所示。在对话框中设置自定义主题的保存位置、文件名和文件类型。

图 4.32 "保存当前主题"对话框

⚠️注意

在"保存当前主题"对话框中，如果不改动默认保存位置，自定义主题会作为新主题保存到主题库，并添加到"主题样式"下拉列表中供用户使用。如果将主题的保存位置改动到其他位置，下次使用该主题就必须通过"主题样式"下拉列表中的"浏览主题"来找到自定义主题。

【例 4-3】新建一个空白演示文稿，编辑并修改 Office 主题"环保"的变体样式为颜色-灰度、字体-Arial、效果-带状边缘，然后以"自定义环保"为文件名保存修改后的主题，并应用于所有幻灯片。具体操作步骤如下。

（1）新建一个空白演示文稿，在"设计"选项卡的"主题"组中，从主题列表中选择"环保"样式。

（2）在"设计"选项卡"变体"组中，分别选择"颜色""字体""效果"：颜色-灰度，字体-Arial，效果-带状边缘。

（3）单击"设计"选项卡"主题"组的"主题样式"下拉列表中的"保存当前主题"，在"保存当前主题"对话框中，不改变默认保存位置，输入文件名"自定义环保"，最后单击"保存"按钮。

（4）在"设计"选项卡"主题样式"下拉列表中，右击"自定义环保"主题，然后选择"应用于所有幻灯片"。

4.4.3 幻灯片母版的应用

1．母版简介

幻灯片母版是用于存储演示文稿模板设计信息的幻灯片，包含字体、占位符的大小和位置、颜色以及背景设计、效果等。应用幻灯片母版可以对演示文稿中的每一张幻灯片的格式和元素进行统一管理，例如，在幻灯片母版上插入形状或徽标等内容，它就会显示在所有幻灯片上。所以幻灯片母版常常用于快速统一配色、版式、标题、徽标、字体和页面布局等。

PowerPoint 2016 提供了 3 种类型的母板：幻灯片母版、讲义母版及备注母版，分别用于控制幻灯片、讲义、备注的整体外观格式，使演示文稿有统一的外观。

在"视图"选项卡的"母版视图"组中单击"幻灯片母版"按钮，即可进入母版视图编辑状态。在左侧视图区中，左上角有数字标识的幻灯片就是母版，下面是与母版相关的幻灯片版式。一个演示文稿可以包括多个幻灯片母版，对新插入的幻灯片母版，系统会根据母版的个数自动以数字进行标识。对母版所做的所有设置和修改都应用于演示文稿的所有幻灯片中。

2．编辑幻灯片母版

制作演示文稿时，最好在创建幻灯片之前先编辑幻灯片母版，这样添加到演示文稿中的所有幻灯片都会基于修改后的幻灯片母版；如果在创建多张幻灯片之后再编辑幻灯片母版，则需要在普通视图

< 92 >

中将更改后的布局重新应用到演示文稿中的现有幻灯片中。

（1）插入、删除与重命名幻灯片母版。

① **插入幻灯片母版**。在母版视图编辑状态下，单击"幻灯片母版"选项卡"编辑母版"组中的"插入幻灯片母版"按钮，左侧视图区中会增加一个自定义设计方案幻灯片母版。

② **重命名幻灯片母版**。新建的幻灯片母版可以重命名，选定要重命名的幻灯片母版，单击"编辑母版"组中的"重命名"按钮，在打开的"重命名版式"对话框中输入新的幻灯片母版名称。

③ **删除幻灯片母版**。一个演示文稿中如果存在多个幻灯片母版，不想保留的母版也可以删除。在母版视图编辑状态下，选定要删除的幻灯片母版，单击"编辑母版"组中的"删除"按钮即可。

（2）插入版式。

在母版视图编辑状态下，单击"编辑母版"组中的"插入版式"按钮，可以添加当前幻灯片母版的版式。

（3）编辑母版版式。

在母版视图编辑状态下，选定需编辑的幻灯片母版，单击"幻灯片母版"选项卡"母版版式"组中的"母版版式"按钮，弹出图4.33所示的"母版版式"对话框，勾选启用和禁用的占位符选项即可。

如果需要编辑的是母版版式，在母版视图编辑状态下单击任意一张幻灯片版式，会启用"母版版式"组中的"插入占位符"命令，单击打开"插入占位符"下拉列表，如图4.34所示，可选择要插入版式的占位符对象，还可根据版式布局的需要勾选"标题"和"页脚"复选框。

（4）设置幻灯片母版的主题和背景。

幻灯片母版还可以设置主题和背景，在母版视图编辑状态下，"幻灯片母版"选项卡"编辑主题"组的"主题"下拉列表中有多种主题方案，可以选择主题设置母版；另外，在"幻灯片母版"选项卡的"背景"组中，还可以分别设置颜色、字体、效果和背景样式，在对应的下拉列表中选择即可。

（5）自定义幻灯片大小。

在幻灯片母版中还可以重新定义幻灯片大小。在母版视图编辑状态下，单击"幻灯片母版"选项卡"大小"组中的"幻灯片大小"下拉按钮，下拉列表中有两种尺寸：标准（4∶3）和宽屏（16∶9），如图4.35所示。还可以选择"自定义幻灯片大小"，在"幻灯片大小"对话框中进行设置，如图4.36所示。

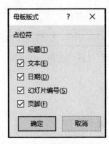

图4.33 "母版版式"
对话框

图4.34 "插入占位符"
下拉列表

图4.35 "幻灯片大小"
下拉列表

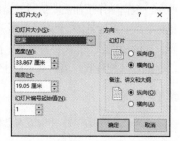

图4.36 "幻灯片大小"对话框

！注意

幻灯片母版上的更改会反映在每张幻灯片上，如果要使个别的幻灯片外观与母版不同，只需直接修改该幻灯片。

< 93 >

📇 **知识扩展**

模板和母版的区别。

模板：演示文稿中的特殊一类，扩展名为 pot，用于提供演示文稿的格式、配色方案、母版样式及产生特效的字体样式等。

母版：设置演示文稿（幻灯片、讲义及备注）的文本、背景、日期及页码格式。母版体现了演示文稿的外观，包含了演示文稿中的共有信息。每个演示文稿提供了一个母版集合，包括幻灯片母版、讲义母版、备注母版等。母版中最常用到的是幻灯片母版，使用幻灯片母版可以快速更改字体或项目符号，插入要显示在多个幻灯片上的艺术图片（如徽标），更改占位符的位置、大小和格式，以及除标题幻灯片以外的所有幻灯片的格式。

4.5 幻灯片的交互设计

PowerPoint 提供了多种方法来实现幻灯片的交互功能，如超链接、动作按钮等。幻灯片的交互设计不仅可以满足播放控制的需要，使得幻灯片前后内容衔接自然，还可以让幻灯片的放映展示效果更生动、更精彩。

4.5.1 插入动作按钮

插入动作按钮后，用户就可以在播放幻灯片时通过单击或鼠标悬停来执行某种操作或运行某个指定程序。

操作方法：选定需要插入动作按钮的幻灯片，单击"插入"选项卡"插图"组中的"形状"下拉按钮，打开图 4.37 所示的下拉列表，其中"动作按钮"包含了多个预设动作按钮，如"前进""后退""开始"等。选择所需的动作按钮之后，在幻灯片的指定位置用鼠标绘制动作按钮，绘制完成时会弹出"操作设置"对话框，如图 4.38 所示。根据动作按钮需要执行的操作，在"单击鼠标"或"鼠标悬停"选项卡中完成动作选项设置，如链接到某一张幻灯片、某个网站、某个文件，播放某种音效，运行某个程序等。

图 4.37 "形状"下拉列表

图 4.38 "操作设置"对话框

✏️ **提示**

虽然"单击鼠标"和"鼠标悬停"的动作响应方式不同，但是动作选项设置的内容相同。

【例 4-4】在指定幻灯片的底部分别插入"前进"和"后退"动作按钮，以实现放映时分别链接到上一张幻灯片和下一张幻灯片。具体操作步骤如下。

（1）选定要插入动作按钮的幻灯片，单击"插入"选项卡"插图"组中的"形状"下拉按钮，选择下拉列表中的"前进"动作按钮▷，在幻灯片的底部用鼠标绘制动作按钮，在"操作设置"对话框的"单击鼠标"选项卡中，选择单击鼠标时的动作为"超链接到：下一张幻灯片"。

（2）在幻灯片的底部插入"后退"动作按钮◁的方法同（1），设置单击鼠标时的动作为"超链接到：上一张幻灯片"。

< 94 >

4.5.2　插入超链接

在幻灯片中插入超链接，可实现放映时链接到现有文件或网页、文档中的指定位置、新文档或电子邮件地址。幻灯片中的文本、形状、图片等对象都可以插入超链接，共同来实现幻灯片的交互。

操作方法： 选定需要插入超链接的文本或对象，单击"插入"选项卡"链接"组中的"超链接"按钮，弹出图 4.39 所示的"插入超链接"对话框。在对话框中左侧的链接位置列表中选择类型（如现有文件或网页），然后在右侧选项框中输入或查找链接地址。需要注意的是，选择的链接位置类型不同，右侧选项框的选项内容也会有所不同。

图 4.39　"插入超链接"对话框

如果需要删除超链接但保留文本，右击该超链接，然后在快捷菜单中选择"删除超链接"命令；如果想完全删除超链接且不保留文本，在选定超链接后，按"Delete"键即可。

4.5.3　插入动作

除了动作按钮，也可以给幻灯片中的已有对象添加动作，幻灯片中的已有对象可以是文本框、形状、图片等。插入动作的对象，同样可以实现通过鼠标单击或鼠标悬停来执行某种操作或运行某个指定程序。

操作方法： 选定幻灯片中需要插入动作的对象，单击"插入"选项卡"链接"组中的"动作"按钮，同样会弹出"操作设置"对话框（见图 4.38）。同插入动作按钮一样，根据对象的动作需要在"单击鼠标"或"鼠标悬停"选项卡中完成动作设置。

4.5.4　课堂案例：制作《一起向未来》演示文稿

2022 年北京冬奥会主题口号是"一起向未来"，在全球应对疫情的大背景下，"一起向未来"是汇聚、是共享，"一起向未来"是态度、是倡议，更是行动方案。下面使用 PowerPoint 制作一个主题为"一起向未来"的演示文稿，要求分别使用六张幻灯片来介绍北京冬奥会的相关内容，完成效果如图 4.40 所示。

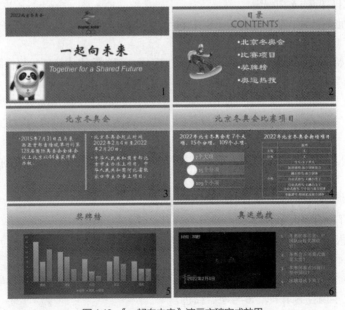

图 4.40　《一起向未来》演示文稿完成效果

< 95 >

【案例要求】

（1）演示文稿主题：Office 主题中的"带状"。

（2）幻灯片版式：第一张幻灯片为标题，第二张幻灯片为标题和内容，第三张幻灯片为两栏内容，第四张幻灯片为比较，第五张幻灯片为标题和内容，第六张幻灯片为两栏内容。

（3）幻灯片中各种对象的插入和编辑：标题、文本、艺术字、形状、SmartArt 图形、图片、表格、图表、音频和视频。

（4）幻灯片的交互：第二张幻灯片中插入超链接，使目录中的每个标题对应链接到标题一致的幻灯片；除第一张幻灯片之外，每张幻灯片中插入动作按钮"返回"，实现演示文稿播放时从第二张幻灯片可回到第一张幻灯片，从第三张到第六张幻灯片均可回到第二张幻灯片。

【操作步骤】

1. 新建演示文稿

新建一个空白演示文稿，以"一起向未来"为文件名进行保存。

2. 设置演示文稿主题

在"设计"选项卡的"主题"组中，单击右下方的"其他"下拉按钮，打开"主题样式"下拉列表，单击 Office 主题中的"带状"样式。完成主题应用的第一张空白标题幻灯片如图 4.41 所示。

3. 插入符合版式要求的另外五张幻灯片

选定第一张幻灯片，然后单击"插入"选项卡"幻灯片"组中的"新建幻灯片"下拉按钮，在下拉列表中选择并单击"标题和内容"版式，左侧视图区将出现新建的第二张幻灯片的缩略图，而右侧编辑区也会显示该幻灯片。用同样的方法，分别插入第三张、第四张、第五张和第六张幻灯片。

图 4.41 "带状"主题空白标题幻灯片

> ⓘ 注意
>
> 选定的幻灯片即为当前幻灯片，插入的幻灯片在当前幻灯片之后。例如，选定第一张幻灯片之后，插入幻灯片操作创建的是第二张幻灯片。

4. 第一张幻灯片的插入和编辑

（1）选定第一张幻灯片，在标题占位符框中输入"一起向未来"，副标题占位符框中输入"Together for a Shared Future"。

（2）使用"开始"选项卡"字体"组中的字体、字号、颜色等格式按钮，将标题设置为华文新魏，60 号字，深蓝；将副标题设置为 Arial，32 号字，白色，斜体字。

（3）单击"插入"选项卡"文本"组中"艺术字"下拉列表中的"填充-白色"，在艺术字文本框中输入"2022 北京冬奥会"，参照标题格式设置的方法，将艺术字格式设置为华文新魏，20 号字，深蓝，加粗。

（4）单击"插入"选项卡"图像"组中的"图片"按钮，插入"北京冬奥会会徽.jpg"和"冰墩墩.jpg"，也可以使用"联机图片"搜索。

（5）根据样张调整图片大小和幻灯片中对象的位置。

5. 第二张幻灯片的插入和编辑

（1）选定第二张幻灯片，在标题占位符框中输入"目录 CONTENTS"，内容占位符框中输入图 4.40 中第二张幻灯片所示的 4 行目录标题。

（2）使用"开始"选项卡"字体"组中的字体、字号、颜色等格式按钮，将标题设置为华文新魏，40 号字；将内容文本设置为隶书，40 号字，白色。

（3）选中标题占位符，单击"绘图工具-格式"选项卡"形状样式"组中"形状填充"下拉列表中

< 96 >

的"渐变"→"其他渐变"，右侧会显示"设置形状格式"任务窗格，如图 4.42 所示。在"形状选项-填充"中选中"渐变填充"单选按钮，然后在"预设渐变"下拉列表中选择"浅色渐变-个性色 5"。在图 4.43 所示"形状选项-大小与属性"中设置标题的高度和宽度。

（4）选中内容占位符，单击"开始"选项卡"段落"组中"项目符号"下拉列表中的"大圆形项目符号"。

图 4.42　形状选项-填充　　　　图 4.43　形状选项-大小与属性

（5）单击"插入"选项卡"图像"组中的"图片"按钮，插入"滑雪.jpg"，也可以使用"联机图片"搜索。

（6）根据样张调整图片大小和幻灯片中对象的位置。

6．第三张幻灯片的插入和编辑

（1）选定第三张幻灯片，在标题占位符框中输入"北京冬奥会"，两个内容占位符框中分别输入图 4.40 中第三张幻灯片所示的文字内容。

（2）使用"开始"选项卡"字体"组中的字体、字号、颜色等格式按钮，将标题设置为华文新魏，40 号字；将内容文本设置为华文新魏，24 号字，白色。

（3）标题占位符的形状格式设置方法参照第二张幻灯片。

（4）单击"插入"选项卡"插图"组中的"形状"按钮，在两栏文本内容之间插入直线，形状格式设置为双线，白色。

（5）根据样张调整形状和幻灯片中对象的位置。

7．第四张幻灯片的插入和编辑

（1）选定第四张幻灯片，在标题占位符框中输入"北京冬奥会比赛项目"，两个内容占位符框中分别输入图 4.40 中第四张幻灯片所示的文字内容。

（2）使用"开始"选项卡"字体"组中的字体、字号、颜色等格式按钮，将标题设置为华文新魏，40 号字；将内容文本设置为华文新魏，24 号字，白色。

（3）标题占位符的形状格式设置方法参照第二张幻灯片。

（4）在左侧内容占位符框中，单击"插入 SmartArt 图形"按钮，弹出"选择 SmartArt 图形"对话框，如图 4.44 所示，选择"列表"类型中的"垂直曲形列表"样式，单击"确定"按钮。在 SmartArt 图形中输入图 4.40 中第四张幻灯片所示的文本内容。SmartArt 图形的文本格式设置为宋体，23 号字，白色。如图 4.45 所示，在"SmartArt 工具-设计"选项卡中，更改主题颜色为"彩色-个性色 1"。

（5）在右侧内容占位符框中，单击"插入表格"按钮，弹出"插入表格"对话框如图 4.46 所示，在"列数"数值微调框中输入数值 2，在"行数"数值微调框中输入数值 9，单击"确定"按钮。在插入的空白表格中，输入图 4.40 中第四张幻灯片所示的文本。表格的文本格式设置为宋体，14 号字，白色。如图 4.47 所示，在"表格工具-设计"选项卡中，更改表格样式为"无样式-网格型"。

（6）根据样张调整 SmartArt 图形和表格对象的大小和位置。

< 97 >

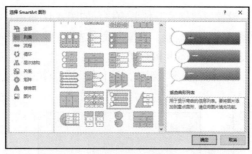

图 4.44 "选择 SmartArt 图形"对话框　　　　图 4.45 "更改颜色"下拉列表

图 4.46 "插入表格"对话框　　　　图 4.47 "表格工具-设计"选项卡

8. 第五张幻灯片的插入和编辑

（1）选定第五张幻灯片，在标题占位符框中输入"奖牌榜"。使用"开始"选项卡"字体"组中的字体、字号等格式按钮，将标题设置为华文新魏，40 号字。

（2）在标题下方的内容占位符框中，单击"插入图表"按钮，弹出"插入图表"对话框，选择"簇状柱形图"类型，单击"确定"按钮。此时弹出图表数据源编辑窗口，如图 4.48 所示，输入图表数据，最后关闭该窗口。

（3）编辑幻灯片内容占位符中插入的图表。先选中该图表，然后单击"图表工具-设计"选项卡中最左侧的"添加图表元素"下拉按钮，如图 4.49 所示，在下拉列表中选择"图表标题"→"无"，删除图表标题。再选择"图表工具-设计"选项卡"图表样式"组中的"样式 8"，更改图表样式。

（4）根据样张调整标题和图表的大小和位置。

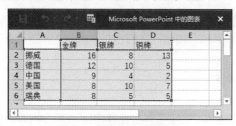

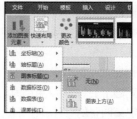

图 4.48 图表数据源编辑窗口　　　　图 4.49 "添加图表元素"下拉列表

9. 第六张幻灯片的插入和编辑

（1）选定第六张幻灯片，在标题占位符框中输入"奥运热搜"，在右侧内容占位符框中输入图 4.40 中第六张幻灯片所示的文本内容。

（2）使用"开始"选项卡"字体"组中的字体、字号、颜色等格式按钮，将标题设置为华文新魏，40 号字；将内容文本设置为宋体，20 号字，白色。

（3）选定右侧内容占位符，使用"开始"选项卡"段落"组中的"编号"下拉列表为内容文本添加编号。

（4）在左侧内容占位符框中，单击"插入视频文件"按钮，在弹出的"插入视频"对话框中，选择"来自文件"并单击"浏览"按钮，在出现的"插入视频文件"对话框中分别指定视频文件（冬奥会烟花大赏.mp4）的存储位置和文件名，最后单击"插入"按钮，完成视频插入；也可以插入联机视频，搜索关键字为"冬奥会烟花视频"。

（5）根据样张调整视频和文本的大小和位置。

< 98 >

10．设置幻灯片的交互

（1）插入超链接。选定第二张幻灯片中的文本"北京冬奥会"，单击"插入"选项卡"链接"组中的"超链接"按钮，弹出"插入超链接"对话框，如图 4.50 所示。选择对话框左侧链接位置列表中的"本文档中的位置"，然后在"请选择文档中的位置"列表中选择幻灯片标题"3.北京冬奥会"，最后单击"确定"按钮，完成第二张幻灯片中"北京冬奥会"文本对象链接到第三张幻灯片的设置。重复以上文本超链接的设置步骤，完成第二张幻灯片中"比赛项目""奖牌榜""奥运热搜"3 个文本对象的超链接设置，使其分别链接到本文档中的第四张幻灯片、第五张幻灯片、第六张幻灯片。

（2）插入动作按钮。选定第二张幻灯片，单击"插入"选项卡"形状"下拉列表中"动作按钮"类型中的"上一张"，使用鼠标在该幻灯片右下角绘制出动作按钮。如图 4.51 所示，在弹出的"操作设置"对话框中，设置超链接到第一张幻灯片，最后单击"确定"按钮。用同样的方法，在第三张幻灯片到第六张幻灯片中插入"上一张"动作按钮，设置超链接到第二张幻灯片。

完成以上插入任务后放映演示文稿，查看幻灯片内容并预览幻灯片交互效果。

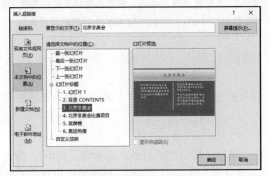

图 4.50　"插入超链接"对话框

图 4.51　"操作设置"对话框

4.6　设置演示文稿的动画效果

演示文稿中幻灯片的动画效果，主要通过设置幻灯片切换效果和幻灯片对象动画效果来实现。

4.6.1　幻灯片切换效果

幻灯片切换效果是指幻灯片放映时相邻两张幻灯片相互切换时的动画效果。PowerPoint 2016 提供了 3 种类型的幻灯片切换动画：细微型、华丽型、动态内容。每种类型又包括多个动画方案，在选定某个动画方案之后，还可以通过编辑每个动画方案对应的"效果选项"来完成个性化设置。

操作方法如下。

（1）首先选定演示文稿中需要设置切换动画的幻灯片，然后单击"切换"选项卡在图 4.52 所示的切换效果列表中选择一种

图 4.52　切换效果列表

动画方案，或者单击切换效果列表右侧的"其他"下拉按钮，此时打开的下拉列表包含 3 种类型的所有动画方案，如图 4.53 所示。选择一种动画方案之后，单击"切换"选项卡左侧的"预览"按钮来查看切换效果，还可以通过单击切换效果列表右侧的"效果选项"下拉按钮进行个性化设置。图 4.54 所示为"擦除"切换动画的效果选项。

（2）在图 4.55 所示的"切换"选项卡"计时"组的"声音"下拉列表框中可选择切换动画的伴随音乐，"持续时间"数值微调框中可设置切换动画持续的时间，勾选"单击鼠标时"或者"设置自动换片时间"复选框可确定换片的响应方式，"设置自动换片时间"数值微调框用于设置换片间隔时间。

< 99 >

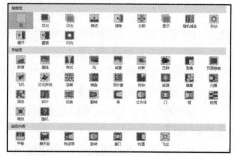

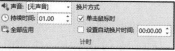

图 4.53 "切换效果"下拉列表　　　　图 4.54 "擦除"切换动画的　　　图 4.55 "切换"选项卡"计时"组
　　　　　　　　　　　　　　　　　效果选项

> **注意**
>
> 　　如果演示文稿中的所有幻灯片需要设置同一种幻灯片切换动画，用以上步骤完成切换动画选项设置之后，单击"切换"选项卡"计时"组中的"全部应用"按钮 全部应用 ，将切换动画效果应用到所有幻灯片。

4.6.2 幻灯片对象动画效果

　　除了幻灯片切换动画，我们还可以为幻灯片所包含的文本、图片、表格、图表等各种对象设置动画，以增强幻灯片放映的动态展示效果。

1. 添加动画

　　PowerPoint 2016 提供了进入、强调、退出、动作 4 种类型的对象动画方案。其中，"进入"和"退出"展现对象出现和消失的过程，"强调"则是通过放大或缩小、闪烁、加深等突出显示对象，"动作"主要是让对象按指定的路径或轨迹运行。

　　操作方法：首先选定幻灯片中需要设置动画的对象，然后单击"动画"选项卡，在图 4.56 所示的动画样式列表中选择一种动画样式，或者单击动画样式列表右侧的"其他"下拉按钮，此时打开的下拉列表包含 4 种类型的所有动画样式，如图 4.57 所示。同设置幻灯片切换动画一样，选择一种动画样式之后，单击"动画"选项卡左侧的"预览"按钮来预览动画，单击动画样式列表右侧的"效果选项"下拉按钮，还可以进行所选动画样式的个性化设置。

图 4.56 动画样式列表　　　　　　　　　图 4.57 "动画样式"下拉列表

> **注意**
>
> 　　幻灯片中添加了动画的对象左上角会显示动画效果的顺序标记，在幻灯片播放时，动画将按照顺序标记的序号逐一播放。

< 100 >

2.编辑动画

对幻灯片中的对象进行动画设置之后，如果需要还可以重新编辑或者调整动画样式、动画顺序、播放方式等。

（1）更改动画样式。

单击"动画"选项卡的"动画"组右侧的"其他"下拉按钮，如图 4.58 所示，通过下拉列表最下方的"更多进入效果""更多强调效果""更多退出效果""其他动作路径"命令，可以分别打开相应类型的更改动画样式的对话框。

例如，单击"更多进入效果"命令，弹出图 4.59 所示"更改进入效果"对话框，对话框中列出的进入效果包含基本型、细微型、温和型、华丽型 4 种类型，每种类型又包含多个子样式，在选择其中一个样式之后，单击"确定"按钮，即可完成对象的动画样式更改。

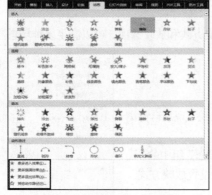

图 4.58　"动画样式"下拉列表

图 4.59　"更改进入效果"对话框

> ⚠️ **注意**
>
> "更改进入效果""更改强调效果""更改退出效果"对话框中都包含基本型、细微型、温和型、华丽型 4 种类型的动画样式，"更改动作路径"对话框中包含基本、直线和曲线、特殊 3 种类型的动画样式。

（2）设置动画顺序。

"动画"选项卡"计时"组的右侧有对动画重新排序的"向前移动"和"向后移动"按钮，如图 4.60 所示，先选定要改变动画顺序的对象，然后单击"向前移动"或"向后移动"按钮可以调整动画顺序，此时动画对象左上角的顺序标记序号也会随之改变。

（3）设置播放方式。

动画播放方式默认为"单击时"开始，在"动画"选项卡"计时"组中，单击"开始"下拉列表框，打开图 4.61 所示的"开始"下拉列表，单击"单击时""与上一动画同时"或"上一动画之后"可设置播放方式。

图 4.60　"动画"选项卡"计时"组

图 4.61　"开始"下拉列表

> 📋 **知识扩展**
>
> "单击时"代表单击时播放对象动画，"与上一动画同时"代表当前对象与上一对象同时播放动画，"上一动画之后"代表上一对象动画播放完之后自动播放当前对象动画。

< 101 >

提示

编辑动画还可以在"动画窗格"中进行，单击"动画"选项卡"高级动画"组中的"动画窗格"按钮，在编辑区的右侧会出现图 4.62 所示的"动画窗格"，其中会显示已经设置动画效果的对象列表，单击任一动画对象的下拉按钮会显示编辑动画选项，可快速进行指定对象的动画编辑。

图 4.62　动画窗格

4.7 幻灯片的放映设置

PowerPoint 2016 的演示文稿提供多种放映方式和放映选项，可以满足多种场景需求，如演讲、会议、培训和教学等。

4.7.1　设置放映方式

幻灯片放映方式主要有 3 种，即演讲者放映、观众自行浏览、在展台浏览。

操作方法：单击"幻灯片放映"选项卡"设置"组中的"设置幻灯片放映"按钮，打开图 4.63 所示的"设置放映方式"对话框，然后在"放映类型"中进行选择。

在"设置放映方式"对话框中还可以设置"放映选项""放映幻灯片""换片方式"等。

图 4.63　"设置放映方式"对话框

知识扩展

"演讲者放映"是以全屏幕形式来显示幻灯片，演讲者可以控制放映进程，还可以使用右键菜单来选择幻灯片、启用绘图笔指针、结束放映等；"观众自行浏览"是以窗口形式显示幻灯片，方便浏览和编辑幻灯片；"在展台浏览"是以全屏幕形式在展台进行演示，需要事先定义放映次序、放映时间等。

4.7.2　排练计时

使用排练计时功能，能够对演示文稿的放映过程进行预演排练，在排练过程中自动记录每张幻灯片的放映时间，保存排练计时后，在播放时就能以此时间来实现幻灯片的自动切换。

操作方法：单击"幻灯片放映"选项卡"设置"组中的"排练计时"按钮，进入幻灯片放映状态，此时打开的"录制"工具栏中会显示当前幻灯片的排练时间和演示文稿的播放时间，如图 4.64 所示，中途可以暂停或重复录制，按 Esc 键可退出排练计时。在幻灯片浏览视图下可以看到每张幻灯片左下角显示的排练时间。

图 4.64　"录制"工具栏

4.7.3　录制幻灯片演示

使用录制幻灯片演示功能不仅可以通过排练计时来控制幻灯片播放的时间，还能在播放幻灯片时加入旁白，实现边演示边讲解。

操作方法：单击"幻灯片放映"选项卡"设置"组中的"录制幻灯片演示"下拉列表，打开图 4.65 所示下拉列表，此下拉列表中的"从头开始录制"和"从当前幻灯片开始录制"两个命令可以决定不同的录制起始位置。刚开始录制时，会出现"录制幻灯片演示"对话框，如图 4.66 所示，根据需要选

< 102 >

择想要录制的内容，如幻灯片和动画计时、旁白等，单击"开始录制"按钮即进入录制幻灯片状态。

同样，录制完成后，能够在幻灯片浏览视图下看到每张幻灯片左下角显示的录制时间。如果需要清除原先录制的旁白或者计时，可以在"录制幻灯片演示"下拉列表中的"清除"子菜单，选择所要进行的清除操作，如图 4.67 所示。

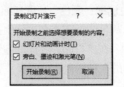

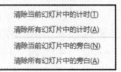

图 4.65 "录制幻灯片演示"下拉列表　　图 4.66 "录制幻灯片演示"对话框　　图 4.67"清除"子菜单

> **注意**
>
> "录制"工具栏的使用方法可参照排练计时。

4.8 幻灯片的打印输出

在 PowerPoint 中，幻灯片的打印输出不仅有常规的打印份数和打印机属性设置，还能指定打印幻灯片的内容和范围，打印版式设置可以实现打印幻灯片、备注、大纲或讲义。

4.8.1 打印设置

单击"文件"→"打印"命令，在图 4.68 所示的"打印"界面中，可以设置幻灯片打印份数、幻灯片打印内容范围、打印版式、单双面打印，编辑页眉和页脚等。

1. 幻灯片打印内容及范围

在图 4.68 左侧的"设置"组中，打印内容和范围的默认设置为"打印全部幻灯片"，单击"打印全部幻灯片"下拉按钮，在出现的下拉列表中，可以选择打印所有幻灯片、所选幻灯片、当前幻灯片，自定义范围和节内容。还可以在"幻灯片"文本框中键入要打印的幻灯片编号，用逗号分隔幻灯片编号。

2. 幻灯片打印版式

在打印设置中，打印版式的默认设置为"整页幻灯片"，即一页打印一张幻灯片；如果需要一页上面打印多张幻灯片，则单击"整页幻灯片"下拉按钮，如图 4.69 所示，在出现的下拉列表中选择其他的打印版式，如"2 张幻灯片"；用类似的操作方法，还可以将打印版式设置为备注页和大纲，其中备注页包含幻灯片和备注内容，而大纲包含演示文稿中所有幻灯片的标题内容列表。

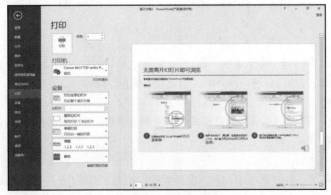

图 4.68 "打印"界面

图 4.69 "打印版式"下拉列表

< 103 >

3．单双面打印

在打印设置中，默认设置为"单面打印"，单击"单面打印"下拉按钮，在出现的下拉列表中可以设置双面打印选项，如"双面打印（翻转长边的页面）"。

4．打印输出颜色

在打印设置中，打印输出有 3 种颜色选项：颜色、灰度和纯黑白，默认设置为"颜色"。颜色代表彩色打印，灰度代表以灰色阴影模式在页面上打印所有幻灯片对象，纯黑白代表使用黑白模式打印幻灯片。在"打印"界面的左侧"设置"组中，单击"颜色"下拉按钮，出现图 4.70 所示的 3 种颜色选项列表，从中选择即可。

图 4.70　颜色选项列表

4.8.2　编辑页眉页脚

打印设置的过程中，有时候需要编辑页眉页脚。在"打印"界面的左侧"设置"组最下方单击"编辑页眉页脚"，此时出现"页眉和页脚"对话框，如图 4.71 所示。如果需要打印幻灯片的页眉和页脚，就在"页眉和页脚"对话框的"幻灯片"选项卡中，根据需要勾选日期和时间、幻灯片编号和页脚，最后单击"应用"或"全部应用"按钮，完成当前幻灯片或者所有幻灯片的页眉页脚设置。"页眉和页脚"对话框的"备注和讲义"选项卡如图 4.72 所示，在这里可以勾选备注和讲义页面所需包含的内容，如日期和时间、页码、页眉和页脚。

图 4.71　"页眉和页脚"对话框"幻灯片"选项卡　　　图 4.72　"页眉和页脚"对话框"备注和讲义"选项卡

4.9 课堂案例：动态展示《一起向未来》演示文稿

在 4.5.4 小节的课堂案例中，我们已经使用 PowerPoint 制作了《一起向未来》演示文稿，其中包含的六张幻灯片分别介绍了北京冬奥会的相关内容。下面通过幻灯片的切换效果和幻灯片对象动画设置，来实现放映演示文稿时的动态展示效果。

【案例要求】

（1）设置幻灯片切换效果。

所有幻灯片应用的切换效果为"动态内容"类型中的"窗口"；切换动画计时中，持续时间为 2s；换片方式中同时勾选"单击鼠标时"和"设置自动换片时间"，自动换片时间为 6s。

（2）设置各个幻灯片中的对象动画。

标题动画预设样式为"进入-出现"，内容文本动画预设样式为"强调-脉冲"，自定义各张幻灯片中表格、图表、视频等其他对象的动画样式。

（3）设置幻灯片放映方式。

放映方式为"演讲者放映（全屏幕）"，放映选项中勾选"循环放映，按 Esc 键终止"，换片方式为"如果存在排练时间，则使用它"。

< 104 >

【操作步骤】

（1）首先打开《一起向未来》演示文稿，单击"切换"选项卡的"切换到此幻灯片"组右侧的"其他"下拉按钮，在图 4.73 所示的下拉列表中，选择"动态内容"类型中的"窗口"。

（2）"切换"选项卡的"计时"组如图 4.74 所示，在"持续时间"数值微调框中输入"02.00"，勾选"单击鼠标时"和"设置自动换片时间"复选框，在"设置自动换片时间"数值微调框中输入"00:06.00"，最后单击"全部应用"按钮。

图 4.73　"切换效果"下拉列表

（3）设置每张幻灯片中的对象动画。设置第一张幻灯片中的对象动画。选定第一张幻灯片中的标题，单击"动画"选项卡"动画"组中的下拉按钮，在"动画样式"下拉列表中，选择"进入"类型中的"出现"样式，如图 4.75 所示。使用同样的操作方法，自定义第一张幻灯片中其他对象的动画样式。重复上述操作，完成演示文稿中其他幻灯片的自定义对象动画设置。

图 4.74　"切换"选项卡"计时"组

图 4.75　"进入-出现"动画样式

> ✎ **提示**
>
> 　幻灯片中内容文本对象的动画设置操作方法：单击"动画"选项卡"动画"组中的下拉按钮，在"动画样式"下拉列表中，选择"强调"类型中的"脉冲"样式，如图 4.76 所示。
>
>
>
> 图 4.76　"强调-脉冲"动画样式

（4）设置幻灯片放映方式。单击"幻灯片放映"选项卡"设置"组中的"设置幻灯片放映"按钮，在图 4.77 所示的"设置放映方式"对话框中，选择放映类型为"演讲者放映（全屏幕）"，在放映选项中勾选"循环放映，按 ESC 键终止"，换片方式为"如果存在排练时间，则使用它"。

（5）放映演示文稿，预览幻灯片切换效果和幻灯片对象动画的展示效果。

图 4.77　"设置放映方式"对话框

习题

1．单选题

（1）PowerPoint 2016 演示文稿的默认扩展名为（　　）。

< 105 >

A．ppt   B．pptx   C．doc   D．docx

（2）在 PowerPoint 2016 中 "文件" → "新建" 命令的功能是（　　　　）。

    A．新建一个演示文稿   B．新建一张幻灯片

    C．新建一个对象   D．以上都对

（3）在编辑演示文稿时，以下选项中可以插入新幻灯片的方法是（　　　　）。

    A．复制选定幻灯片   B．通过幻灯片（从大纲）导入

    C．重用幻灯片   D．以上都可以

（4）占位符类型不包括（　　　　）。

    A．标题占位符   B．内容占位符   C．表格占位符   D．日期占位符

（5）在 PowerPoint 中新建空白演示文稿时，系统自动添加的第一张幻灯片版式为（　　　　）。

    A．标题   B．标题和内容   C．图片与标题   D．仅标题

（6）放映演示文稿时，如果要隐藏某张幻灯片应使用（　　　　）。

    A．"开始" 选项卡 "幻灯片" 组中的 "隐藏幻灯片" 命令

    B．"幻灯片放映" 选项卡 "设置" 组中的 "隐藏幻灯片" 命令

    C．单击该幻灯片，然后选择 "隐藏幻灯片" 命令

    D．"视图" 选项卡 "隐藏" 组中的 "隐藏幻灯片" 命令

（7）在幻灯片中插入超链接，可实现放映时链接到（　　　　）。

    A．现有文件或网页   B．文档中的指定位置

    C．新文档或电子邮件地址   D．以上都可以

（8）在幻灯片放映时，以 "擦除" 效果切换到下一张幻灯片需要设置（　　　　）。

    A．自定义动画   B．幻灯片切换   C．放映方式   D．自定义放映

（9）在演示文稿的幻灯片中插入音频，有关播放方式正确的选项是（　　　　）。

    A．放映到该幻灯片时，一定会自动播放

    B．放映到该幻灯片时，必须双击喇叭图标才能播放

    C．在 "音频工具-播放" 选项卡中，可以设置自动播放

    D．在 "幻灯片放映" 选项卡中，可以设置自动播放

（10）演示文稿中为所有幻灯片统一配色并添加徽标时，最快捷有效的方法是（　　　　）。

    A．幻灯片主题   B．设计模板   C．背景设置   D．幻灯片母版

2．填空题

（1）PowerPoint 2016 是一种＿＿＿＿＿＿＿软件。

（2）视图是演示文稿的显示方式，＿＿＿＿＿＿＿是 PowerPoint 2016 的默认视图方式。

（3）＿＿＿＿＿＿＿指的是幻灯片内容在幻灯片上的排列方式，它包含幻灯片上显示的所有内容的格式、位置和占位符。

（4）PowerPoint 2016 中主要使用＿＿＿＿＿＿＿功能来对幻灯片进行分组管理。

（5）幻灯片主题由主题颜色、主题字体和＿＿＿＿＿＿＿所构成。

（6）在幻灯片中插入动作按钮后，用户可以在播放幻灯片时，通过单击或＿＿＿＿＿＿＿来执行某种操作或运行某个指定程序。

（7）＿＿＿＿＿＿＿是指幻灯片放映时相邻两张幻灯片相互切换时的动画效果。

（8）PowerPoint 2016 提供了 4 种类型的动画方案，它们分别是进入、强调、退出和＿＿＿＿＿＿＿。

（9）幻灯片放映方式中，＿＿＿＿＿＿＿是以全屏幕形式来显示幻灯片，演讲者可以控制放映进程。

（10）使用＿＿＿＿＿＿＿功能，能够对演示文稿的放映过程进行预演排练。

< 106 >

第 5 章 电子表格处理软件 Excel 2016

人们在日常工作和生活中会遇到大量的需要计算的表格数据，如商业上进行销售统计、财会人员对报表进行分析、教师计算学生成绩、科研人员分析实验结果、医护人员分析医疗数据等，这些都可以通过电子表格处理软件来实现。

本章主要介绍 Excel 工作簿、工作表的相关操作以及数据的输入、编辑与格式化、图表的制作、数据管理与分析。

本章重点：Excel 2016 公式和函数建立与编辑、图表的制作、数据管理与分析。

5.1 Excel 2016 概述

Excel 是微软公司为 Windows 和 macOS 操作系统编写的一款电子表格软件。直观的界面、出色的计算功能和图表工具，再加上成功的市场营销，使 Excel 成为流行的个人计算机数据处理软件。在 1993 年作为 Microsoft Office 的组件发布了 5.0 版之后，Excel 开始成为所适用操作平台上的普及的电子表格软件。Excel 2016 拥有强大的计算、分析、传递和共享功能，可以帮助用户将繁杂的数据转化为有效信息。Excel 2016 的主要功能如下。

1. 数据记录与数据格式化

Excel 输入数据及格式化数据的功能非常强大，大到多表格视图的精确控制，小到一个单元格的格式设置，Excel 几乎能为用户做到在处理表格时想做的一切。除此以外，条件格式功能可以快速地标识出表格中具有特征的数据，数据验证功能可以设置允许输入何种数据。Excel 还提供了语音功能，该功能可以让用户一边输入数据，一边进行语音校对，从而使得数据的录入更加高效。

2. 数据计算

Excel 内置了 12 种类型 400 多个函数。利用不同的函数组合，用户可以完成绝大多数领域的常规计算任务。在执行复杂计算时，只需要先选择正确的函数，然后为其指定参数，就能快速返回结果。使用 Web 引用类函数，还可以直接从互联网上提取数据。

3. 数据分析

Excel 具有数据库管理基本功能，可对工作表中的数据进行排序、筛选和分类汇总，能够合理地对表格中的数据做进一步的归类与组织，实现数据分析。利用数据透视表，只需几步操作，就能灵活地以多种不同方式展示数据的特征，并将其转换成各种类型的报表，实现对数据背后的信息的透视。此外，Excel 还可以进行模拟分析及预测，以及执行更多、更专业的分析。

4. 数据可视化

一份美观切题的图表可以让原本复杂枯燥的数据表格立即变得生动起来。Excel 的图表图形功能可以帮助用户迅速创建各种各样的商业图表,直观形象地传达信息,使之更易于阅读和理解。

5. 信息传递和共享

Excel 不但可以与其他 Office 组件无缝链接,还可以方便地获取其他类型的外部数据,而且可以帮助用户通过 Intranet 或 Internet 与其他用户协同工作,方便地交换信息。

6. 自动化定制功能和用途

尽管 Excel 自身的功能已经能够满足绝大多数用户的需要,但用户对计算和分析也有进一步的个性化的需求。Excel 内置了 VBA 编程语言,允许用户定制功能,开发自己的自动化解决方案。

5.2 工作簿与工作表的基本操作

5.2.1 Excel 2016 的工作窗口

Excel 2016 是 Microsoft Office 2016 的组件之一,其启动方法与其他组件(如 Word 2016)基本相同。Excel 2016 沿用了前一版本的功能区风格,同时增强了状态栏的计算显示功能。Excel 2016 的工作窗口如图 5.1 所示。

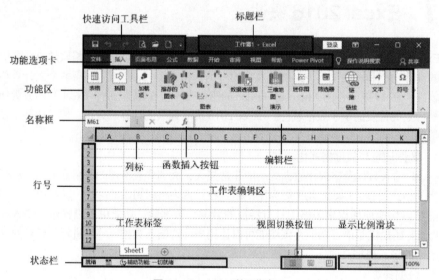

图 5.1　Excel 2016 的工作窗口

从图 5.1 可以看出,Excel 2016 的工作窗口包括快速访问工具栏、标题栏、功能选项卡、功能区、工作表编辑区、名称框、编辑栏、工作表标签、状态栏、视图按钮、显示比例滑块等。Excel 功能区用于放置编辑工作表时使用的命令按钮。Excel 2016 内置 10 个选项卡,分别是"文件""插入""页面布局""公式""数据""开始""审阅""视图""帮助""Power Pivot"。

> **提示**
>
> Excel 默认功能区中集中了绝大多数常用命令,如果用户经常使用的命令不在功能区中,可以将这些命令添加进来。操作方法:在功能区右击,在打开的快捷菜单中选择"自定义功能区"命令,即可打开"Excel 选项"对话框的"自定义功能区"界面,在"自定义功能区"窗格中进行设置。

< 108 >

5.2.2　Excel 2016 的基本概念

准确把握和理解 Excel 2016 的基本概念和术语，有助于规范地进行操作。

（1）工作簿：一个工作簿就是一个电子表格文件，Excel 2016 的文件扩展名为"xlsx"。一个工作簿可以包含多张工作表，默认第一张工作表以 Sheet1 命名，依次添加的工作表名称分别为 Sheet2、Sheet3、Sheet4……Excel 2016 的一个工作簿可添加内存允许的工作表数。

（2）工作表：一张工作表就是一张独立的规整的表格，由若干行和列组成。Excel 2016 工作表的大小为 1 048 576 行，16 384 列。

（3）工作表标签。工作表标签就是工作表名，位于工作表底部左侧。

（4）单元格：每一行和每一列交叉处的长方形区域称为单元格，单元格为 Excel 操作的最小对象，单元格的位置由列标和行号来确定，如 A1 单元格。

（5）活动单元格：在工作表中将鼠标指向某个单元格然后单击，该单元格被加粗线框标出，称为活动单元格，表明此单元格是正在被操作的对象。

（6）列标：每一列上方的大写英文字母为列标，代表该列的列名，Excel 2016 共有 16 384 个列标。

（7）行号：每一行左侧的阿拉伯数字为行号，表示该行的行数，Excel 2016 共有 1 048 576 个行号。

5.2.3　工作簿的基本操作

1. 新建工作簿

要使用 Excel，首先需要创建工作簿。可以通过以下几种方法创建新的工作簿。

方法一：单击"开始"→"Excel 2016"，启动 Excel，在右侧单击"空白工作簿"。

方法二：双击桌面上的"Microsoft Excel 2016"快捷方式，启动 Excel，在右侧单击"空白工作簿"。

方法三：如已启动 Excel 2016，则在 Excel 工作窗口功能区单击"文件"→"新建"，在右侧单击"空白工作簿"。

方法四：在桌面或文件夹窗口的空白处右击，在打开的快捷菜单中选择"新建"→"xlsx 工作表"，此时会产生一个名为"新建 xlsx 工作表.xlsx"的 Excel 文件，这个文件是空白工作簿。

以上方法创建的空白工作簿默认名为"工作簿 1"，如果多次重复创建，则名称中的编号依次增大，工作簿在用户进行保存操作之前都只存储于内存中，没有实体文件存在。

2. 保存工作簿

工作簿中的数据经编辑修改等操作后，都需要保存才可以成为占用外存空间的实体文件，用于今后的读取与编辑。以下几种方法可以保存工作簿。

方法一：在功能区单击"文件"→"保存（或另存为）"。

方法二：单击快速访问工具栏上的"保存"按钮。

方法三：按键盘上的 Ctrl+S 组合键。

方法四：按键盘上的 Shift+F12 组合键。

> ⚠ 注意
>
> 　　Excel 工作簿默认保存的文件扩展名是"xlsx"，如果需要更改保存文件类型及扩展名，应在"另存为"对话框的"保存类型"下拉列表中重新选择保存类型，如图 5.2 所示。例如，要将工作簿中的数据保存为 PDF 文档，就应选择"PDF（*.pdf）"选项；要将工作簿保存为更早版本的 Excel 文件，就应选择"Excel97-2003 工作簿（*.xls）"选项，此时保存的工作簿文件的扩展名为"xls"。

< 109 >

图 5.2　Excel 文件保存类型

3. 关闭工作簿

方法一：单击 Excel 工作窗口的"关闭"按钮。

方法二：在功能区单击"文件"→"关闭"。

4. 保护工作簿

有时工作簿的使用权限只对特定的用户开放，此时需采取一些措施，从不同维度保护工作簿。

（1）为工作簿设置密码。

可为 Excel 2016 工作簿设置打开权限密码和修改权限密码，以限制无权限用户操作工作簿。选择"文件"→"另存为"，单击"另存为"对话框下方的"工具"下拉按钮，选择"常规选项"，如图 5.3 所示。接着在"常规选项"对话框中输入打开权限密码或修改权限密码，也可以既输入打开权限密码也输入修改权限密码，如图 5.4 所示。

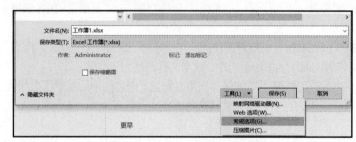

图 5.3　"工具"下拉按钮

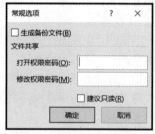

图 5.4　"常规选项"对话框

提示

也可以采用另一个方法为 Excel 工作簿设置打开权限密码：单击"文件"→"信息"→"保护工作簿"→"用密码进行加密"，打开"加密文档"对话框设置密码，如图 5.5 所示。如果需要解除密码，在"加密文档"对话框中删除密码即可。

图 5.5　"加密文档"对话框

（2）隐藏及取消隐藏工作簿。

如果需要隐藏整个工作簿，可以在"视图"选项卡的"窗口"组中单击"隐藏"按钮。若要取消隐藏工作簿，则在"视图"选项卡的"窗口"组中单击"取消隐藏"按钮，并在打开的"取消隐藏"对话框中选择想要显示的工作簿。

< 110 >

（3）保护工作簿的结构和窗口。

在"审阅"选项卡的"更改"组中单击"保护工作簿"按钮，使"保护工作簿"按钮呈现灰色背景，在"保护结构和窗口"对话框中输入密码，如图 5.6 所示。单击"确定"按钮之后，将不能对工作簿的结构进行更改，包括不允许插入、删除、重命名、移动或复制工作表，更改工作表标签颜色，隐藏工作表等。

图 5.6　保护工作簿的结构和窗口

如需解除工作簿保护，在"审阅"选项卡的"更改"组中单击"保护工作簿"按钮，在"保护结构和窗口"对话框中取消勾选"结构"复选框，并在对话框中输入密码即可。

> 提示
>
> 保护工作簿也可以不设置密码，此时解除工作簿的保护无须输入密码。

5.2.4　工作表的基本操作

插入工作表、删除工作表、重命名工作表、移动或复制工作表、保护工作表、设置工作表标签颜色、隐藏工作表等操作，均可以在工作表标签处右击，在打开的快捷菜单中选择相应的命令，如图 5.7 所示。

除此之外，还可以采用其他的一些方法对工作表进行操作。

1．插入工作表

插入工作表可在工作表标签的右侧单击 ⊕ 按钮，如图 5.8 所示。也可以在"开始"选项卡的"单元格"组中单击"插入"→"插入工作表"。

图 5.7　工作表标签快捷菜单

图 5.8　插入工作表

2．重命名工作表

重命名工作表可在工作表标签处双击，使工作表标签呈现灰色背景，再输入新的工作表名称即可，如图 5.9 所示。

3．删除工作表

在"开始"选项卡的"单元格"组中单击"删除"→"删除工作表"。

4．移动和复制工作表

按住鼠标左键拖动工作表标签可移动工作表；按住 Ctrl 键拖动工作表标签可复制工作表，复制的工作表自动命名为"原名（2）"，如图 5.10 所示，被复制的工作表是 Sheet1。

< 111 >

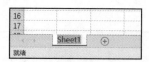

图 5.9　重命名工作表

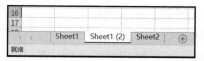

图 5.10　复制工作表

5．设置工作表标签颜色

在"开始"选项卡的"单元格"组中单击"格式"→"工作表标签颜色"，对工作表标签的背景颜色进行设置。

6．保护工作表

保护工作表主要是对工作表的编辑操作权限进行限制，如单元格的格式设置，工作表行列的增加、删除、是否允许对插入对象进行编辑，是否允许插入数据透视表、数据透视图等。

在"审阅"选项卡的"更改"组中单击"保护工作表"按钮，打开"保护工作表"对话框，如图 5.11 所示，可对允许的操作进行勾选，不允许的操作取消勾选，单击"确定"按钮之后，未被勾选的操作将不能进行，只能进行已勾选的操作。

如需取消对工作表的保护，在"审阅"选项卡的"更改"组中单击"撤销工作表保护"按钮，在打开的"撤销工作表保护"对话框中输入密码即可。

> 📝 **提示**
>
> 保护工作表也可以不设置密码，此时撤销工作表保护无须输入密码。

7．设置允许编辑区域

对工作表进行保护默认是保护整张工作表，不允许对工作表的所有单元格进行操作，但有时一些单元格区域可能允许特定用户编辑，这时可以设置允许编辑区域。

在"审阅"选项卡的"更改"组中单击"允许编辑区域"按钮，打开"允许用户编辑区域"对话框，单击"新建"按钮，打开"新区域"对话框，如图 5.12 所示。设置允许编辑的区域并设置密码，单击"确定"按钮即可。用同样的方法还可以新建另一个允许编辑区域。

图 5.11　"保护工作表"对话框

图 5.12　设置允许编辑区域

5.2.5　工作窗口的视图控制

在处理一些复杂的、数据量很大的表格时，灵活运用 Excel 工作窗口显得尤为重要。为了能够在有限的屏幕区域中显示更多的有用信息，可以通过工作窗口的视图控制改变窗口显示。

< 112 >

1．工作簿多窗口显示

（1）为同一个工作簿新建窗口。

Excel 打开多个工作簿时，通常一个工作簿只有一个独立的工作窗口，并处于最大化显示状态。通过"新建窗口"命令可以为同一个工作簿创建多个窗口。

操作方法： 在"视图"选项卡的"窗口"组中单击"新建窗口"按钮，即可为当前工作簿新建一个工作窗口。

（2）切换窗口。

默认情况下，Excel 当前工作簿窗口只有一个，可以通过"切换窗口"命令，将当前工作簿窗口改变为另一个工作簿的工作窗口。

操作方法： 在"视图"选项卡的"窗口"组中单击"切换窗口"下拉按钮，在下拉列表中选择其他工作簿。

（3）重排窗口。

在 Excel 中打开了多个工作簿窗口时，可以通过"全部重排"命令或手动操作将多个工作簿以多种形式同时显示在屏幕区，方便用户检索和监控表格内容。

方法一：在标题栏区域按住鼠标左键拖动工作簿窗口到合适的位置。

方法二：在"视图"选项卡的"窗口"组中单击"全部重排"按钮，在打开的"重排窗口"对话框中选择一种排列方式。可选的排列方式有平铺、水平并排、垂直并排、层叠。

2．并排比较

在某些情况下，用户需要在两个同时显示的窗口中并排比较两个工作表，并要求两个窗口中的内容能够同步滚动，以方便同步对比，这时可以选择并排查看。

操作方法： 在"视图"选项卡的"窗口"组中单击"并排查看"按钮。

> **提示**
>
> 并排查看只能针对两个工作簿进行对比，如果同时打开了两个以上的工作簿，系统会弹出对话框要求确定两个需要进行并排查看的工作簿。如需取消同步滚动的功能，在"视图"选项卡的"窗口"组中单击"同步滚动"按钮 即可。

3．拆分窗口

对于数据量大的单个工作表，除了可以通过新建窗口来显示工作表的不同位置，还可以通过拆分窗口的方式，在现有的工作窗口中显示工作表的不同位置。

操作方法： 选中位于拆分位置的单元格，在"视图"选项卡的"窗口"组中单击"拆分"按钮。这时窗口被拆分成四个窗格，每一个窗格都是独立的，都可以显示工作表的不同位置。

> **提示**
>
> 将鼠标指针放置于拆分条上拖动可改变各窗格的大小，若拖动到窗口的上端或下端、左端或右端，窗口将被重新拆分为 2 个窗格。

4．冻结窗格

对于数据量比较大、记录行数和字段列数都超出屏幕区的数据表，常常需要在滚动浏览时固定显示表头标题行或标题列。使用"冻结窗格"命令可以方便地实现这样的效果。

操作方法： 如果首行正好是列标题，在"视图"选项卡的"窗口"组中单击"冻结窗格"下拉按钮，在下拉列表中选择"冻结首行"即可；如果第一列正好是行标题，则选择"冻结首列"；如果行、列标题都需要冻结，则首先拆分窗格，然后在"视图"选项卡的"窗口"组中单击"冻结窗格"下拉按钮，在下拉列表中选择"冻结拆分窗格"。

< 113 >

5．窗口缩放

当工作表中的文字太小不易分辨，或内容太多、无法在一个工作窗口中纵观全局时，缩放工作表是不错的选择。

方法一：在"视图"选项卡的"显示比例"组中单击相应的命令按钮。

方法二：在 Excel 工作窗口下方状态栏的右侧拖动滑块，按比例放大或缩小显示工作表中数据。

5.3 数据的输入与编辑

输入和编辑数据是进一步处理和分析数据的基础和起点，输入数据、编辑数据在很多情况下工作量很大，其效率的高低直接影响数据处理进程。Excel 提供了丰富的输入和编辑数据的工具。

5.3.1 数据的输入

输入数据最基本的操作是手动输入，在单元格内键入需要处理的数据即可。如果输入的数据有一定的规律性，Excel 可以完成自动输入，以提高输入效率。

1．手动输入数据

Excel 可以在一个单元格中、多个单元格中同时手动输入数据，也可以一次输入多个工作表数据。

（1）在一个单元格中输入数据。

选择将要输入数据的单元格，在其内部输入相应内容后，按 Enter 键或 Tab 键，或单击其他单元格，或按上下左右方向键。

（2）同时在多个单元格中输入相同数据。

选择要在其中输入相同数据的多个单元格，这些单元格不必相邻。在活动单元格中键入数据，然后按 Ctrl+Enter 组合键。

（3）一次输入多个工作表数据。

通过同时使多个工作表处于活动状态，可以在其中一个工作表中输入新数据或更改现有数据，所做的更改将应用于所有选定工作表上的相同单元格。

操作方法：单击包含要编辑的数据的第一个工作表的标签，然后在按住 Ctrl 键或 Shift 键的同时单击要在其中同步数据的其他工作表的标签；在活动工作表中键入新数据或编辑现有数据，所做的更改将应用于选定的所有工作表的相同位置单元格。

> ✐ **提示**
>
> 若要取消选择多个工作表，单击任何未选定的工作表即可。
>
> 手动直接输入的数据可以是数字、文本、日期或时间类型的数据。

❖ **输入数字**。使用西文半角符号输入，数值中间不能有空格，其中可出现 0,1,2,3,…,9、+、-、( )、E、e、%、$，以及小数点（.）和千位分隔符（,）等。如+123、-1.23、(123)、1.23E-2、1,234、$123、30%等。输入的数字默认右对齐。

> ✐ **提示**
>
> 单元格中显示的是输入的带格式的数字，编辑栏中查看到的是存入的数字，如图 5.13 所示。

< 114 >

图 5.13　单元格及编辑栏中显示的数字

◇ **输入文本。** 如果数字作为文本型数据输入，则数字前必须加半角单引号。若要在单元格中的新行上输入数据，可通过按 Alt+Enter 组合键输入换行符。单元格中输入的文本默认左对齐。

◇ **输入日期或时间。** 若要输入日期，应使用斜杠标记或连字符分隔日期的各个部分，如键入 2022/9/5、5-Sep-2022、9/5。若要输入当前日期，可按 Ctrl+;（分号）组合键。

若要输入时间，应使用冒号分隔时间的各个部分，如键入 5:34。如要输入 12 小时制的时间，可输入时间，后跟一个空格，然后键入 a 或 p，如 9:00 p。否则，Excel 默认输入 AM 时间。若要输入当前时间，可按 Ctrl+Shift+;（分号）组合键。

2．自动填充有规律的数据

有时我们在输入数据时会遇到一些有规律的数据，如相同的数据，具有等比、等差关系的数据；还会遇到一些特定的序列，如甲、乙、丙……。Excel 可以自动填充数据，如使用填充柄填充数据、设置填充序列选项填充数据，还可以自定义序列填充。此外，Excel 2016 还提供感知模式快速填充。

（1）使用填充柄填充数据。

鼠标指向单元格右下角位置即可看到黑色十字形填充柄，填充柄可向上、下、左、右方向拖动完成数据填充。鼠标拖动填充柄填充数据有以下几种情况：

◇ 初始值为纯字符或纯数字，填充相当于数据复制；

◇ 初始值为纯数字，按住 Ctrl 键，数值会以步长 1 依次递增填充；

◇ 初始值为文字数字混合体，填充时文字不变，右边的数字以步长 1 递增；

◇ 选中两个相邻的单元格再拖动填充柄实现的是等差填充；

◇ 初始值为 Excel 预设的自动填充序列中的元素，如"一月""第一季""星期一"等，则按预设序列填充；

◇ 左侧或右侧相邻列已有数据时，在填充柄处双击，相当于向下填充数据。

（2）设置填充序列选项填充数据。

在"开始"选项卡的"编辑"组中单击"填充"→"序列"，打开"序列"对话框，如图 5.14 所示。在对话框中设置填充选项，单击"确定"按钮即可实现自动填充数据。

提示

使用填充柄无法实现等比填充。

（3）自定义序列填充数据。

对于系统未内置而个人又常用到的序列，可以自定义序列，之后使用填充柄可以自动填充用户自定义的序列。自定义序列操作步骤如下。

① 单击"文件"→"选项"→"高级"，向下拖动右侧的滚动条，在"常规"区中单击 编辑自定义列表(O)... 按钮，打开"自定义序列"对话框，对话框中左侧列出的即为系统内置的序列。

② 单击左侧"新序列"使其选中，在右侧"输入序列"文本框中依次输入新序列的各个项目，每个项目输入完成后按 Enter 键确认，如图 5.15 所示。

③ 全部输入完成后单击"添加"按钮。

④ 单击"确定"按钮退出对话框，新定义的序列就可以使用了。

< 115 >

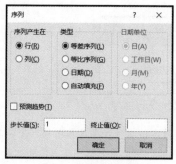

图 5.14 "序列"对话框

图 5.15 "自定义序列"对话框

（4）快速填充。

Excel 2016 提供的"快速填充"功能可以根据相邻单元格提供的模式填充其余内容。例如，已输入图 5.16 所示数据，选中 C3 单元格，在"开始"选项卡的"编辑"组中单击"填充"→"快速填充"，则自动填充图 5.17 所示数据。

<table>
<tr><td></td><td>A</td><td>B</td><td>C</td></tr>
<tr><td>1</td><td>姓</td><td>名</td><td>姓名</td></tr>
<tr><td>2</td><td>李</td><td>海</td><td>李海</td></tr>
<tr><td>3</td><td>刘</td><td>大强</td><td></td></tr>
<tr><td>4</td><td>张</td><td>莉莉</td><td></td></tr>
<tr><td>5</td><td>陈</td><td>俊</td><td></td></tr>
<tr><td>6</td><td>欧阳</td><td>艳艳</td><td></td></tr>
</table>

图 5.16 已有规律数据

<table>
<tr><td></td><td>A</td><td>B</td><td>C</td></tr>
<tr><td>1</td><td>姓</td><td>名</td><td>姓名</td></tr>
<tr><td>2</td><td>李</td><td>海</td><td>李海</td></tr>
<tr><td>3</td><td>刘</td><td>大强</td><td>刘大强</td></tr>
<tr><td>4</td><td>张</td><td>莉莉</td><td>张莉莉</td></tr>
<tr><td>5</td><td>陈</td><td>俊</td><td>陈俊</td></tr>
<tr><td>6</td><td>欧阳</td><td>艳艳</td><td>欧阳艳艳</td></tr>
</table>

图 5.17 快速填充

提示

快速填充也可以在"数据"选项卡"数据工具"组中单击 ⊞快速填充 按钮。

3. 输入数据语音提示

Excel 2016 提供了输入数据语音功能，该功能可以让用户一边输入数据，一边进行语音校对，从而让数据的录入更加高效。

操作方法： 单击功能选项卡右侧的"操作说明搜索"文本框，再按 Enter 键，如图 5.18 所示。此后单元格内输入的数据会被朗读出来，如果英文是正确单词会朗读单词，如果不是正确单词则会逐个朗读字母；如果是数字、汉字会原样朗读；如果是日期和时间型数据会朗读出日期和时间。

若要取消数据语音提示，再次单击"操作说明搜索"文本框并按 Enter 键。

图 5.18 "操作说明搜索"文本框

5.3.2 数据的编辑

输入数据后难免还需要修改和编辑数据，在编辑数据前应选定数据，以明确编辑对象。

1. 选定单元格或单元格区域

（1）选定连续的区域：鼠标指针呈 ✚ 状时拖动鼠标选择。若选择区域过大，鼠标拖动不方便实现，可单击第一个单元格后按住 Shift 键，再单击最后一个单元格。

（2）选定不连续的区域：按住 Ctrl 键的同时拖动鼠标选择。

（3）选定整行：单击行号。

< 116 >

（4）**选定整列**：单击列标。

（5）**选定整张工作表**：单击工作表左上角行号和列标相汇合位置的全选按钮 ■，或按 Ctrl+A 组合键。

（6）**选定满足特定条件的区域**：在"开始"选项卡的"编辑"组中单击"查找和选择"→"定位条件"。

2. 数据的修改

可以双击需修改数据的单元格，直接在单元格中进行修改；也可以单击需修改数据的单元格，在编辑栏中进行修改。

3. 数据的删除

有两种方法可以删除数据。

（1）选中数据所在单元格或单元格区域，按 Delete 键即可清除数据。或者在"开始"选项卡的"编辑"组中单击"清除"下拉按钮，在打开的下拉列表中选择相应命令，可以指定清除内容还是格式，如图 5.19 所示。

（2）选中数据所在单元格或单元格区域，右击打开快捷菜单，选择"删除"，系统会打开"删除文档"对话框，如图 5.20 所示。单击"确定"按钮后，选中单元格区域数据被删除，同时周边单元格的数据位置发生改变。

图 5.19 "清除"下拉列表

图 5.20 "删除文档"对话框

📇 **知识扩展**

若需删除列表数据中的重复值，在"数据"选项卡的"数据工具"组中单击"删除重复值"按钮。例如，已输入图 5.21 所示数据，单击"删除重复值"按钮打开"删除重复值"对话框，设置如图 5.22 所示，单击"确定"按钮后，得到图 5.23 所示结果。

删除重复值时，将保留列表中第一次出现的该数据，删除其他相同的值。

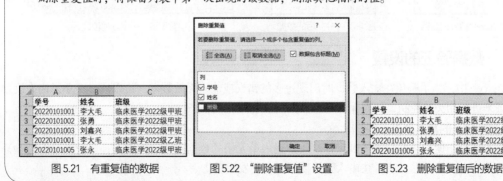

图 5.21 有重复值的数据　　图 5.22 "删除重复值"设置　　图 5.23 删除重复值后的数据

---

4. 数据的移动与复制

可以拖动鼠标移动和复制数据，也可以利用剪贴板移动和复制数据。

< 117 >

（1）**鼠标拖动法**。鼠标指针停留在选中单元格或单元格区域的边缘位置，鼠标指针呈┿状，拖动鼠标可移动数据到目标位置；鼠标指针停留在选中单元格或单元格区域的边缘位置，按住 Ctrl 键，鼠标呈状，拖动鼠标可复制数据到目标位置。

（2）**剪贴板法**。选中需移动或复制数据的单元格或单元格区域，右击，选择"剪切"或"复制"，在目标位置再次右击打开快捷菜单，从"粘贴选项"中选择粘贴内容，如图 5.24 所示。

图 5.24　粘贴选项

> **提示**
>
> ① 快捷键 Ctrl+V 用于粘贴包括格式、公式、批注等在内的所有内容。
>
> ② 选择性粘贴可以更进一步地进行其他的粘贴操作，单击"选择性粘贴"，将打开"选择性粘贴"对话框，在对话框中可以设置对粘贴目标进行加、减、乘、除运算。

5．插入数据

（1）**插入行**。单击行标选定需插入的行，右击选择"插入"即可在选定的行上方插入空行，在空行中输入数据。

（2）**插入列**。单击列标选定需插入的列，右击选择"插入"即可在选定的列左侧插入空列，在空列中输入数据。

（3）**插入单元格**。选定需插入数据的单元格，右击选择"插入"，系统打开图 5.25 所示对话框，设置活动单元格的移动方向即可插入空白单元格，在空白单元格中输入数据。

图 5.25　插入单元格

> **知识扩展**
>
> **分列**：即将单列文本拆分为多列。例如，图 5.26 所示的数据，可以将"姓名"列拆分为"姓"和"名"两列，如图 5.27 所示。
>
> **操作方法**：选中 A1:A6 单元格区域；在"数据"选项卡的"数据工具"组中单击"分列"按钮，打开"文本分列向导"对话框；第 1 步选择"固定宽度"；第 2 步单击确定分列位置，如图 5.28 所示；完成其余步骤，最后单击"完成"按钮。
>
> 　　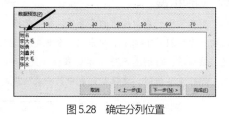
>
> 图 5.26　待分列数据　　　图 5.27　分列后的数据　　　图 5.28　确定分列位置

5.3.3　数据验证的设置

在 Excel 中，为了避免在输入数据时出现过多的错误或输入无效数据，可以通过在单元格中设置数据验证来进行相关的控制，从而保证输入数据的准确性。

1．数据验证的基本含义

数据验证是指使用数据验证规则来控制用户输入单元格的数据或数值的类型，以及通过配置验证规则来防止输入无效数据，或者在输入无效数据时自动发出警告。

2．设置数据验证的基本方法

（1）选择需要数据验证的单元格区域。

（2）在"数据"选项卡的"数据工具"组中单击 数据验证 按钮，打开"数据验证"对话框，单

< 118 >

击"设置"选项卡的"允许"下拉按钮，看到允许输入的数据类型，如图 5.29 所示，选择相应选项制定数据验证条件。

例如，输入学生成绩时，只允许输入 0～100 的数据，此时数据验证选项设置如图 5.30 所示。

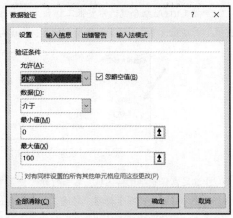

图 5.29　"数据验证"对话框　　　　　　　　图 5.30　"数据验证"设置

3．取消数据验证

在"数据验证"对话框中单击左下角的"全部清除"按钮，即可取消数据验证。

5.4　格式化工作表

直接输入工作表的数据往往比较粗糙，为了让工作表中的数据更加美观和易读，需要对工作表进行格式化。

5.4.1　设置单元格格式

单元格的格式包含很多细节，包括字体、对齐方式、数字格式、单元格背景等。单元格的格式可利用"开始"选项卡中的格式相关命令设置，也可以在"设置单元格格式"对话框中设置。

1．在"开始"选项卡中选择相应选项设置单元格格式

"开始"选项卡中"字体""对齐方式""数字""样式""单元格"这 5 个选项组中的命令分别可以对选定的单元格或单元格区域进行相应的格式设置。

"字体"选项组主要包括"字体""字号""加粗""斜体""下画线""填充颜色""字体颜色"等命令按钮。

"对齐方式"选项组包括"顶端对齐""垂直居中""底端对齐""左对齐""居中""右对齐""方向""调整缩进量""自动换行""合并后居中"等命令按钮。

"数字"选项组包括对数字进行格式设置的各种命令按钮。

"样式"选项组包括"条件格式""套用表格格式""单元格样式"等命令按钮。

2．利用"设置单元格格式"对话框设置单元格格式

利用"设置单元格格式"对话框几乎可以设置单元格的所有格式。

操作方法：选定需设置格式的单元格或单元格区域，右击打开快捷菜单，选择"设置单元格格式"，打开"设置单元格格式"对话框，对话框中有"数字""对齐""字体""边框""填充""保护"6 个选项卡，每个选项卡分别包含各种类型的单元格格式设置选项。

< 119 >

📑 **知识扩展**

5.2.4 小节讲述了对工作表的保护。Excel 对单元格或单元格区域也可以进行保护，普通用户被禁止对一些特定的单元格区域进行操作，但可以对此区域之外的单元格进行操作，具体的实现方法如下。

（1）按 Ctrl+A 组合键选中整张工作表，右击打开快捷菜单，选择"设置单元格格式"，打开"设置单元格格式"对话框，单击"保护"选项卡标签，取消勾选"锁定"复选框，如图 5.31 所示，单击"确定"按钮。

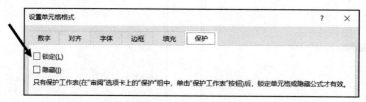

图 5.31 "设置单元格格式"对话框中取消勾选"锁定"复选框

（2）选定需保护单元格区域，右击打开快捷菜单，选择"设置单元格格式"，打开"设置单元格格式"对话框，单击"保护"选项卡标签，勾选"锁定"复选框，单击"确定"按钮。

（3）在"审阅"选项卡的"更改"组中单击"保护工作表"按钮。

⚠ **注意**

此时只保护被锁定的单元格，而未被锁定的单元格仍然可以被操作。

3. 单元格的合并与拆分

在表格布局中，有些单元格的内容往往会跨行或跨列显示，这时就需要进行单元格的合并操作。跨行或跨列合并单元格的基本方法如下。

（1）选中跨行或跨列单元格区域。

（2）在"开始"选项卡的"对齐方式"组中单击"合并后居中"按钮。

例如，图 5.32 所示的 A1:C1 单元格区域被选中后，单击按钮，则将标题"学生基本信息"跨列居中于 A1:C1 单元格区域，如图 5.33 所示。

	A	B	C
1	学生基本信息		
2	学号	姓名	班级
3	20220101001	李大毛	临床医学2022级甲班
4	20220101002	张勇	临床医学2022级甲班
5	20220101003	刘鑫兴	临床医学2022级甲班

图 5.32 待跨列居中标题

	A	B	C
1	学生基本信息		
2	学号	姓名	班级
3	20220101001	李大毛	临床医学2022级甲班
4	20220101002	张勇	临床医学2022级甲班
5	20220101003	刘鑫兴	临床医学2022级甲班

图 5.33 跨列居中后的标题

合并后的单元格的名称为合并区域第一个单元格名称，此处为 A1。如果需要将合并后的单元格拆分，只需选中要拆分的单元格，然后单击按钮即可。

4. 行/列的操作

（1）设置行高和列宽。

① **自动调整单元格行高和列宽**。选中需要设置行高或列宽的单元格或单元格区域，在"开始"选项卡的"单元格"组中单击"格式"→"自动调整行高"/"自动调整列宽"。

② **手动调整单元格行高和列宽**。鼠标拖动行号的下边线或列标的右边线，拖到合适位置时释放鼠标。

③ **输入精确值调整单元格行高和列宽**。

单击行号选中行，右击打开快捷菜单，选择"行高"，打开图 5.34 所示对话框，输入行高的值，单击"确定"按钮。

< 120 >

单击列标选中列，右击打开快捷菜单，选择"列宽"，打开图 5.35 所示对话框，输入列宽的值，单击"确定"按钮。

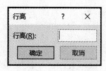

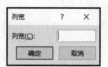

图 5.34　设置行高　　　　　　　　图 5.35　设置列宽

（2）隐藏行和列。

方法一：鼠标拖动行号下边线与上边线重合、列标右边线与左边线重合。

方法二：单击行号选择行或单击列标选择列，右击鼠标打开快捷菜单，选择"隐藏"。

> ✎ 提示
>
> 取消隐藏则按前述的方法进行反向操作，或者单击鼠标右键，在快捷菜单中选择"取消隐藏"。

（3）删除行和列。

单击行号选择行或单击列标选择列，右击打开快捷菜单，选择"删除"，将删除选中的行或列。

【例 5-1】将图 5.36 所示工作表格式化为图 5.37 所示工作表。

图 5.36　原始数据　　　　　　　　图 5.37　格式化后效果

操作步骤如下。

① **合并 A1:I1 单元格**。选中 A1:I1 单元格区域，在"开始"选项卡的"对齐方式"组中单击 按钮。

② **插入行**。单击选中第 2 行行标，右击打开快捷菜单，选择"插入"。

③ **合并单元格**。通用方法，先选择合并区域，再单击 按钮，例如，选中 A2:A3 单元格区域，单击 按钮。单元格区域 B2:B3、C2:C3、D2:F2、G2:I2 的合并方法同 A2:A3。

④ **分行**。选中 A2 单元格，光标置于"研究"和"ID"之间，按 Alt+Enter 组合键。

⑤ **输入数据**。在 D2 单元格输入"实验组"，在 G2 单元格输入"对照组"。

⑥ **格式设置**。选中 A1:I8 单元格区域，在"开始"选项卡的"字体"组中单击"边框"下拉按钮，选择"所有框线"；在"开始"选项卡的"对齐方式"组中单击"居中"按钮。

⑦ **设置填充颜色**。选中 A1:I1 单元格区域，在"开始"选项卡的"字体"组中单击"填充颜色"下拉按钮，选择灰色背景。

> ✎ 提示
>
> 完成工作表格式化的操作方法有多种，以上只是其中一种方法。

5.4.2　条件格式

条件格式指的是根据指定的条件更改单元格的外观。如果条件为 True，则设置单元格区域的格式；如果条件为 False，则不设置单元格区域的格式。Excel 2016 有许多内置条件格式，也可以自定义规则创建条件格式。

使用条件格式可以帮助用户直观地查看和分析数据、发现关键问题、识别模式和趋势。采用条件

< 121 >

格式易于达到以下效果：突出显示所关注的单元格或单元格区域、强调异常值；使用数据栏、色阶和图标集直观地显示数据。

1．利用内置条件快速格式化

有两类方法可以快速利用 Excel 内置条件格式。

（1）利用"条件格式"下拉列表。

操作方法： 在"开始"选项卡的"样式"组中单击"条件格式"下拉按钮，打开"条件格式"下拉列表，如图 5.38 所示，在级联菜单中选择预置的条件，实现设置条件格式。

（2）利用快速分析命令组中的"格式化"选项卡。

操作方法： 在选中单元格区域的右下角单击快速分析按钮，打开快速分析命令组，其中第 1 个选项卡即为"格式化"选项卡，如图 5.39 所示。根据设置需要选择相应命令，快速应用内置的条件格式。

2．自定义规则实现条件格式

操作方法： 在"开始"选项卡的"样式"组中单击"条件格式"下拉按钮，打开"条件格式"下拉列表，选择"新建规则"，打开"新建格式规则"对话框，如图 5.40 所示。首先在"选择规则类型"列表中选择一个规则类型，然后在"编辑规则说明"下方设置条件及格式。

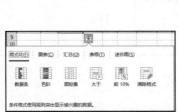

图 5.38　"条件格式"下拉列表　　图 5.39　快速分析命令组中的"格式化"选项卡　　图 5.40　"新建格式规则"对话框

> **提示**
>
> 若要修改规则，在"条件格式"下拉列表中应选择"管理规则"，在"条件格式规则管理器"对话框中进行规则编辑，包括删除规则、添加规则和修改规则。

【例 5-2】为图 5.37 所示工作表中的单元格设置条件格式。对"发表时间"列设置条件格式：大于或等于"2010"的数据显示为"加粗标准红色字体"，小于"2000"的数据显示为"绿填充色深绿色文本"。为实验组的"样本数"列设置渐变填充"蓝色数据条"，为实验组的"均数"列设置"三向箭头"图标集。具体操作步骤如下。

（1）选择 C4:C8 单元格区域，在"开始"选项卡的"样式"组中单击"条件格式"下拉按钮，在展开的下拉菜单中选择"新建规则"，在"新建格式规则"对话框中选择"只为包含以下内容的单元格设置格式"规则类型，在"编辑规则说明"下方设置单元格值大于或等于 2010，单击"格式"按钮，设置"标准红色加粗"字体。

（2）选择 C4:C8 单元格区域，单击"条件格式"下拉按钮，在展开的下拉菜单中单击"突出显示单元格规则"→"小于"，在打开的对话框中将小于"2000"的数据设置为"绿填充色深绿色文本"。

（3）选择 D4:D8 单元格区域，单击"条件格式"下拉按钮，在展开的下拉列表中单击"数据条"→"渐变填充"→"蓝色数据条"。

< 122 >

（4）选择 E4:E8 单元格区域，单击"条件格式"下拉按钮，在展开的下拉列表中选择"图标集"→"三向箭头"。设置条件格式后的效果如图 5.41 所示。

			连续资料Meta分析数据表					
研究ID	作者	发表时间	实验组			对照组		
			样本数	均数	标准差	样本数	均数	标准差
1	A	1998	20	↓1.9	0.8	21	5.6	2.4
2	B	2003	25	↑1.4	1.4	25	7.2	3.5
3	C	2004	30	↑2.1	0.5	31	6.9	2.7
4	D	2010	45	→2.5	0.6	45	7.0	2.8
5	E	2014	50	↑2.9	1.6	52	6.0	2.6

图 5.41 设置条件格式后的效果

5.4.3 自动套用格式

Excel 2016 预设了大量协调美观的表格格式及样式，用户可以直接套用系统预设的格式进行工作表的格式化，在一定程度上提高格式化工作表的工作效率，同时产生统一美观的工作报表。

1．套用表格格式

选中需要套用表格格式的数据区域，在"开始"选项卡的"样式"组中单击 ⊞套用表格格式· 下拉按钮，即可单击选择不同风格的表格格式。

如果需要自定义表格样式，可单击下拉列表下方的"新建表格样式"。

2．套用单元格样式

选中需要套用单元格样式的数据区域，在"开始"选项卡的"样式"组中单击 ⊞单元格样式· 下拉按钮，即可单击选择不同类型、不同风格的单元格样式。

如果需要自定义单元格样式，可单击下拉列表下方的"新建单元格样式"。

3．使用主题

主题是一组格式的集合，包括主题颜色、主题字体、主题效果等。Excel 提供了许多内置的主题，可以直接应用于 Excel 工作簿。

单击"页面布局"选项卡"主题"组中的"主题"按钮，即可打开 Office 提供的主题选项，选择其中一项即可。

5.5 公式与函数的使用

公式和函数是 Excel 强大计算分析功能的具体体现。用户可以自定义公式实现简单的代数运算，对于复杂的运算，Excel 提供了大量预定义的内置公式——函数。利用多种类的函数可以进行更复杂的计算分析，Excel 提供的函数基本可以满足财务、金融、教育、工程、建筑等行业的计算分析需求。

5.5.1 公式的使用

Excel 中的公式是指以"="为引导、使用运算符连接运算数据形成的表达式，表达式通常包括运算符、单元格引用、常量、函数及括号等元素。公式可以用在单元格中，也可以用于条件格式、数据验证、名称等其他可以使用公式的地方。

1．公式的输入和编辑

公式可以在单元格中直接输入，也可以在编辑栏中输入。如果在单元格中或编辑栏中直接输入"="，Excel 将自动进入公式输入状态。如果在单元格中或编辑栏中直接输入加号"+"或减号"−"，系统会自动在其前面加上"="变为输入公式。

在单元格处于公式输入状态时，单元格及编辑栏均可以显示输入的公式，如果公式中引用了单元格，将光标置于编辑栏，被引用的单元格会被彩色框线框出，如图 5.42 所示。

按 Enter 键或单击编辑栏左侧的"√"结束输入公式，按 Esc 键或单击编辑栏左侧的"×"取消输入的公式。结束公式输入后，单元格内显示的是公式计算结果，而编辑栏则显示相应的公式，如图 5.43 所示。

< 123 >

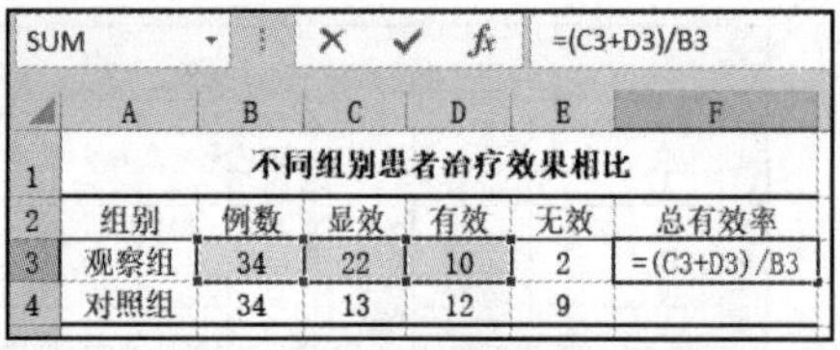

图5.42 输入公式

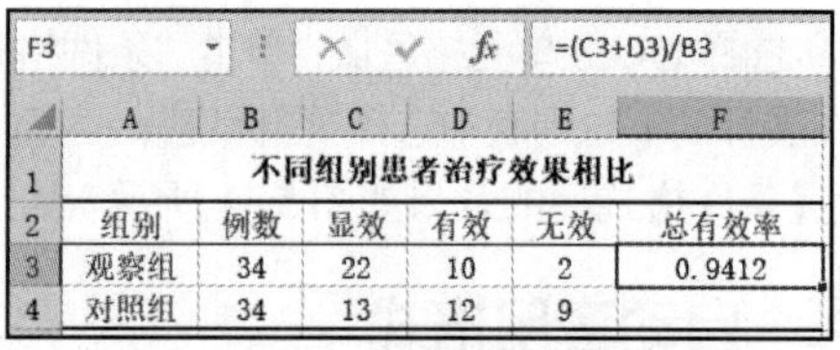

图5.43 公式确认后效果

如果需要对已有公式进行修改，可以通过以下方法进入公式编辑状态。

✧ 选中公式所在单元格，按F2键。

✧ 双击公式所在单元格。

✧ 先选中公式所在单元格，然后单击编辑栏中的公式，在编辑栏中直接进行修改，最后按Enter键或单击编辑栏左侧的"√"确认。

2．公式的复制与填充

当多个单元格中需要使用同样的计算方法时，可以通过复制或填充公式实现。复制公式可以通过剪贴板"复制""粘贴"或使用快捷键Ctrl+C、Ctrl+V实现，但大部分情况下通过填充柄填充公式更加方便。

填充柄填充公式有以下两种常用的方法。

方法一：鼠标指向含有公式的单元格右下角位置，即可看到黑色十字形填充柄，填充柄可向上、下、左、右方向拖动完成公式填充。

方法二：鼠标指向含有公式的单元格右下角位置，双击黑色十字形填充柄，公式会快速向下填充。

提示

使用方法二时，需要相邻列中有连续的数据。

3．公式中的运算符

运算符是组成公式的基本元素，它用于指定表达式内执行的计算类型，不同的运算符进行不同的运算。Excel中的运算符有以下5种类型。

（1）算术运算符：用于完成简单数据的基本数学运算、合并数字以及生成数值结果，是所有类型运算符中使用效率最高的。

（2）比较运算符：用于比较数据的大小，包括对文本和数值的比较。比较运算的结果为逻辑值"True"（真）或"False"（假）。

（3）文本运算符：用于对字符或字符串进行连接与合并。

（4）引用运算符：用于产生单元格引用。

（5）括号运算符：用于改变Excel内置的运算符优先次序，从而改变公式的计算顺序。

表5.1给出了各类运算符的说明及示例。

表5.1　Excel公式中的运算符

类型	运算符	说明	示例
算术运算符	−	负号	=−3，−A1
	%	百分数	=5%（即0.05）
	^	乘幂	=2^4（2的4次方，16）
	*和/	乘、除	=5*2（即10），=5/2（即2.5）
	+和−	加、减	=5+3，5−3
比较运算符	=，<>	等于，不等于	=5=3的值为False　　=5<>3的值为True
	>，>=	大于，大于或等于	=5>3的值为True　　=5>=3的值为True
	<，<=	小于，小于或等于	=5<3的值为False　　=5<=3的值为False
文本运算符	&	字符串连接	="Excel"&"2016"产生"Excel2016"

< 124 >

续表

类型	运算符	说明	示例
引用运算符	：（冒号）	引用矩形区域	=sum(A1:B10)，引用 A1 单元格为左上角、B10 单元格为右下角的矩形区域
	（空格）	引用两个区域交叉的区域	=sum(A1:B5 A4:D9)，引用 A1:B5 与 A4:D9 的交叉区域 A4:B5
	，（逗号）	将多个引用区域连接	=sum(A1:B5,A4:D9)，引用 A1:B5 区域及 A4:D9 区域

> **提示**
>
> 公式中的运算符号必须是半角符号。

4．运算符的优先顺序

当公式中使用多个运算符时，Excel 将根据各个运算符的优先顺序进行运算，对于同级运算符，则按从左到右的顺序运算。

各类运算符从高到低的优先顺序：冒号，逗号，空格，负号，%，^，*和/，+和-，&，比较运算符。

数学计算式中使用小括号（ ）、中括号[ ]、大括号{ }来改变计算顺序，在 Excel 的公式中则均采用小括号，括号中的算式优先计算，如果在公式中使用了多组嵌套的括号，则由内向外逐级进行计算。例如，公式"=（2*A1+（B2+1）/3）+5"，首先计算 B2+1。

5．单元格的引用

单元格引用的对象是工作表中的一个单元格或单元格区域，用于实现在公式中对存储于单元格中的数据的调用。对单元格的引用分为相对引用、绝对引用和混合引用，用符号"$"进行区分。

（1）相对引用。

相对引用是指引用单元格的相对地址（直接使用列标行号表示，如 A1、B4），即被引用的单元格与引用的单元格之间的位置关系是相对的。如果公式所在单元格的位置改变，引用也随之改变。如果多行或多列进行公式复制，引用会自动调整。

（2）绝对引用。

绝对引用和相对引用相对应，是指引用单元格的实际地址，被引用的单元格与引用的单元格之间的位置关系是绝对的。单元格中的绝对引用（在列标行号前加$，如$A$1）总是在指定位置引用单元格。如果公式所在单元格的位置改变，绝对引用保持不变。如果多行或多列进行公式复制，绝对引用不做调整。

（3）混合引用。

混合引用是指相对引用与绝对引用同时存在于一个单元格的地址引用中。在混合引用中，如果公式所在单元格的位置改变，则绝对引用的部分保留绝对引用的性质，地址不变；而相对引用的部分保留相对引用的性质，地址随着单元格的变化而变化。混合引用可分为绝对列和相对行（如$A1）、绝对行和相对列（如 A$1）。如果多行或多列进行公式复制，相对引用自动调整，而绝对引用不做调整。

> **知识扩展**
>
> 快速切换引用类型。在公式中输入单元格地址时，可以连续按 F4 键，在 4 种不同的引用类型间进行循环切换。切换顺序：绝对引用→对行绝对引用、对列相对引用→对行相对引用、对列绝对引用→相对引用。例如，在单元格中输入公式"=A1"，连续按 F4 键，引用类型切换顺序是$A$1→A$1→$A1→A1。

6．跨工作表引用和跨工作簿引用

（1）引用其他工作表的单元格区域。

使用公式时，可以根据需要引用其他工作表中的数据。如果引用其他工作表的单元格，表示方式

< 125 >

为在单元格引用前加上工作表名及感叹号，如 Sheet1!A1。

也可以在公式编辑状态下，首先单击相应的工作表标签，然后选取单元格区域。

如果更改了被引用的工作表名，公式中的工作表名会自动更改。

（2）引用其他工作簿中的单元格区域。

当引用单元格与公式所在单元格不在同一工作簿时，其表示方法为[工作簿名称]工作表名!单元格引用，如[test.xlsx]Sheet1!A1:C8。

如果关闭了被引用的工作簿，公式中会自动添加被引用工作簿的路径。当打开引用了其他工作簿数据的 Excel 文档，而被引用的工作簿没有打开时，Excel 会发出安全警告，如图 5.44 所示，用户可以单击“启用内容”按钮更新链接。

正常引用另一个工作簿中的数据，打开工作簿时，会弹出图 5.45 所示对话框，帮助用户确定是否更新数据。

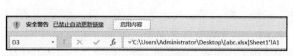

图 5.44 安全警告

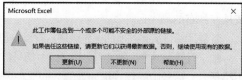

图 5.45 更新提示对话框

> **提示**
>
> 如果被引用工作簿没有打开，部分函数在跨工作簿引用时会返回错误值，因此，为方便管理数据，在公式中应尽量减少跨工作簿的数据引用。

（3）引用连续的多工作表相同区域。

在使用 SUM（求和）、AVERAGE（求平均值）等简单的函数时，如果需要引用连续的多工作表中的相同位置的数据，可以采用如下两种方法。

方法一：用冒号连接首尾工作表名，例如，=SUM(Sheet1:Sheet4!A1:B5)表示对 Sheet1～Sheet4 的所有工作表中的 A1:B5 单元格区域中的数据求和。

方法二：编辑公式的引用地址时，单击第一张工作表标签，按住 Shift 键不放，再单击最后一张工作表标签，然后拖动鼠标选取单元格区域。

> **知识扩展**
>
> 可以使用“*”通配所有其他的工作表，例如，=SUM('*'!A1:B5)中的引用表示除本工作表之外的其他所有工作表的 A1:B5 单元格区域。

【**例 5-3**】在图 5.46 所示工作表中，省控分数线存于 E2 单元格，计算每位同学入学成绩超出省控分数线的分数。

操作方法： 在 F4 单元格输入公式“=E4-$E$2”（也可以是“=E4-E$2”）并按 Enter 键。再次选中 F4 单元格，鼠标指向 F4 单元格右下角填充柄位置双击。计算结果如图 5.47 所示。

	A	B	C	D	E	F
1	学生基本情况信息表					
2				一本省控线:	456	
3	学号	姓名	性别	班级	入学成绩	超省控线(分)
4	20220101001	李大毛	男	临床医学2022级甲班	503	=E4-$E$2
5	20220101002	张勇	男	临床医学2022级甲班	602	
6	20220101003	刘鑫兴	男	临床医学2022级甲班	498	
7	20220101004	李靓靓	女	临床医学2022级甲班	520	
8	20220101005	张永	男	临床医学2022级甲班	556	

图 5.46 输入绝对引用公式

	A	B	C	D	E	F
1	学生基本情况信息表					
2				一本省控线:	456	
3	学号	姓名	性别	班级	入学成绩	超省控线(分)
4	20220101001	李大毛	男	临床医学2022级甲班	503	47
5	20220101002	张勇	男	临床医学2022级甲班	602	146
6	20220101003	刘鑫兴	男	临床医学2022级甲班	498	42
7	20220101004	李靓靓	女	临床医学2022级甲班	520	64
8	20220101005	张永	男	临床医学2022级甲班	556	100

图 5.47 计算结果

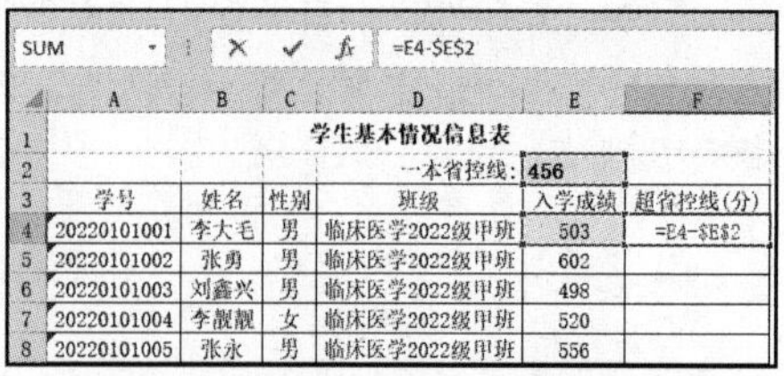

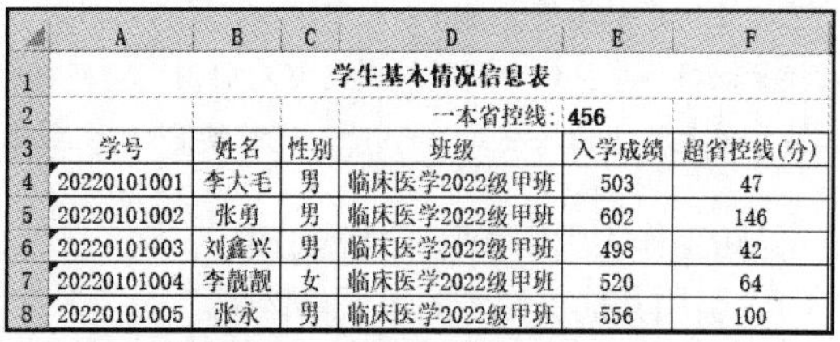

7．使用公式的常见错误

在使用公式时，可能会因为某种原因输入错误的公式，Excel 会给出相应的错误提示，并可以对一些基本错误进行修改。公式中常见的错误值类型及其含义如表 5.2 所示。

表 5.2　公式中常见的错误值类型及其含义

错误值类型	含义
####	列宽不能完整显示数字，或者使用了负的日期或时间
#VALUE!	使用参数类型错误
#DIV/0!	试图除以 0
#NAME?	使用了未被定义的文本名称
#N/A	查询类函数找不到可用结果
#REF!	引用了无效的单元格或单元格区域
#NUM!	使用了无效的数字
#NULL!	使用了不正确的区域运算符或引用的单元格区域的交集为空

5.5.2　函数的使用

Excel 函数是系统已经定义好的预置的公式，每一个函数都有其特定的功能和用途。函数具有简化公式、提高工作效率的作用，而且函数可以执行使用其他方式无法实现的数据汇总任务。因此，在公式中应尽量使用函数。

根据不同的功能和应用领域，Excel 2016 中的函数可分为 12 种类型，分别是日期和时间函数、工程函数、财务函数、信息函数、逻辑函数、查询与引用函数、数学和三角函数、统计函数、文本函数、多维数据集函数、兼容性函数和 Web 函数。其中，兼容性函数是对早期版本中的函数进行了精确度的改进，或是为了更好地反映其用法而更改了函数的名称。此外，用户还可以通过 VBA（Visual Basic for Applications）代码自定义函数。

1．函数的组成

函数的一般格式：函数名称（参数 1,参数 2,…）

其中的参数可以是常量、单元格引用或其他函数的结果。使用函数的结果作为另一个函数的参数称为函数的嵌套。

例如，求和函数 SUM（A1:B5,10），其中 A1:B5 是第一个参数，10 是第二个参数，第一个参数是单元格引用参数，第二个参数是常量参数。

2．输入函数

输入函数主要有以下几种方法。

（1）使用"自动求和"按钮插入函数。

一些非常常用的函数，如求和、平均值、计数、最大值、最小值等函数，可以很方便地在"开始"选项卡的"编辑"组中单击 Σ · 下拉按钮选择插入，如图 5.48 所示。

> 提示
>
> 如果直接单击 Σ 按钮，则会插入 SUM 函数，默认对上方数据求和。

（2）使用函数库插入已知类别的函数。

在"公式"选项卡的"函数库"组中列出了各种类型的函数，如图 5.49 所示，用户可以在列表中选择所需要的函数，还可以从"最近使用的函数"下拉列表中选择最近使用过的 10 个函数。

图 5.48　常用函数下拉列表

图 5.49　函数库

< 127 >

（3）使用"插入函数"对话框搜索函数。

如果用户对函数所属类别不熟悉，可打开"插入函数"对话框搜索函数。打开"插入函数"对话框的方法有多种，各类型函数的下拉列表底部均有"插入函数"命令，单击该命令即可打开"插入函数"对话框。

这里介绍另一种打开"插入函数"对话框的方法：在"公式"选项卡的"函数库"组中单击 𝑓𝑥 按钮，即可打开"插入函数"对话框，如图 5.50 所示。

在"插入函数"对话框中搜索已知函数。例如，在"搜索函数"文本框中输入"统计"，单击"转到"按钮，在"选择函数"列表框中即会列出系统推荐的有关"统计"的函数，如图 5.51 所示。

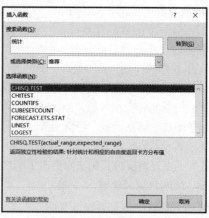

图 5.50 "插入函数"对话框　　　　　　　　　图 5.51 搜索"统计"函数

（4）手工输入函数。

如果用户对函数名或函数名首字母及函数特性非常熟悉，也可以在单元格或编辑栏手工输入函数。此时要善用系统的屏幕提示信息，Excel 提供的"公式记忆式键入"功能可以帮助用户准确、快速地输入函数。

例如，在编辑栏输入"=av"，下方会列出"AV"开头的所有函数，当选中其中的函数时，在函数右侧还会出现此函数的基本功能说明，如图 5.52 所示。双击确定输入函数后，在函数的下方出现函数输入规范提示，如图 5.53 所示。单击带有下画线的函数名可打开此函数的帮助文件，如图 5.54 所示。

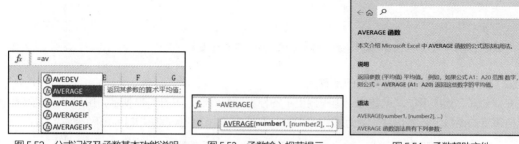

图 5.52 公式记忆及函数基本功能说明　　　图 5.53 函数输入规范提示　　　图 5.54 函数帮助文件

3. 函数的应用

Excel 2016 内嵌了 12 种类型、数百个函数，这些函数并不需要全部学习，掌握使用频率较高的几十种函数及这些函数的组合嵌套，就可以解决工作学习中的绝大部分计算问题。下面介绍几类常用的函数。

（1）数学与统计函数。

常用的数学与统计函数如表 5.3 所示。

< 128 >

表 5.3　常用的数学与统计函数

函数及参数	函数功能
SUM(number1,[number2],...)	计算一组数值的总和
SUMIF(range, criteria, [sum_range])	对范围中符合指定的一个条件的值求和
SUMIFS(sum_range,criteria_range1,criteria1, [criteria_range2, criteria2], ...)	用于计算其满足多个条件的全部参数的总和
AVERAGE(number1,[number2],...)	计算一组数值的平均值（算术平均值）
AVERAGEIF(range,criteria,[average_range])	返回某个区域内满足给定条件的所有单元格的平均值（算术平均值）
AVERAGEIFS(average_range,criteria_range1, criteria1,[criteria_range2,criteria2], ...)	返回满足多个条件的所有单元格的平均值（算术平均值）
COUNT(value1,[value2], ...)	计算区域内包含数字的单元格个数以及参数列表中数字的个数
COUNTA(value1, [value2], ...)	计算区域内非空单元格的个数
COUNTBLANK(range)	计算单元格区域中的空白单元格个数
COUNTIF(range, criteria)	统计区域内满足某个条件的单元格的个数
COUNTIFS(criteria_range1,criteria1, [criteria_range2, criteria2], ...)	将条件应用于跨多个区域的单元格，然后统计满足所有条件的次数
MAX(number1,[number2],...)	取一组数的最大值
MIN(number1,[number2],...)	取一组数的最小值
ABS(number)	返回数字的绝对值
INT(number)	将数字向下舍入到最接近的整数
ROUND(number, num_digits) num_digits 为要进行四舍五入运算的位数	将数字四舍五入到指定的位数
TRUNC(number,num_digits)	删除数字的小数部分
MOD(number, divisor) Divisor 为除数	返回两数相除的余数，结果的符号与除数相同
RANK.EQ(number,ref,[order])	返回一列数字的数字排位
RAND() ，此函数没有参数	返回 0 和 1 之间的一个随机数

参数说明：

① 带方括号([])的参数可以省略。

② number：可以是数字常量，也可以是包含数字的单元格或单元格区域。

③ range：条件区域。

④ criteria：条件形式为数字、表达式、单元格引用或文本的条件，任何文本条件或任何含有逻辑或数学符号的条件都必须使用双引号括起来。如果条件为数字，则无须使用双引号。

【例 5-4】图 5.55 所示工作表中存放的是两个班级学生的体质检测数据，共有 99 条记录。在 L2:M11 单元格区域对其进行数据汇总，统计出总人数、男生人数、女生人数、平均年龄、最大年龄、最小年龄、男生平均身高、女生平均身高、正常体重（体质指数大于或等于 18.5、小于 24）人数、正常体重人数占比。

操作方法： M2 单元格输入公式 "=COUNTA($A$2:$A$100)"；M3 单元格输入公式 "=COUNTIF ($B$2:$B$100,"男")"；M4 单元格输入公式 "=COUNTIF($B$2:$B$100,"女")"；M5 单元格输入公式 "=AVERAGE($C$2:$C$100)"；M6 单元格输入公式 "=MAX($C$2:$C$100)"；M7 单元格输入公式 "=MIN($C$2:$C$100)"；M8 单元格输入公式 "=AVERAGEIFS($D$2:$D$100,$B$2:$B$100,"男")"；M9 单元格输入公式 "=AVERAGEIFS($D$2:$D$100,$B$2:$B$100," 女 ")"；M10 单元格输入公式 "=COUNTIFS($I$2:$I$100,">=18.5",$I$2:$I$100,"<24")"；M11 单元格输入公式 "=M10/M2"。

（2）日期和时间函数。

常用的日期和时间函数如表 5.4 所示。

< 129 >

表 5.4　常用的日期和时间函数

函数	函数功能
TODAY()	返回当前日期
DATE(year,month,day)	返回指定日期
YEAR(serial_number)	返回某日期对应的年份
MONTH(serial_number)	返回某日期对应的月份
DAY(serial_number)	返回某日期对应的日
DAYS(end_date,start_date)	返回两个日期间的天数
NOW()	返回当前日期和时间
TIME(hour,minute,second)	返回特定时间的十进制数字
HOUR（serial_number)	返回时间的小时数值
MINUTE(serial_number)	返回时间的分钟数值
SECOND(serial_number)	返回时间的秒数值

图 5.55　体质检测示例数据

【例 5-5】计算当前日期距离 2025 年 6 月 7 日的天数。

操作方法: 在 B2 单元格输入 "=TODAY()"，如图 5.56 所示；在 C2 单元格输入 "=DAYS(A2,B2)"，如图 5.57 所示。

	A	B	C
1	预期日期	当前日期	距离天数
2	2025/6/7	=TODAY()	

图 5.56　输入当前日期函数

	A	B	C
1	预期日期	当前日期	距离天数
2	2025/6/7		=DAYS(A2,B2)

图 5.57　输入计算日期间天数函数

（3）查找与引用函数。

常用的查找与引用函数如表 5.5 如示。

表 5.5　常用的查找与引用函数

函数	函数功能
ROW([reference])	返回单元格的行号
COLUMN([reference])	返回单元格的列标
INDEX(array,row_num,[column_num])	通过指定行号列标，在一个单元格区域或数组中返回对应位置的元素值
MATCH(lookup_value,lookup_array, [match_type])	通过在单元格区域中搜索指定项，返回在单元格区域中的相对位置
VLOOKUP(lookup_value,table_array, col_index_num, [range_lookup])	在表格的首列或数值数组中搜索值，然后返回表格或数组中指定列在该行中的值

参数说明:

① lookup_value 是要在 lookup_array 中匹配的值。

match_type 为 1 或省略，查找小于或等于 lookup_value 的最大值。lookup_array 参数中的值必须以升序排列。

match_type 为 0，查找完全等于 lookup_value 的第一个值。lookup_array 参数中的值可按任何顺序排列。

match_type 为-1，查找大于或等于 lookup_value 的最小值。lookup_array 参数中的值必须按降序排列。

② lookup_array：要搜索的单元格区域。

【例 5-6】在图 5.58 所示工作表的 L2:M11 单元格区域，按指定编号查找对应的身高。

操作方法: 在 M3 单元格输入公式 "=VLOOKUP (L3,$A$1:$J$100,4,FALSE)"，确认公式后，在 M3 单元格右下角拖动填充柄至 M11 单元格。

（4）逻辑与文本函数。

常用的逻辑与文本函数如表 5.6 所示。

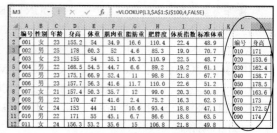

图 5.58　按编号查找对应身高

< 130 >

表 5.6 常用的逻辑与文本函数

函数	函数功能
IF(logical_test,value_if_true, [value_if_false])	经逻辑判断获得不同的值
IFERROR(value, value_if_error)	返回公式计算结果为错误时指定的值；否则，返回公式的结果
AND(logical1,logical2,...)	所有参数逻辑值为真时返回 True
OR(logical1,logical2,...)	只要有一个参数逻辑值为真就返回 True
NOT(logical)	参数为逻辑真时返回 False，参数为逻辑假时返回 True
CHAR(number)	返回编码（值为 1～255）在字符集中对应的字符
CODE(text)	返回字符串中第一个字符在字符集中的编码
MID(text,start_num,num_chars)	返回一个字符串中间指定部分的字符
LEFT(text,num_chars)	返回一个字符串左边指定个数的字符串
RIGHT(text,num_chars)	返回一个字符串右边指定个数的字符串
CLEAN(text)	删除文本中所有不能打印的字符
TRIM(text)	移除字符串首尾部的所有空格
FIND(find_text, within_text, [start_num])	返回第一个字符串在第二个字符串中的位置
LEN（text)	返回文本串的字符数
REPLACE(old_text,start_num,num_chars, new_text)	将指定长度的字符串替换为不同的字符串
CONCATENATE(text1, [text2], ...)	将两个或多个文本字符串合并为一个字符串

【例 5-7】在图 5.59 所示工作表中的“情况”一列标识体测结果，按如下规定填充数据。

体质指数小于 18.5 过轻

体质指数 18.5～23.9 正常

体质指数 24～27.9 超重

体质指数大于或等于 28 肥胖

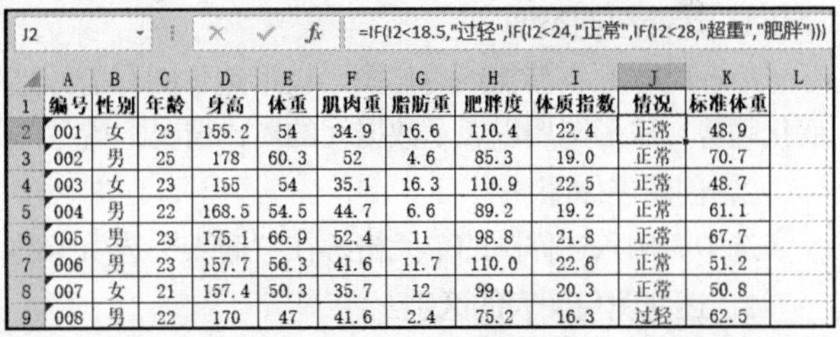

编号	性别	年龄	身高	体重	肌肉重	脂肪重	肥胖度	体质指数	情况	标准体重
001	女	23	155.2	54	34.9	16.6	110.4	22.4	正常	48.9
002	男	25	178	60.3	52	4.6	85.3	19.0	正常	70.7
003	女	23	155	54	35.1	16.3	110.9	22.5	正常	48.7
004	男	22	168.5	54.5	44.7	6.6	89.2	19.2	正常	61.1
005	男	23	175.1	66.9	52.4	11	98.8	21.8	正常	67.7
006	男	23	157.7	56.3	41.6	11.7	110.0	22.6	正常	51.2
007	女	21	157.4	50.3	35.7	12	99.0	20.3	正常	50.8
008	男	22	170	47	41.6	2.4	75.2	16.3	过轻	62.5

图 5.59 填充“情况”列

操作方法：在 J2 单元格中输入公式“=IF(I2<18.5,"过轻",IF(I2<24,"正常",IF(I2<28,"超重","肥胖")))”，确定输入公式后，在 J2 单元格右下角填充柄处双击，将公式填充至 J100 单元格。

4．函数与公式的限制

使用 Excel 2016 的函数和公式有一些语法、功能的限制。

（1）计算精度的限制。

Excel 计算精度为 15 位数字（含小数，即从左侧第一个不为 0 的数字开始计算），如果在单元格中输入了超出 15 位的数字，超出的部分每一位都以“0”存储。

知识扩展

在单元格中输入 18 位身份证号码时，如果直接输入数字，身份证号码的末尾 3 位数字将以 3 个“0”存储。因此，为了显示完整的身份证号码，应先设置单元格为文本格式，或在身份证号码前加半角单引号，强制以文本形式存储数字。

（2）公式字符数的限制。

在 Excel 中，公式内容的最大长度为 8192 个字符。

（3）函数参数的限制。

在 Excel 中，内置函数最多可以包含 255 个参数。当使用的参数超出 255 个时，可以用括号将多个引用区域括起来作为一个参数。举例如下。

公式 1：=SUM(A1:B5,D1:E5,G1:H5,J1)

公式 2：=SUM((A1:B5,D1:E5,G1:H5),J1)

公式 1 使用了 4 个参数，而公式 2 利用"合并区域"引用，只使用了 2 个参数。

（4）函数嵌套层数的限制。

一个函数的结果作为另一个函数的参数称为函数嵌套。在 Excel 2016 中，函数的最多嵌套层数为 64 层。

5.6 图表

Excel 能够将工作表中的数据转换成各种类型的统计图表，实现数据可视化，更直观地揭示数据之间的关系，反映数据的变化规律和发展趋势，使用户能一目了然地进行数据分析。当工作表中的数据发生变化时，图表会相应改变，不需要重新绘制。

5.6.1 迷你图

迷你图是以单元格为绘图区域的微型图表，它与单元格不能分离，也不能在图中标识数据，其大小随单元格的大小而改变。迷你图以简单紧凑的方式反映一系列数据的变化趋势或突出显示数据中的最大值和最小值。通常在数据的右侧或下方成组使用。

1．迷你图的类型

Excel 2016 支持折线迷你图、柱形迷你图和盈亏迷你图 3 种迷你图类型。折线图用于表示数据的变化趋势，柱形图用以表示数据间的对比情况，盈亏图则可以将业绩的情况形象地表现出来。

2．创建迷你图

选中需插入迷你图的单元格，在"插入"选项卡的"迷你图"组中单击需要的迷你图类型。

3．迷你图与图表的区别

迷你图的外观与图表相似，但功能与图表不同。它们的主要不同之处如下。

（1）图表是嵌入工作表中的图形对象，可以显示多个数据系列，而迷你图显示在一个单元格中，并且只能显示一个数据系列。

（2）插入迷你图的单元格仍然可以输入文字，以及对单元格格式进行设置。

（3）使用填充的方法可以快速创建一组迷你图。

（4）迷你图没有坐标系、图表标题、图例等元素。

（5）不能制作多个类型的组合迷你图。

【例 5-8】在图 5.60 所示的工作表中创建迷你图，其操作方法如下。

（1）在"插入"选项卡的"迷你图"组中单击"折线"按钮，在打开的"创建迷你

图 5.60　创建迷你图

图"对话框中设置"数据范围"为 B3:K3，"位置范围"为 L3，如图 5.61 所示，单击"确定"按钮。

（2）选中 L3 单元格，在"迷你图"选项卡的"显示"组中勾选"标记"复选框，如图 5.62 所示。

（3）鼠标指向 L3 单元格右下角拖动填充柄至 L5 单元格。

图 5.61　"创建迷你图"对话框

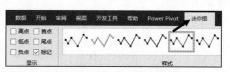

图 5.62　勾选"标记"复选框

< 132 >

5.6.2　图表的类型及作用

Excel 2016 图表提供了 14 种标准图表类型，包括柱形图、折线图、饼图、条形图、面积图、XY 散点图、股价图、曲面图、雷达图、树状图、旭日图、直方图、箱形图和瀑布图。下面对一些最常用的图表进行介绍。

1．柱形图/条形图

柱形图是 Excel 2016 的默认图表类型，也是用户经常使用的图表类型。柱形图用于显示一段时间内的数据变化，或描述不同类别数据（称作分类项）之间的差异，也可以同时描述不同时期、不同类别数据的变化和差异。

条形图可以看作横着的柱形图，它使用水平的横条来表示数值的大小。条形图主要用来比较不同类别的数据的差异情况，它强调的是在特定的时间点上进行分类和数值的比较，而淡化时间的变化。

2．折线图/面积图

折线图是将同一数据系列的数据点在图中用直线连接起来，以折线图形显示数据的变化趋势。折线图可以清晰地反映数据是递增的还是递减的、增减的速率、增减的规律（周期性、螺旋线等），以及峰值等特征。因此，折线图常用来分析数据随时间变化的趋势，也可以用于分析多组数据随时间变化的相互影响。

面积图实际上是折线图的另一种表达形式，它使用折线和分类轴（y 轴）围成的图形面积及两条折线之间的面积来显示数据系列的值。面积图除了具备折线图的特点，反映数据随时间变化的趋势，还可以用来分析部分与整体的关系。

3．饼图（环形图）

饼图通常只有一组数据作为数据源，它将圆划分成若干个扇形，每个扇形代表数据系列中的一项数据值，其大小表示相应数据值占数据系列总和的比例。饼图通常用来描述比例、构成等信息。

环形图与饼图类似，也是用来描述比例、构成等信息的，不同之处在于环形图可以表示多个数据系列。环形图由多个同心圆环组成，每个圆环被划分为若干个圆环段，每个圆环段代表一个数值在相应数据系列中所占的比例。环形图通常用来比较多组数据的比例和构成关系。

4．XY 散点图（气泡图）

XY 散点图可以显示多个数据系列数据的不规则间隔，它不仅可以用线段，而且可以用一系列的点来描述数据。XY 散点图除了可以显示数据的变化趋势，更多地用来描述数据之间是否相关，是正相关还是负相关，以及数据的集中程度和离散程度等。

气泡图是散点图的扩展，它相当于在 XY 散点图的基础上增加了第 3 个变量，即气泡的尺寸。气泡所处的坐标分别对应 x 轴和 y 轴的数据值，同时气泡的大小可以展示数据系列中的第 3 个变量的值，数值越大，气泡越大。所以气泡图可以用于分析更加复杂的数据关系。除了描述两组数据之间的关系，还可以描述数据本身的另一种指标。

5．瀑布图/股价图

瀑布图通过巧妙的设置，使图表的排列形状看似瀑布。这种图形在反映数据大小的同时，还可以快速将正数与负数区分开来，反映出数据的增减变化。

股价图常用来显示股票价格变化。需要注意，必须以正确的顺序组织数据才能创建股价图。

6．曲面图/雷达图

曲面图实际上是折线图和面积图的另一种形式，它在原始数据的基础上，通过跨两维的趋势线描述数据的变化趋势，而且可以通过拖放图形的坐标轴方便地变换观察数据的角度。

雷达图对于采用多项指标全面分析目标情况有着重要的作用，具有完整、清晰和直观的特点。在雷达图中，每个分类都使用独立的由中心点向外辐射的数值轴，它们在同一系列中的值则通过折线连接起来。

< 133 >

7．树状图/旭日图

树状图提供数据的分层视图，有助于轻松发现模式。树分支显示为矩形，每个子分支显示为更小的矩形，以矩形显示层次结构级别中的比例。树状图通过颜色和距离显示类别，可以轻松显示其他图表类型很难显示的大量数据。树状图一般在数据按层次结构组织并具有较少类别时使用。

旭日图非常适合显示分层数据。层次结构的每个级别均通过一个圆环或圆表示，最内层的圆表示层次结构的顶级。不含任何分层数据（类别的一个级别）的旭日图与环形图类似，具有多个级别的类别的旭日图可显示外环与内环的关系。旭日图在显示一个圆环如何被划分为作用片段时最有效，而树状图适合比较相对大小。旭日图一般在数据按层次结构组织并具有较多类别时使用。

8．直方图（排列图）/箱形图

直方图又称质量分布图，是显示频率数据的柱形图。一般用横轴表示数据类型、纵轴表示分布情况。

排列图又称帕累托图，采用双直角坐标系，左侧纵坐标表示频数，右侧纵坐标表示频率，分析线表示积累频率，横坐标表示影响质量的各项因素，按影响程度的大小（即出现频次多少）从左向右排列，通过对排列图的观察分析，可以找到影响质量的主要因素。排列图被视为七大基本质量控制工具之一。

箱形图又称为盒须图、盒式图，是一种用于显示一组数据分散情况的统计图。箱形图显示数据到四分位点的分布，突出显示平均值和离群值。箱形图可能具有可垂直延长的名为"须线"的线条。这些线条指示超出四分位点上限和下限的变化程度，处于这些线条之外的任何点都被视为离群值。

5.6.3 图表的创建与编辑

1．创建图表

Excel 提供了 14 种标准图表类型，每种图表类型又包含多个不同的子类型，可以在"插入"选项卡"图表"组中按不同的需求选择合适的图表。

【例 5-9】为图 5.60 所示工作表中"2012—2021 年人口变化"数据制作折线图。

操作方法：首先选中要创建图表的数据区域 A2:K5，在"插入"选项卡的"图表"组中选择"折线图"。如图 5.63 所示，在"二维折线图"组单击"折线图"按钮，即可创建图 5.64 所示图表。

图 5.63　选择"折线图"

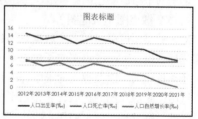

图 5.64　人口变化折线图图表效果

2．编辑图表

Excel 允许在建立图表之后对整个图表进行编辑，如更改图表类型、在图表中增删数据系列、设置图表标题、改变图表布局等。

【例 5-10】将图 5.64 所示图表更改为面积图，删除"人口自然增长率（‰）"数据系列，改变图例位置到顶部，并添加图表标题。具体操作步骤如下。

（1）首先选中图表，在"图表工具-设计"选项卡的"类型"组中单击"更改图表类型"按钮，打开"更改图表类型"对话框，选择面积图，如图 5.65 所示，单击"确定"按钮。

（2）选中图表，鼠标指向数据区域下边线拖动至第 4 行下边线，如图 5.66 所示。

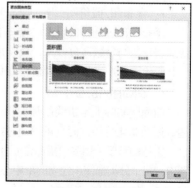

图 5.65　选择面积图

< 134 >

（3）选中图表，在"图表工具-设计"选项卡的"图表布局"组中单击"添加图表元素"下拉按钮，在下拉列表中选择"图例"→"顶部"。

（4）双击图表区的"图表标题"，将标题文字更改为"2012—2021 年人口变化"，最终效果如图 5.67 所示。

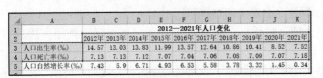

图 5.66　更改图表数据区域

图 5.67　面积图表最终效果

5.7 数据管理与分析

Excel 不仅具有强大的数据计算能力，还具有数据库管理的一些功能。它可以方便、快捷地对数据进行排序、筛选、分类汇总，完成创建数据透视表和数据透视图等分析统计工作。

如果要使用 Excel 的数据管理功能，首先应将电子表格创建为数据清单，数据清单又称为"数据列表"，是 Excel 工作表中的一张具有数据库表结构的二维表，它由多行多列数据构成，第一行作为字段标题（字段名），其余行作为数据行（表记录）。Excel 利用字段名对数据进行查找、排序及筛选等操作。表记录则是 Excel 实施数据管理的对象，该部分不允许出现非法数据。数据列表必须具备以下特点。

（1）列表的第一行应该是标题。

（2）每列数据应该是相同类型的数据。

（3）列表中不能出现重复的标题。

（4）列表中不能出现完全相同的两行记录。

（5）如果一个工作表包含多个数据列表，列表之间应以空行或空列进行分割。

> 📝 **提示**
>
> 对数据进行排序、筛选、分类汇总，以及制作数据透视表等操作的对象都应是数据列表。

5.7.1 数据排序

在实际应用中，为了快速查找和使用特定的数据，需要对数据列表重新排序。Excel 提供了多种排序方式，可以按单元格内的数据大小、单元格的背景颜色、单元格字体颜色、单元格内的图表排序，可以单字段排序、多字段排序，可以升序、降序排列，还可以自定义顺序排列。

Excel 数据排序操作主要有两种形式：简单排序和复杂排序。

1．简单排序

简单排序指对一个关键字（单一字段）进行升序或降序排列。其中，数值按大小排列，时间按先后顺序排列，英文字母按字母顺序（默认不区分大小写）排列，汉字按拼音首字母或笔画排列。

操作方法：选中排序关键字列的任一单元格，在"数据"选项卡的"排序和筛选"组中单击 按钮实现升序排列，单击 按钮实现降序排列。

< 135 >

2. 复杂排序

如果不仅是对单一字段进行数据大小的排序，就需要打开"排序"对话框。

操作方法： 在"数据"选项卡的"排序和筛选"组中单击"排序"按钮 ，打开"排序"对话框，如图 5.68 所示，在对话框中设置排序规则。

（1）在"列"的下方添加关键字，可以添加一个主要关键字，多个次要关键字，当主要关键字值相同时按次要关键字值排序，前边的关键字值都相同时，继续按后边的次要关键字值排序。

（2）在"排序依据"的下方可选择按单元格值、单元格颜色、字体颜色、单元格图标进行排序。

（3）在"次序"的下方可选择按升序、降序、自定义序列排列。

（4）单击"选项"按钮，打开"排序选项"对话框，如图 5.69 所示，可对汉字排序方法进行设置。

【例 5-11】 对体测数据进行排序，主要关键字为"性别"，次要关键字为"身高"，"性别"按升序排列，"身高"按降序排列。具体操作步骤如下。

（1）选中体测数据列表中的任一单元格，在"数据"选项卡的"排序和筛选"组中单击"排序"按钮，打开"排序"对话框，在对话框中设置主要关键字为"性别"，依据单元格值升序排列。

（2）单击"添加条件"按钮，设置次要关键字为"身高"，依据单元格值降序排列，如图 5.70 所示，单击"确定"按钮即可。

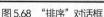

图 5.68 "排序"对话框

图 5.69 "排序选项"对话框

图 5.70 排序规则设置

5.7.2 数据筛选

当数据列表中的数据非常多，而用户只对其中的一部分数据感兴趣时，可以使用 Excel 的数据筛选功能，筛选出特定的数据。Excel 数据筛选有两种：自动筛选和高级筛选。

1. 自动筛选

自动筛选是按照用户自定义的条件显示满足条件的行，隐藏不满足条件的行，在撤销筛选条件后，隐藏的行又被显示出来。自动筛选可以实现单个字段的筛选和多个字段的"逻辑与"关系（同时满足多个条件）的筛选。

【例 5-12】 在体测数据中筛选男生体重过轻的记录。

操作方法： 选中数据列表中任一单元格，在"数据"选项卡的"排序和筛选"组中单击"筛选"按钮，在每个字段名的右侧出现一个筛选箭头；单击"性别"旁的筛选箭头，在打开的下拉列表中选择"男"，再单击"情况"旁的筛选箭头，在打开的下拉列表中选择"过轻"，筛选后的结果如图 5.71 所示。

图 5.71 自动筛选结果

✎ 提示

如果要撤销自动筛选，只需单击 按钮，使其呈无背景色状态。

2. 高级筛选

当筛选的条件较为复杂或出现多字段间的"逻辑或"关系时，使用高级筛选更为合适。实施高级

< 136 >

筛选首先应在数据列表区域外设置条件区域，在条件区域设置筛选条件。输入筛选条件时，首行输入条件字段名，从第二行起输入筛选条件，输入在同一行上的条件关系为“逻辑与”，输入在不同行上的条件关系为“逻辑或”。

【例 5-13】在体测数据中筛选肥胖度小于 85，或情况为过轻的记录。

操作方法：在数据列表外空白区域设置条件区域，图 5.72 所示的 M2:N4 单元格区域为条件区域；在“数据”选项卡的“排序和筛选”组中单击“高级”按钮，打开“高级筛选”对话框，在对话框中对数据列表区域、筛选条件区域及筛选结果的位置进行设置，如图 5.72 所示，单击“确定”按钮，筛选结果如图 5.73 所示。

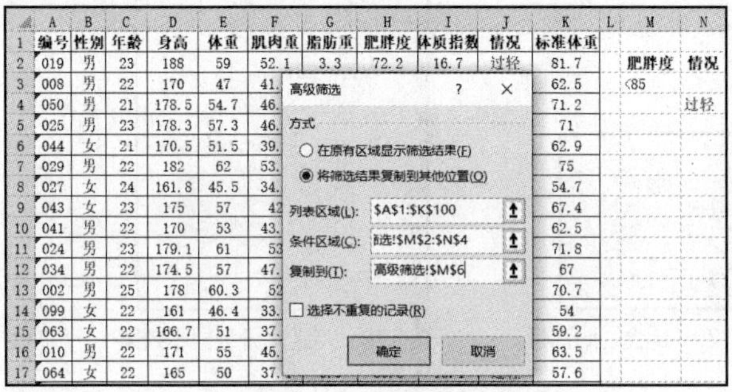

图 5.72 高级筛选设置

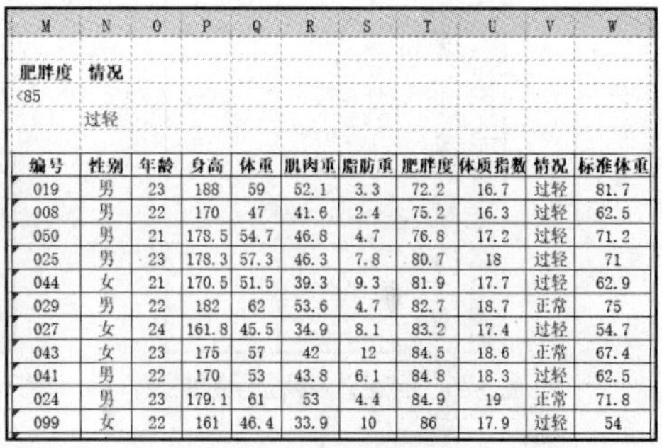

编号	性别	年龄	身高	体重	肌肉重	脂肪重	肥胖度	体质指数	情况	标准体重
019	男	23	188	59	52.1	3.3	72.2	16.7	过轻	81.7
008	男	22	170	47	41.6	2.4	75.2	16.3	过轻	62.5
050	男	21	178.5	54.7	46.8	4.7	76.8	17.2	过轻	71.2
025	男	23	178.3	57.3	46.3	7.8	80.7	18	过轻	71
044	女	21	170.5	51.5	39.3	9.3	81.9	17.7	过轻	62.9
029	男	22	182	62	53.6	4.7	82.7	18.7	正常	75
027	女	24	161.8	45.5	34.9	8.1	83.2	17.4	过轻	54.7
043	女	23	175	57	42	12	84.5	18.6	正常	67.4
041	男	22	170	53	43.8	6.1	84.8	18.3	过轻	62.5
024	男	23	179.1	61	53	4.4	84.9	19	正常	71.8
099	女	22	161	46.4	33.9	10	86	17.9	过轻	54

图 5.73 高级筛选结果

5.7.3 分级显示

使用 Excel 的创建组功能，可对数据列表的内容进行分组。分组后，数据按分组层次分级显示。分级显示可以对包含类似标题且行列数据较多的数据列表进行组合和分级，分级后会自动产生工作表视图符号（加号、减号和数字 1,2,3,4,…），单击这些符号，可以显示或隐藏明细数据。

使用分级显示可以快速显示摘要行或摘要列，或者显示每组的明细数据；既可以单独创建行或列的分级显示，也可以同时创建行和列的分级显示。一个分级显示最多允许有 8 层嵌套数据。分级显示可以自动创建也可以自定义。

1．自动创建分级显示

对于已经具备分级显示样式的数据列表，可以自动创建分级显示。

【例 5-14】图 5.74 所示的数据列表第一条记录是村卫生室个数，即下方各级卫生室个数之和，右侧的 G 列是 5 年平均卫生室个数。数据列表符合分级显示的样式，因此可以自动创建分级显示。

操作方法：选中数据列表中的任一单元格，在“数据”选项卡的“分级显示”组中，单击“创建组”下拉列表中的“自动建立分级显示”按钮，效果如图 5.75 所示。

单击上方和左侧的分级按钮，便可以分级显示摘要项或明细项。

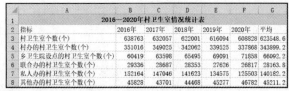

2016—2020年村卫生室情况统计表

指标	2016年	2017年	2018年	2019年	2020年	平均
村卫生室个数(个)	638763	632057	622001	616094	608828	623548.6
村办的村卫生室个数(个)	351016	349025	342062	339525	337868	343899.2
乡卫生院设点的村卫生室个数(个)	60419	63598	65495	69091	71858	66092.2
联合办的村卫生室个数(个)	29336	28687	28353	27626	26817	28163.8
私人办的村卫生室个数(个)	152164	147046	141623	134575	125503	140182.2
其他办的村卫生室个数(个)	45828	43701	44468	45277	46782	45211.2

图 5.74 自动分级显示数据源

2016—2020年村卫生室情况统计表

指标	2016年	2017年	2018年	2019年	2020年	平均
村卫生室个数(个)	638763	632057	622001	616094	608828	623548.6
村办的村卫生室个数(个)	351016	349025	342062	339525	337868	343899.2
乡卫生院设点的村卫生室个数(个)	60419	63598	65495	69091	71858	66092.2
联合办的村卫生室个数(个)	29336	28687	28353	27626	26817	28163.8
私人办的村卫生室个数(个)	152164	147046	141623	134575	125503	140182.2
其他办的村卫生室个数(个)	45828	43701	44468	45277	46782	45211.2

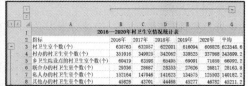

图 5.75 自动分级显示效果

2．自定义分级显示

自定义分级显示比较灵活，可以根据具体需要进行手动组合分组，分级显示特定的行或列。

【例 5-15】对图 5.76 所示数据进行自定义分级显示。

操作方法：选择 A2:A14 单元格区域，在“数据”选项卡的“分级显示”组中单击“组合”按钮，

打开"组合"对话框，如图 5.77 所示，单击"确定"按钮，即可将"第一章 骨学"下的行组合成一组。分别选中 A3:A8、A10:A11、A13:A14，重复前述操作，即可将第一章下的每一节各分为一组。完成后如图 5.78 所示。

图 5.76　自定义分级显示数据源　　　　图 5.77　"组合"对话框　　　　图 5.78　自定义分级显示效果

用同样的方法可对第二章进行分组操作。

提示

若需要取消分级显示，在"数据"选项卡的"分级显示"组中单击"取消组合"下拉列表中的"清除分级显示"按钮即可。

5.7.4　分类汇总

在实际应用中，常常需要按类别进行统计汇总，如在体测数据中统计不同性别的人数、各年龄段的平均身高等。一些分类统计问题可以通过公式、函数解决，但一些较为复杂的分类统计使用公式、函数较麻烦，或难以实现，因此 Excel 提供了专门的分类汇总功能。

Excel 分类汇总就是对数据列表按某个字段进行分类，将字段值相同的连续记录作为一类，进行求和、求平均值、计数等汇总运算。针对同一个分类字段可以进行多种方式的汇总。

注意

在分类汇总前，必须按分类字段进行排序，否则得不到正确的分类汇总结果。其次，要明确对哪个或哪些字段进行排序，以及对哪个字段进行汇总、以什么样的方式汇总，这些都需要在"分类汇总"对话框中进行设置。

分类汇总有两种形式：简单分类汇总和多重分类汇总。

1. 简单分类汇总

简单分类汇总指的是只按一个字段进行一次分类统计，只利用一次"分类汇总"对话框。

【例 5-16】对体测数据表中的数据进行分类汇总，统计不同性别学生的平均身高及所有学生的平均身高，其操作步骤如下。

（1）首先选中"性别"列中的任一单元格，在"数据"选项卡的"排序和筛选"组中单击 按钮。

（2）在"分级显示"组中，单击"分类汇总"按钮，打开"分类汇总"对话框，在对话框中对分类字段、汇总方式、汇总项进行设置，如图 5.79 所示，单击"确定"按钮。

（3）对分类汇总结果按二级显示，结果如图 5.80 所示。

< 138 >

图 5.79　分类汇总设置

图 5.80　简单分类汇总结果

2. 多重分类汇总

多重分类汇总指的是按一个字段或多个字段分类，多次利用"分类汇总"对话框的分类汇总操作。

【例 5-17】汇总体测数据表中不同性别人数及在不同性别中不同年龄的学生的平均身高，其操作步骤如下。

（1）首先按"性别"为主要关键字，"年龄"为次要关键字排序。

（2）在"数据"选项卡的"分级显示"组中单击"分类汇总"按钮，打开"分类汇总"对话框，在对话框中对分类字段、汇总方式、汇总项进行设置，如图 5.81 所示，单击"确定"按钮。

（3）再次单击"分类汇总"按钮，打开"分类汇总"对话框，在对话框中对分类字段、汇总方式、汇总项进行设置，并取消勾选"替换当前分类汇总"复选框，如图 5.82 所示，单击"确定"按钮。

（4）对分类汇总结果按二级显示，结果如图 5.83 所示。

图 5.81　第一级分类汇总设置

图 5.82　第二级分类汇总设置

图 5.83　多重分类汇总结果

5.7.5　合并计算

Excel 的"合并计算"功能可以汇总或合并多个数据源中的数据。合并计算的数据源可以在同一张工作表，也可以在不同工作表，还可以是不同工作簿中的数据列表。具体方法有两种，一种是按类别合并计算，另一种是按位置合并计算。

1. 按类别合并计算

如果数据列表含有行标题或列标题，能够清晰地分类，则可以按类别合并计算。

【例 5-18】图 5.84 所示为两个数据列表，是两次学生测验成绩，合并计算两次测验的总成绩。

操作方法：首先选中放置合并结果的起始单元格 A10，在"数据"选项卡的"数据工具"组中，单击"合并计算"按钮，打开"合并计算"对话框，在"函数"

图 5.84　按类别合并计算数据源

< 139 >

下拉列表中选择"求和"，添加引用区域 A2:D7 和 F2:I8，在"标签位置"下方勾选"首行""最左列"复选框，如图 5.85 所示，单击"确定"按钮，合并计算结果如图 5.86 所示。

图 5.85　按类别合并计算设置　　　　　　　图 5.86　按类别合并计算结果

2．按位置合并计算

按位置合并计算时，Excel 只是对数据源表相同位置上的数据进行简单合并计算，而忽略多个数据源表的行/列标题是否相同。这种计算多用于数据源表的结构完全一致情况下的数据合并，如果数据源表结构不同则会出现计算错误。

【例 5-19】图 5.87 所示为两个数据列表，是两次学生测验成绩，合并计算两次测验成绩的平均分，置于下方的空表中。

操作方法：选中 A10 单元格，在"数据"选项卡的"数据工具"组中单击"合并计算"按钮 🔳，打开"合并计算"对话框，在"函数"下拉列表中选择"平均值"，添加引用区域 B3:D7 和 G3:I7，如图 5.88 所示，单击"确定"按钮，合并计算结果如图 5.89 所示。

图 5.87　按位置合并计算数据源

图 5.88　按位置合并计算设置　　　　　　　图 5.89　按位置合并计算结果

5.7.6　数据透视表和数据透视图

分类汇总以二维平面文字描述的形式展示结果，如果分类项、汇总项都很多，这样的形式就显得层次过多，易读性差，这时使用数据透视表更加合适。

< 140 >

数据透视表是一种对多字段数据快速汇总和建立交叉列表的交互式表格，可以转换行和列以查看数据的不同汇总结果，可以显示不同页面以筛选数据，还可以根据需要显示区域中的明细数据。

1. 数据透视表的创建与编辑

下面以例 5-20 为例介绍数据透视表的创建和编辑。

【例 5-20】对体测数据进行数据分析，统计不同性别、不同年龄学生的人数及平均身高。

操作方法：在"插入"选项卡的"表格"组中单击"数据透视表"按钮，打开"创建数据透视表"对话框，在对话框中设置数据源及透视表放置位置，单击"确定"按钮；在"数据透视表字段"任务窗格中勾选"编号""性别""年龄""身高"，将"性别""年龄"作为行标题，"编号""身高"作为值字段，单击值字段的"身高"下拉按钮，选择"值字段设置"，在打开的"值字段设置"对话框中，将"身高"的计算类型修改为"平均值"，设置后的数据透视表如图 5.90 所示。

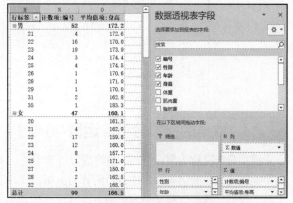

图 5.90　数据透视表字段设置

创建数据透视表后，选中数据透视表的任一单元格，Excel 工作窗口会出现"数据透视表工具-分析"和"数据透视表工具-设计"选项卡，用于对建立的数据透视表做进一步的编辑和修改。

> **注意**
>
> 数据透视表的数据源若发生变化，数据透视表不会自动更新，若需要与数据源同步，需单击"数据透视表工具-分析"选项卡中的"刷新"按钮进行更新。

2. 使用切片器筛选数据

切片器以一种图像化的筛选方式，单独为数据透视表中的每个字段创建一个选取器，浮动于数据透视表之上，通过对选取器中的字段值进行筛选，可实现比字段下拉列表筛选按钮更加方便灵活的筛选。

【例 5-21】利用切片器对图 5.90 所示的数据透视表按年龄进行筛选，显示 21～24 岁记录的数据透视表。

操作方法：选中数据透视表的任一单元格，在"数据透视表工具-分析"选项卡的"筛选"组中单击"插入切片器"按钮，打开"插入切片器"对话框，在对话框中勾选"年龄"，单击"确定"按钮；在打开的切片器窗格中单击"21""22""23""24"，结果如图 5.91 所示。

3. 使用数据透视图分析数据

数据透视图建立在数据透视表基础之上，以图形方式展示数据，使数据透视表更加生动。数据透视图是 Excel 创建动态图表的主要方法之一。

在 Excel 中，单击选中数据透视表后，再单击"插入"选项卡的"图表"组中的"数据透视图"按钮，即可得到数据透视图。或者在制作数据透视表之前，就单击"数据透视图"按钮，即可快速得到数据透视图，创建数据透视图的同时会创建一个与之相关联的数据透视表。

与其他的 Excel 图表相比，数据透视图不但具备系列、分类、数据标志、坐标值等通常的元素，还有一些特别的元素，包括报表筛选字段、数据字段、项、分类轴字段等，如图 5.92 所示。用户可以像处理数据图表一样处理数据透视图，包括改变图表类型、设置图表格式等。如果在数据透视图中改变字段布局，与之关联的数据透视表也会发生变化，反之，在数据透视表中改变字段布局，与之关联的数据透视图也会发生变化。

< 141 >

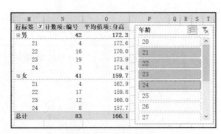

图 5.91　使用切片器

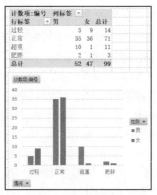

图 5.92　数据透视图

5.7.7 数据的模拟分析、运算与预测

模拟分析又称为假设分析，是管理经济学中的一项重要分析手段。它主要是基于现有的计算模型，在影响最终结果的诸多因素中进行测算与分析，以寻求最接近目标的方案。Excel 附带了 4 种模拟分析工具：模拟运算表、单变量求解、方案管理器和预测工作表。

1. 模拟运算表

模拟运算表实际上是一个单元格区域，它可以利用列表的形式计算某些参数的变化对计算结果的影响。根据模拟运算行、列变量的个数，模拟运算表可以分为单变量模拟运算表和双变量模拟运算表。所谓模拟运算就是根据已有的公式计算模拟出参数不同时的结果，模拟一个参数时相当于单变量，模拟两个参数时相当于双变量。

（1）单变量模拟运算表。

单变量模拟运算表用于在公式中有单个变量变动时的计算分析。在单变量模拟运算表中，输入数据的值被安排在一行或一列中，且表中使用的公式必须引用"输入单元格"。所谓输入单元格，就是被替换的含有输入数据的单元格。

【例 5-22】某医院 2015—2020 年门诊量每年以 8% 递增，到 2020 年已达到 657 千人次，照此增速，2021—2023 年的门诊量将是多少？其操作步骤如下。

① 数据如图 5.93 所示，在 B4 单元格输入公式"=INT(B1*(1+B2)^(B3-2020))"，B6 单元格输入公式"=B4"。

② 选中 A6:B9 单元格区域，在"数据"选项卡的"预测"组中单击"模拟分析"下拉按钮，在下拉列表中选择"模拟运算表"，打开"模拟运算表"对话框，在"输入引用列的单元格"文本框中引用 \$B\$3 单元格，如图 5.94 所示，单击"确定"按钮，结果参见图 5.93。

（2）双变量模拟运算表。

双变量模拟运算表用于在公式中有两个变量变动时的计算分析。双变量模拟运算表中使用的公式必须引用两个不同的输入单元格，即有两个输入变量。一个输入变量的数值被排列在一行中，另一个输入变量的数值被排列在一列中。

【例 5-23】某医院 2018—2020 年门诊量每年以 8% 递增，到 2020 年已达到 657 千人次，依此计算 2021—2023 年的门诊量增速分别为 7%、9%、11%时，2021—2023 年每年的门诊量是多少？其操作步骤如下。

① 在图 5.95 所示的工作表 B4 单元格中输入公式"=INT(B1*(1+B2)^(B3-2020))"，A6 单元格输入公式"=B4"。

② 选中 A6:D9 单元格区域，在"数据"选项卡的"预测"组中单击"模拟分析"下拉按钮，在下拉列表中选择"模拟运算表"，打开"模拟运算表"对话框，在"输入引用行的单元格"文本框中引

< 142 >

用$B$2单元格，在"输入引用列的单元格"文本框中引用$B$3单元格，如图5.96所示，单击"确定"按钮，结果参见图5.95。

图 5.93　单变量
模拟运算结果

图 5.94　单变量模拟运算表设置

图 5.95　双变量模拟运算表
结果

图 5.96　双变量模拟运算表设置

📋 **知识扩展**

模拟运算表与普通公式运算方式的差别。

① 模拟运算表。

◇ 一次性输入公式，不用考虑输入公式中的单元格引用是绝对引用还是相对引用。

◇ 表格中生成的数据不能单独修改。

◇ 公式中引用的参数必须引用"输入行的单元格"或"输入列的单元格"指向的单元格。

② 普通的公式运算。

◇ 公式需要复制到对应的单元格或单元格区域。

◇ 需要详细考虑复制公式时，每个参数的引用是绝对引用、相对引用还是混合引用。

◇ 如果更改了被复制的公式，需要重新复制一遍公式。

◇ 表中的每一个公式可以单独修改。

◇ 公式中引用的参数直接指向行或列。

2．单变量求解

单变量求解是针对某一问题已经有了预期的结果，需要推测出与此结果有关的变量的值，这是一个由果索因的过程。单变量求解在进行预测和设定目标的分析中应用广泛。

使用单变量求解，关键是要在工作表中建立正确的数学模型，即通过有关的公式和函数描述相应数据之间的关系，归纳起来其实是数学上的一元方程求解的问题。

【例5-24】某医院预期2026年门诊量达到20万人次，如果门诊量以每年8%的增速递增，那么2022年的门诊量是多少才可达到预期目标？具体操作步骤如下。

（1）如图5.97所示，在B1单元格输入公式"=B3*(1+B2)^(2026-2022)"。

（2）在"数据"选项卡的"预测"组中单击"模拟分析"下拉按钮，在下拉列表中选择"单变量求解"，打开"单变量求解"对话框，在"目标单元格"文本框中引用$B$1单元格，在"目标值"文本框中输入"800000"，在"可变单元格"文本框中引用$B$3单元格，如图5.98所示，单击"确定"按钮。

（3）自动打开"单变量求解状态"对话框，如图5.99所示，迭代运算结束后，单击"确定"按钮，结果如图5.100所示。

图 5.97　输入计算公式

图 5.98　单变量求解设置

图 5.99　单变量求解状态

图 5.100　单变量求解结果

3．方案管理器

模拟运算表和单变量求解只能对1～2个变量的问题进行预测和分析，在实际应用中，经常遇到多

< 143 >

个变量的问题，或需要在多种假设分析中找出最佳的执行方案，要解决这样的问题，需要使用 Excel 中的方案管理器。

方案是一组值，被 Excel 保存在工作表上，并可以自动替换。可以创建不同的值组并将其另存为方案，然后在这些方案之间切换，以查看不同的结果。完成所有所需的方案后，可以创建一个方案摘要报告，其中合并来自所有方案的信息。

在方案管理器中可以同时管理多个方案，从而达到对多变量、多数据系列以及多分析方案的计算和管理。一个方案可以有多个变量，但它最多只能容纳 32 个可变值。

【例 5-25】某医院计划采购规格为 0.25g×20 片/盒的某药品 3000 盒，有 3 个商家可选择，3 个商家的报价、折扣率、物流费用分别为 15.2、0.88、125；14.8、0.95、300；15.9、0.85、250，使用方案管理器分析采购哪家的药品花费最少。具体操作步骤如下。

（1）在图 5.101 所示工作表中的 B7 单元格输入公式"=B4*B1*B5+B6"。

（2）在"数据"选项卡的"预测"组中单击"模拟分析"下拉按钮，在下拉列表中选择"方案管理器"，打开"方案管理器"对话框，单击"添加"按钮。

（3）在"方案名"下方文本框中为第一个方案命名为"商家A"，在"可变单元格"中引用$B$4:$B$6，如图 5.102 所示，单击"确定"按钮。

（4）打开"方案变量值"对话框，在文本框中输入变量值 15.2、0.88、125，如图 5.103 所示，单击"确定"按钮。

（5）以同样的方法添加"商家 B"和"商家 C"的方案。

（6）打开"方案管理器"对话框，单击"摘要"按钮，打开"方案摘要"对话框，在"结果单元格"文本框中输入"$B$7"，单击"确定"按钮。

Excel 自动建立一个名为"方案摘要"的工作表，其内容为方案报告，如图 5.104 所示，从方案摘要可以看出选择商家 A 费用最低。

图 5.101 输入计算公式　图 5.102 "编辑方案"对话框　图 5.103 输入方案变量值

图 5.104 方案摘要

⚠ 注意

　方案报告不会自动重新计算，如果更改方案的值，现有方案报告中不会显示这些更改，此时必须创建新的方案报告。

4．预测工作表

使用 Excel 2016 中新增的模拟分析工具"预测工作表"，能够从历史数据分析出事物发展的趋势，并以图表的形式展示出来，方便用户直观地观察事物发展方向或发展趋势。

创建预测工作表时，需要输入相互对应的两个数据系列，一个系列包含日期或时间，另一个系列包含对应的历史数据，并且要求日期或时间的间隔相同。历史数据越多，预测结果的准确性相对越高。

< 144 >

📝 **提示**

　　实际预测工作中，往往会有多个因素影响最终的预测结果，而预测工作表仅考虑时间因素的影响，所以使用预测工作表进行预测有较大的局限性。

【例 5-26】依据图 5.105 所示工作表中 2006—2020 年卫生人员数据，预测今后几年的卫生人员变化趋势。

操作方法：选中数据列表中任一单元格，在"数据"选项卡的"预测"组中单击"预测工作表"，打开"创建预测工作表"对话框，单击"确定"按钮，结果如图 5.106 所示。

图 5.105　预测工作表数据源

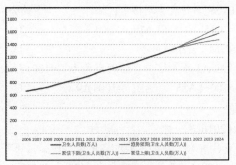

图 5.106　预测工作表

⚠️ **注意**

　　使用"预测工作表"时，日期或时间序列的数据不能使用文本型数据。

习题

Excel 外部数据
交换

1. 单选题

（1）保存 Excel 2016 工作簿的默认文件扩展名为（　　）。

　　A. .xls　　　　　　B. .xlsx　　　　　　C. .doc　　　　　　D. .docx

（2）在 Excel 中，A1 单元格设定数字格式为小数位数"0"位，当输入"52.47"时，显示为（　　）。

　　A. 52　　　　　　B. 53　　　　　　C. 52.5　　　　　　D. Error

（3）在 Excel 的单元格中，如要输入数字字符串 0001，应输入（　　）。

　　A. 0001　　　　　　B. =0001　　　　　　C. 0001'　　　　　　D. '0001

（4）在 Excel 的单元格中如要换行输入文本，应按组合键（　　）。

　　A. Shift+Ctrl　　　　B. Ctrl+Enter　　　　C. Alt+Enter　　　　D. Alt+Ctrl

（5）某单元格区域由 A1,B1,C1,A2,B2,C2 六个单元格组成，下列不能表示该区域的是（　　）。

　　A. A1:C2　　　　　　B. C1:A2　　　　　　C. C2:A1　　　　　　D. A1:C1

（6）若在 Excel 的 A2 单元格中输入"=3^2"，则显示结果为（　　）。

　　A. 3　　　　　　B. 2　　　　　　C. 6　　　　　　D. 9

（7）如果在数值单元格中显示"###"符号，希望正常显示则需要（　　）。

　　A. 重新输入数据　　　　　　　　　　B. 调整单元格的宽度

　　C. 删除这些符号　　　　　　　　　　D. 删除该单元格

（8）在 Excel 活动单元格中输入"=SUM（1,2,3,4）"并单击"√"按钮，则单元格显示的是（　　）。

　　A. 4　　　　　　B. 10　　　　　　C. True　　　　　　D. False

< 145 >

（9）在 Excel 中，如果要在 Sheet1 的 A1 单元格内输入公式引用 Sheet2 表中的 B1:C5 单元格区域，其正确的引用为（　　）。

    A．Sheet2!B1:C5　　B．Sheet2（B1:C5）　　C．[Sheet2]!B1:C5　　D．Sheet2[B1:C5]

（10）在 Excel 2016 中，下列叙述（　　）是正确的。

    A．Excel 2016 工作表中最多有 256 列

    B．Excel 2016 工作簿中最多有 255 张工作表

    C．按快捷键 Ctrl+S 可以保存工作簿文件

    D．对单元格的"删除"操作与"清除内容"操作的效果是相同的

（11）在 Excel 工作表单元格中，输入（　　）的公式是错误的。

    A．=（15-A1）/SUM（A2:A4）　　　　　　B．=A2/C1

    C．SUM（A2:A4）/2　　　　　　　　　　D．=A1+A2+D5

（12）假设在 A1 单元格中存储的公式为"=100+\$A\$5"，将其复制到 D5 后，公式变为（　　）。

    A．=100+\$A\$5　　　B．=100+A9　　　C．=100+\$D\$5　　　D．=100+D9

2．填空题

（1）Excel 2016 是一种_____软件。

（2）在 Excel 中除了直接在单元格中编辑内容，还可以使用_____进行编辑。

（3）在 Excel 2016 "开始"选项卡的"编辑"组中有一个自动求和按钮"Σ"，它代表了_____函数。

（4）在 Excel 中，同一张工作表上的单元格引用有 3 种方法。如果 A1 单元格内的公式是"=B\$1+\$C1"，该公式对 B1 和 C1 单元格的引用是_____引用。

（5）如果在 Excel 单元格中输入"3/4"，系统会自动识别为_____数据类型的数据。

（6）对数据清单进行分类汇总前，必须对数据清单进行_____操作。

（7）Excel 中的数据透视表是一种_____的交互式表格。

（8）Excel 中的模拟运算表有_____和_____两种形式。

< 146 >

第 **6** 章　数据库基础

进入 21 世纪，数据无处不在、数据无处不用已成为共识。数据库的应用已遍布全球各领域和各层面，网上业务数据资源共享和处理、线上购物、网上银行、信息管理系统、决策支持系统、商务智能与数据分析、云计算及大数据应用等，都离不开数据库技术强有力的支持。数据库技术成为信息建设、数据资源共享及各类应用系统的核心技术和重要基础。掌握数据库知识和应用，对读者进行数据处理和拓宽专业业务能力极为重要。

本章主要介绍数据库系统的组成及特点、数据模型、关系数据库、关系运算、关系的规范化及数据库系统开发设计过程。

本章重点：数据模型、概念模型、关系模型、数据库设计基本方法。

6.1　数据、信息与数据处理

1．数据与信息

数据（Data）是指对客观事件进行记录并可以鉴别的符号，是对客观事物的性质、状态以及相互关系等进行记载的物理符号或这些物理符号的组合。它不仅指狭义上的数字，还可以是文字、字母、数字符号的组合、图形、图像、音频、视频等，也是客观事物的属性、数量、位置及其相互关系的抽象表示。例如，"0,1,2…"、"阴、雨、晴、气温"、学生的档案记录、货物的运输情况等都是数据。

在计算机科学中，数据是所有能输入计算机并被计算机程序处理的符号的总称，即用于输入电子计算机进行处理，具有一定意义的数字、字母、符号和模拟量等的通称。

1948 年，信息学的奠基人香农（C. E. Shannon）给出了"信息是用来消除随机不确定性的东西"的明确定义，这一定义常被当作信息的经典定义加以引用。此后在信息科学的形成和发展过程中，人们对信息的具体含义、基本性质、效用等问题进行了多方面的研究，根据对信息的研究成果，信息的概念可以概括为"信息是对客观世界中各种事物的运动状态和变化的反映，是客观事物之间相互联系和相互作用的表征，表现的是客观事物运动状态和变化的实质内容。"信息最显著的特点是不能独立存在，信息的存在必须依托载体。

信息与数据既有联系，又有区别。数据是信息的表现形式和载体，可以是符号、文字、数字、语音、图像、视频等。而信息是数据的内涵，信息加载于数据之上，对数据做具有含义的解释。数据和信息是不可分离的，信息依赖数据来表达，数据则生动具体地表达出信息。数据是符号，是物理性的，信息是对数据进行加工处理之后所得到的并对决策产生影响的数据，是逻辑性和观念性的；数据是信息的表现形式，信息是数据有意义的表示。数据本身没有意义，数据只有对实体行为产生影响时才成为信息。信息是经过加工的数据，或者说，信息是数据处理的结果。

2．数据处理

数据处理（Data Processing）是从大量的原始数据抽取出有价值的信息，即数据转换成信息的过程。它主要指对所输入的各种形式的数据进行加工整理，其过程包含对数据的采集、存储、加工、分类、归并、计算、排序、转换、检索和传播、演变与推导。

数据处理的基本目的是从大量的、可能是杂乱无章的、难以理解的数据中抽取并推导出对于某些特定的人有价值、有意义的数据。

计算机数据处理主要包括 8 个方面。

（1）数据采集：采集所需的信息。

（2）数据转换：把信息转换成机器能够接收的形式。

（3）数据分组：指定编码，按有关信息进行有效的分组。

（4）数据组织：整理数据或用某些方法安排数据，以便进行处理。

（5）数据计算：进行各种算术和逻辑运算，以得到进一步的信息。

（6）数据存储：将原始数据或计算的结果保存起来，供以后使用。

（7）数据检索：按用户的要求找出有用的信息。

（8）数据排序：把数据按一定要求排序。

数据录入计算机以后，就要由计算机对数据进行处理。所谓处理，就是指上述 8 个方面中的一个或若干个的组合，处理结果以各种形式输出。

数据管理（Data Management）是指以管理的方式对数据进行基本加工的过程，如数据的收集整理、组织、存储、维护、检索、传输等操作，是数据处理业务的基本环节，而且是所有数据处理过程中必有的共同部分。广义上数据管理也属于数据处理。

数据管理技术的发展

6.2 数据库系统的组成及特点

6.2.1 数据库系统的组成

数据库系统的出现受到了图书管理系统的启发。

1．数据库

数据库（Database，DB），是指存储在计算机存储设备上的，有组织、可共享的相关数据的集合。数据库中的数据按一定的数学模型组织、描述和存储，具有较小的冗余、较高的数据独立性和易扩展性，并可为各种用户共享。

2．数据库系统

数据库系统（Database Systems，DBS），是指具有数据库功能特点的系统，是具有数据库技术支持的应用系统，也称为数据库应用系统，是可以实现有组织地存储、管理、维护大量相关数据，并可以实现数据处理和数据共享的应用系统。数据库系统一般由硬件、软件及相关人员 3 部分组成。

（1）硬件部分。数据库系统中的硬件主要指支持数据库系统的各种物理设备，包括足够的内存，以运行操作系统、DBMS 核心服务、数据缓存及应用程序；包括存储所需的外部设备，以及足够的 I/O 能力和运行速度。硬件的配置应满足整个数据库系统的需要。

（2）软件部分。软件部分包括数据库、操作系统、数据库管理系统及应用程序。数据库是数据库系统的数据源，存放数据及数据间的关系。数据库管理系统是数据库系统的核心软件，在操作系统的支持下工作，对数据库信息进行存储、处理、管理，数据库的建立、使用和维护由数据库管理系统统一管理、统一控制。

（3）相关人员。相关人员主要有 4 类：第一类为系统分析员和数据库设计人员，系统分析员负责

< 148 >

应用系统的需求分析和规范说明，数据库设计人员负责数据库中数据的确定、数据库各级模式的设计；第二类为应用程序员，负责编写使用数据库的应用程序；第三类为最终用户，他们利用系统的接口或查询语言访问数据库；第四类为数据库管理员，负责数据库的总体信息控制。

3．数据库管理系统

数据库管理系统（Database Management System，DBMS），是指建立、运行和维护数据库，并对数据进行统一管理和控制的系统软件，用于定义、操作、管理、控制数据库和数据，并保证其安全性、完整性、多用户并发操作及出现意外时的数据恢复等。DBMS 是整个数据库系统的核心，对数据库中的各种业务数据进行统一管理、控制和共享。DBMS 的主要功能包括数据定义、数据操纵、数据库运行控制、数据组织、数据存储与管理、数据库保护、数据库维护、数据通信。

市场上有各种各样数据库管理系统的软件产品，如 Oracle、Sybase、Informix、DB2、MySQL、SQL Server、Office Access、Paradox、FoxPro 等。其中，Oracle、Sybase、Informix、DB2 数据库管理系统适用于大型数据库；MySQL、SQL Server 数据库管理系统适用于大中型数据库；Office Access、Paradox、FoxPro 数据库管理系统适用于中小型数据库。

6.2.2　数据库系统的特点

数据库系统由文件系统发展而来，两者都以文件的形式组织数据，但数据库系统引入了数据库管理系统统一管理数据，与文件系统相比，具有以下主要特点。

1．数据的统一管理与控制

各种应用程序对数据库中的数据的各种操作都由数据库管理系统进行统一管理和控制。数据库管理系统能统一控制数据库的建立、运用和维护，使用户能够很方便地定义数据和操作数据，并能够保证数据的安全性、完整性，实现对多用户的并发访问控制，以及发生故障后数据库的恢复。

2．数据结构化

数据结构化是数据库系统与文件系统的根本区别。数据库中的数据不再只针对某个应用，而是面向全体应用的，不仅数据内部组织有一定的结构，数据之间的联系也被按一定的结构描述出来，数据整体结构化。实现多种关联数据的高度集成有利于实现数据共享，保证数据和应用程序各自的独立性。

3．数据共享冗余低

数据库系统从整体角度看待和描述数据，并且可以通过网络对数据进行集中管理和控制，数据库中的数据可以被多个用户、多个应用程序共享，大大减少了数据冗余，节约了存储空间，避免了数据之间的不相容与不一致。当业务数据变化时，只修改服务器中的数据便可自动完成全部更新。

4．数据独立

数据独立是指数据与应用程序之间不存在依赖的关系。数据独立可极大地提高维护系统及更新数据的效率。数据独立性包括数据的物理独立性和逻辑独立性。物理独立性是指用户的应用程序与存储在外存的数据库中的数据是相互独立的。数据在数据库中的存储由 DBMS 管理，应用程序不需要了解，应用程序要处理的只是数据的逻辑结构，这样当数据的物理存储改变时，应用程序就不用改变。逻辑独立性是指用户的应用程序与数据库的逻辑结构是相互独立的，当数据的逻辑结构（数据元素间的逻辑关系）改变时，应用程序不受影响。

6.3　数据库系统的内部体系结构

DBMS 产品多种多样，它们可能支持不同的数据模型，运行在不同的操作系统之上，数据的存储

< 149 >

结构也可能不相同,但它们在总体上一般都采用三级模式结构,即外模式、模式、内模式,如图 6.1 所示。三级模式之间形成了两级映射,实现了数据独立性。

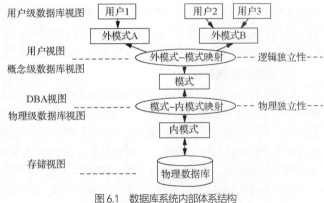

图 6.1 数据库系统内部体系结构

1. 模式

模式又称为概念模式或逻辑模式。模式采用 DBMS 支持的数据模型来定义要存储到数据库中的数据,它描述了数据库中所有数据的逻辑结构和特征。模式是三级模式结构中的中间层,并不涉及数据的物理存储和硬件环境,与具体的应用程序以及所使用的应用开发工具无关。

模式为数据库中的数据定义了一个全局逻辑视图。一个数据库只有一个模式,模式综合考虑了所有用户的需求,并将这些需求有机地组成一个逻辑整体,是数据管理员(Database Administrator, DBA)视图。模式的定义不仅包括数据结构的定义,如数据名称、类型、取值范围等,还包括数据间联系的定义和数据安全性、完整性的定义。

2. 外模式

外模式又称为子模式或用户模式。外模式是用户能够看到和使用的局部数据的逻辑结构和特征的描述,是数据库的用户视图,是与某一应用有关的数据的逻辑表示。不同的用户因为需要的不同,看待数据的方式也不同,因此不同用户的外模式描述也不相同。外模式可由概念模式推导而出,是概念模式的一个子集。一个概念模式可对应多个外模式。一个用户只关心并通过与其相关的外模式来使用数据库。

外模式也是提供数据安全性的一种方式。每个用户只能访问和操作其对应的外模式中的数据,模式的其余数据是不可见的。

3. 内模式

内模式又称为存储模式或物理模式。内模式是对数据物理结构和存储方式的描述,是数据在数据库内部或者说在存储介质上的表示方式。例如,记录的存储方式是无顺序存储还是按某个属性值升序或降序存储,数据是否压缩、加密等。一个数据库只有一个内模式。

用户应用程序根据外模式进行数据操作,通过外模式-模式映射,定义和建立某个外模式与模式间的对应关系,将外模式与模式联系起来,当模式发生改变时,只要改变其映射,就可以使外模式保持不变,对应的应用程序也可保持不变,从而实现了程序与数据的逻辑独立性;另一方面,通过模式-内模式映射,定义和建立数据的逻辑结构(模式)与存储结构(内模式)间的对应关系,当数据的存储结构发生变化时,只需改变模式-内模式映射,就能保持模式不变,因此应用程序代码也可以保持不变,从而实现了程序与数据的物理独立性。

总之,数据按外模式的描述提供给用户;按内模式的描述存储在磁盘上;而模式提供了连接这两级的相对稳定的中间层,并使得两级中任意一级的改变都不受另一级的牵制。

6.4 数据模型

目前没有任何一种技术手段能够将现实世界事物按原样进行复制并管理起来,计算机不能直接处理现实世界中的具体事物,需要采用数据模型描述事物的特征并将其转换为数据,并按照一定结构及

< 150 >

方法进行处理。数据模型是数据处理的关键和基础。

6.4.1　数据模型的概念和类型

1．数据模型的概念

数据模型是对现实世界数据特征的抽象，主要用于描述一组数据的概念和定义，以形成便于计算机处理的数据表现形式，是将具体事物转换成计算机能够处理的数据的一种工具。

将具体的事物特征描述转换成计算机能够处理的数据，需要经过现实世界、概念世界和机器世界 3 个阶段，其转换过程如图 6.2 所示。

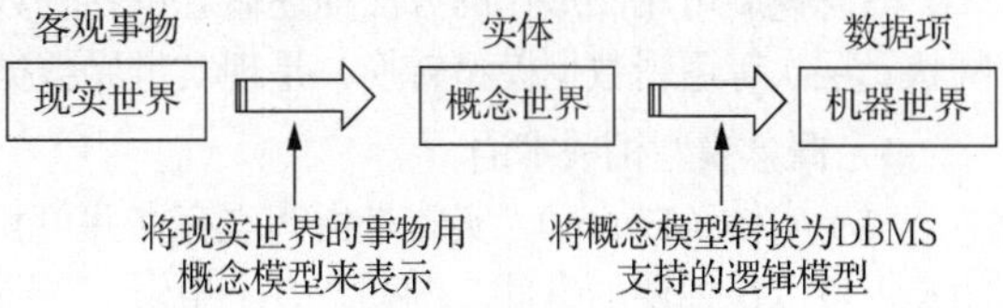

图 6.2　数据的 3 个阶段

现实世界中的事物及联系可用多种不同的形式表达，如文字、图片、语音等。事物可以是具体的、可见的实物，也可以是抽象的事物。概念世界是用特定的数据对现实世界的抽象描述，按用户的观点对信息和数据进行建模，产生概念模型。机器世界中的数据是面向计算机系统的对数据最低层的抽象，由概念模型形成 DBMS 所支持的数据模型，以形成便于计算机处理的数据表现形式。

数据模型应满足三方面的要求：一是能够比较真实地模拟现实世界；二是容易被人理解；三是便于在计算机系统中实现。

2．数据模型的组成要素

数据模型是对严格定义的一组数据结构、操作规则及约束的集合。数据模型由数据结构、数据操作和数据约束三要素组成。

（1）数据结构。数据结构用于描述系统的静态特征，包括数据的类型、内容、性质及数据之间的联系等。它是数据模型的基础，也是刻画一个数据模型性质最重要的方面。例如，数据结构有层次结构、网状结构、关系结构，采用这 3 种结构的数据模型分别被命名为层次模型、网状模型和关系模型。

（2）数据操作。数据操作是数据库中各种允许执行的操作的集合，用于描述系统的动态特征，包括操作及相关规则和要求。数据模型必须定义这些操作的确切含义、操作符号、操作规则及实现操作的语法，如数据查询操作的命令语句、功能含义和语法格式。

（3）数据约束。数据约束也称为数据完整性约束，是一组完整性规则的集合，用于描述数据及其联系应受到的制约和依赖规则，以保证数据的正确性、有效性和相容性。例如，限制一张工作人员信息表中的工号不能重复，或者年龄的取值不能为负，都属于数据完整性约束。

3．数据模型的类型

数据模型按应用层次分为概念数据模型、逻辑数据模型和物理数据模型。

（1）概念数据模型（Conceptual Data Model）。概念数据模型也称概念模型或信息模型，它从用户的角度来对数据和信息建模，是面向用户和现实世界的数据模型，与具体的 DBMS 无关，主要用于与用户交流，建立现实世界的概念化结构，通常用图形化方式表示事物特征及事物间的联系。

（2）逻辑数据模型（Logical Data Model）。逻辑数据模型是数据存放的逻辑结构，从计算机实现的角度来对数据建模。逻辑模型是用户从数据库所看到的模型，是具体的 DBMS 所支持的模型，如层次模型、网状模型、关系模型。用概念模型表示的数据必须转化为用逻辑模型表示的数据，才能在 DBMS 中实现。

（3）物理数据模型（Physical Data Model）。物理数据模型从计算机的物理存储角度对数据建模。它是数据在物理设备上的存放方法和表现形式的描述，如描述存储位置、索引、加密等，以实现数据的高效存取。物理数据模型不但与 DBMS 有关，而且与操作系统有关。

< 151 >

6.4.2 概念模型

概念模型用于组织概念世界，表现从现实世界中抽象出来的实体及联系，可以真实反映现实世界的事物。它既是数据库设计人员进行数据库设计的有力工具，也是数据库设计人员和用户进行交流的语言。

概念模型可用图形化的方法描述概念世界的数据。概念模型是各种数据模型的基础，易于向关系、网状、层次等逻辑数据模型转换，是现实世界数据转化为计算机世界数据的桥梁。

1. 概念模型相关术语

（1）实体（Entity）。实体是指客观存在并可相互区别的事物或活动。实体可以是具体的人、事、物，也可以是抽象的事件。例如，一个患者、一张处方、一次就诊等都是实体。

（2）属性（Attribute）。事物（实体）所具有的某一种特性称为属性，一个实体可以由若干种属性来刻画。例如，患者实体具有病历号、姓名、性别、年龄、就诊日期、诊断结论等属性。

（3）实体型（Entity Type）。实体型是用实体名及其属性名的集合抽象和刻画的同类实体，也称为实体类型。例如，学生(学号,姓名,性别,出生年月,专业)就是一个实体型。对同一类实体，可以根据不同认识和需要抽取出不同的特征，从而定义出不同的实体型。

（4）实体值（Entity Value）。实体值是符合实体型定义的、某个实体的具体描述（值）。例如，学生张玉的实体值为：20220101112、张玉、女、2004-05-12、药学。

（5）实体集（Entity Set）。实体集是同一类实体的集合。例如，一个班级的全体同学、一个单位的全部员工、一个月中的所有诊疗等都是相应的实体集。

（6）域（Domain）。域是一组具有相同数据类型的值的集合。实体中属性的取值范围往往来自某个域，如姓名的属性域为给定长度的字符串，性别的属性域为(男,女)。

（7）键（Key）。键又称码、候选码、关键字、关键码，指在实体属性中可用于区别实体中不同个体的一个属性或几个属性的组合。例如，病历号属性可以唯一标识患者实体，病历号就是患者实体的键。一个实体可以存在多个键。例如，患者实体若包含病历号、登记号、姓名、性别、年龄等属性，则病历号和登记号均可作为键。

2. 实体之间的联系

现实世界中事物相互关联，在事物数据化过程中表现为实体之间的对应关系，实体之间的对应关系称为联系（Relationship）。

按照一个实体集中的实体个数与另一个实体集中的实体个数，实体之间的对应关系可分为一对一联系、一对多联系、多对多联系 3 种类型，如图 6.3 所示。

（1）一对一联系（1:1）。如果对于实体集 A 中的每一个实体，实体集 B 中至多有一个实体与之联系，反之亦然，则称实体集 A 与实体 集 B 具有一对一联系，记为 1:1。

（2）一对多联系（1:n）。如果对于实体集 A 中的每一个实体，实体集 B 中有 n 个实体（$n>1$）与之联系，反之，对于实体集 B 中的每一个实体，实体集 A 中至多只有一个实体与之联系，则称实体集 A 与实体集 B 具有一对多联系，记为 1:n。

（3）多对多联系（m:n）。如果对于实体集 A 中的每一个实体，实体集 B 中有 n 个实体（$n>1$）与之联系，反之，对于实体集 B 中的每一个实体，实体集 A 中有 m 个实体（$m>1$）与之联系，则称实体集 A 与实体集 B 具有多对多联系，记为 m:n。

> ⚠ 注意
>
> 在不引起混淆的情况下，下文中使用的术语"实体"，既可以指单个实体，又可以指实体集，具体含义可通过上下文判断。

< 152 >

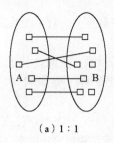 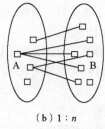 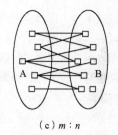

（a）1∶1　　　　　　　　（b）1∶n　　　　　　　　（c）m∶n

图6.3　实体间联系

3．概念模型的表示方法

概念模型的表示方法有很多，其中最为著名和常用的是国际数据库专家美籍华人陈品山于1976年提出的实体联系模型（Entity Relationship Model），也称E-R模型或E-R图。该方法用E-R图来描述现实世界的概念模型，其特点为简单易用、直观易懂。

E-R图包含4种基本元素：矩形、菱形、椭圆形和连接线。

（1）矩形表示实体，矩形框内写上实体名；

（2）菱形表示联系，菱形框内写上联系名；

（3）椭圆形表示属性，其内写上属性名；

（4）连接线表示实体、联系与属性之间的所属关系或实体与联系之间的相连关系。

用连接线将矩形、菱形和椭圆形连接起来，同时在连接菱形的连接线上标出联系的类型（1∶1、1∶n或m∶n）。如果一个联系具有属性，则这些属性也要用连接线与该联系连接起来。

例如，病人、病历、管床医生和护士是4个实体，病人有姓名、年龄、性别等属性。病人和病历之间是一对一联系；管床医生管理病人，管床医生与病人之间是一对多联系；病人与护士之间是多对多联系，如图6.4所示。这4个实体之间的联系用E-R图表示，如图6.5所示。

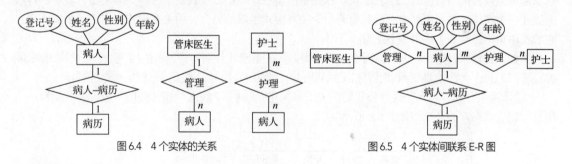

图6.4　4个实体的关系　　　　　　　　图6.5　4个实体间联系E-R图

> **提示**
>
> 为了简洁表达E-R图，实体可以不画出属性，而用实体型表示，例如，管床医生(工号,姓名,性别,年龄,职称)。

6.4.3　逻辑数据模型

逻辑数据模型是数据库（管理系统）中数据的存储方式。经典的逻辑数据模型有3种：层次模型、网状模型、关系模型。20世纪80年代，随着面向对象技术的发展，又出现了面向对象模型。

1．层次模型

层次模型（Hierarchical Model）通过树形结构表示实体及实体之间的联系。节点中有且仅有一个节点没有父节点，称为根节点；其余节点为其子孙节点；除根节点外，每个节点有且仅有一个父节点，可有零个、一个或多个子节点，无子节点的节点被称为叶；同一父节点的子节点称兄弟节点。每个节

< 153 >

点表示一个记录类型，即概念模型中的一个实体型，每对节点的父子联系为一对多联系，只有一个子节点时为一对一联系。图 6.6 所示结构为层次模型。

层次模型表示一对多联系时结构简单清晰，DBMS 利用指针建立联系，查询效率高。层次模型表示多对多的联系时比较笨拙，查询子节点时必须通过父节点，对查询效率有一定影响。

2. 网状模型

网状模型（Network Model）是对层次模型的扩展，允许一个以上的节点无父节点，同时也允许一个节点有多个父节点。层次模型为网状模型的最简单情况，图 6.7 所示结构为网状模型。

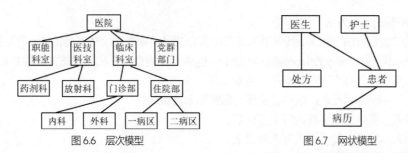

图 6.6　层次模型　　　　　　　　　　　　图 6.7　网状模型

在网状模型中，父子节点联系同样隐含一对多或一对一联系，每个节点代表一种记录类型，对应概念模型中的一种实体型。

网状模型能较直接地表示现实世界，如一个节点有多个父节点的情况；其性能良好，有较高的存取效率。网状模型结构复杂，数据定义和数据操作需嵌入高级语言，用户掌握难度大。

3. 关系模型

关系模型（Relational Model）以二维表结构来表示实体与实体之间的联系。每个实体及其之间的联系都可直接转换为对应的二维表形式。在关系模型中，一个二维表表示一种实体类型，表中一行数据描述一个实体。关系模型也可看成由若干个关系模式组成的集合，而关系模式相当于一个实体型，它的实体集（二维表）称为一个关系。

例如，有管床医生、病人、病历 3 个实体型，其关系模式分别为管床医生(工号,姓名,性别,年龄,职称)、病人(登记号,姓名,性别,年龄,管床医生,病历号)、病历(病历号,入院记录,病程记录,医嘱)。

"管床医生"和"病人"通过公共属性"工号"建立联系，"病人"和"病历"通过公共属性"病历号"建立联系。关系模型如图 6.8 所示。

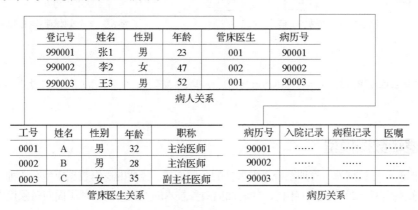

图 6.8　关系模型

关系模型在用户看来是二维表，以集合论及关系代数为理论基础，易懂易用；数据存取路径清晰，有较好的数据独立和数据安全性，查询与处理方便。主要缺点：查询效率较格式化数据模型低。

< 154 >

4．面向对象模型

面向对象模型（Object-Oriented Model，OOM）是以面向对象观点描述实体的逻辑组织、对象限制、对象联系等的数据模型。它将客观事物（实体）都模型化为一个对象，每个对象有唯一标识。共享同样属性和方法集的所有对象构成一个对象类（简称类），而一个具体对象就是某一类的一个实例。

面向对象的基本思想是通过对问题领域进行自然的分割，用更接近人类通常思维的方式建立问题领域的模型，并进行结构模拟和行为模拟，从而使设计出的软件尽可能地直接表现出问题的求解过程。因此，面向对象的方法就是以接近人类通常思维方式的思想，将客观世界的一切实体模型化为对象。每种对象都有各自的内部状态和运动规律，不同对象相互作用和联系构成各种系统。一切皆对象，万物皆对象。

面向对象模型适合处理各种各样的数据类型，如图片、声音、视频、文本、数字等；它结合了面向对象程序设计与数据库技术，可提供强大的特性，如继承、多态和动态绑定；用户不用编写特定对象的代码就可以构成对象并提供解决方案，特别适合于一些特定的应用，如工程、电子商务、医疗等。

6.5　关系数据库

1970 年，美国 IBM 公司的研究员科德（E.F.Codd）首次提出了数据库系统的关系模型，开创了数据库关系方法和关系数据库理论，为数据库技术的发展奠定了理论基础。E.F.Codd 因在关系数据库研究方面的杰出贡献获得计算机界最高奖项图灵奖。广泛应用的关系数据库管理系统（Relational Database Management System，RDBMS）以关系模型作为数据组织方式。关系数据库就是采用关系模型的数据库。

6.5.1　关系模型基本术语

在关系模型中，实体和联系统一用"关系"这种结构表示。

1．关系

从结构上看，关系就是一张二维表。但二维表应具备以下的性质才能称为关系。

（1）每一列不可再分，即每个属性必须是不可分割的最小数据单元。

（2）每一列的数据必须是同一类型的数据，来自同一个域。

（3）同一关系中属性（字段）不允许重名。

（4）同一关系中不允许有完全相同的元组。

（5）关系中可以交换任意两行（元组）的位置和次序。

（6）关系中可以交换任意两列（字段）的位置和次序。

2．元组

从结构方面看，除第一行之外，构成二维表的每一行称为关系的一个元组，在文件中对应一条记录。每一个元组描述了现实世界中的一个实体。例如，图 6.8 所示的管床医生关系包含 3 个元组，分别描述了 3 位管床医生的基本信息。

3．属性

二维表中，每一列称为一个属性，在文件中对应一个字段。二维表第一行显示的每一列的名称称为属性名，在文件中对应字段名，如图 6.8 中的姓名、性别、年龄等。

4．域

域是对数据取值范围的一种限制，表示每个属性的取值范围，用户可以根据实际需要，自定义各

< 155 >

个属性域。例如，属性"姓名"，域可以定义为文本数据类型；属性"性别"，域可以定义为(男,女)。每个属性对应一个域，不同的属性可以对应同一个域。

5．关系模式

关系模式是对关系结构的描述，其一般格式：关系名(属性 1,属性 2,属性 3,…,属性 n)。例如，图 6.8 中管床医生的关系模式为管床医生(工号,姓名,性别,年龄,职称)。

6．关键字

关系中能唯一标识和区分不同元组的单个属性或属性组，称为该关系的关键字，又称为键或码。单个属性作为关键字称为单关键字，该属性称为主属性，属性组作为关键字称为组合关键字。

7．主关键字（主键）

一个关系可能有多个关键字，通常需要从中指定一个来标识元组，这个被选用的关键字称为主关键字，又称为主键。

8．外部关键字

二维表中的一个属性（字段）不是本表的主关键字或候选键，而是另外一个表的主关键字或候选键，则该属性（字段）称为外部关键字，简称外键。

9．主表和从表

主表和从表是指通过外键相关联的两个表，其中以外键为主键的表称为主表，外键所在的表称为从表。

6.5.2 E-R 模型转换为关系模型

概念模型向关系模型的转化就是将 E-R 图表示的实体、实体属性及实体间的联系转换为关系模式，具体而言，就是转换为 RDBMS 支持的数据库对象。

一般转换规则如下。

1．实体转换关系规则

将每个实体转换成一个关系（表）时，实体的属性就是关系的属性，实体的键就是关系的键。例如，将图 6.4 所示"病人"实体转换为病人(登记号,姓名,性别,年龄)，登记号为主键。

2．二元联系转换规则

（1）若实体间的联系为一对一联系（1：1），则在将两个实体类型转换成两个关系模式的过程中，任选一个属性或属性组，在其中加入另一个关系模式的主键。

例如，实体"病人"和"病历"之间是一对一联系，可以将病人的主键"登记号"加入"病历"关系模式，通过"登记号"建立一对一联系。也可以将"病历"的主键"病历号"加入"病人"关系模式，通过"病历号"建立一对一联系。从实际易读性来看，第二种方式更好一些。因此 E-R 图转换的关系模式可以是

病人(登记号,姓名,性别,年龄,病历号)

病历(病历号,入院记录,病程记录,医嘱单)

在"病人"关系模式中，登记号为主键，病历号为外键。

（2）若实体间的联系是一对多联系（1：n），则在"多"端实体的关系模式中，加上"一"端实体类型的主键和联系类型的属性。

例如，"管床医生"和"病人"是一对多联系，在"病人"一方加入"管床医生"的主键"工号"，"管床医生工号"作为"病人"关系模式的外键，通过外键建立关联。因此 E-R 图转换的关系模式可以是

病人(登记号,姓名,性别,年龄,管床医生工号)

管床医生(工号,姓名,性别,年龄,职称)

< 156 >

在"病人"关系模式中,"登记号"为主键,"管床医生工号"为外键。

　　外键并不一定要和引用的主键同名。在实际数据库设计中,为了增强可读性,当外键与引用的主键属于不同关系时,通常给它们取相同的名称。

　　(3)若实体间的联系是多对多联系($m:n$),则各个实体可以直接转换为关系模式,联系则独立转换为一个关系模式,其属性包括联系自身的属性和相连各实体的主键。

　　例如,"病人"和"护士"之间是多对多联系,将 E-R 图转换为关系模式为

病人(登记号,姓名,性别,年龄)

护士(工号,姓名,性别,年龄,职称)

护理(登记号,工号,护理记录)

　　在新增的"护理"关系模式中,"登记号""工号"组合为主键,"登记号"为外键,"工号"为外键。

　　(4)具有相同主键的关系模式可合并。

　　为了减少数据库系统中的关系模式,如果两个关系模式具有相同的主键,可以考虑将它们合并为一个关系模式。合并方法是将其中一个关系模式的全部属性加入另一个关系模式,然后去掉其中的同义属性(可能同名也可能不同名),并适当调整属性的次序。

6.5.3　关系模型的完整性约束

　　关系模型的完整性约束是指对关系表中数据的某种约束规则,它们的存在保证了关系数据的正确性、有效性和一致性。约束条件是现实世界的要求,如果不遵循或没有约束条件,数据库中会存在大量无意义、无价值,甚至是错误的垃圾数据。

　　关系模型的完整性通常包括实体完整性、参照完整性、域完整性和用户定义完整性。实体完整性、参照完整性是关系模式固有的完整性约束,它们一般由 RDBMS 自动维护,被称为关系的两个不变性,是关系模型必须满足的约束条件。用户定义完整性是在某个应用领域中数据需要满足的与具体业务逻辑相关的约束条件,与具体的应用领域和场景密切相关。

　　1. 实体完整性

　　实体完整性约束是对单个关系的约束,与该关系的主键相关。

　　实体完整性(Entity Integrity)是对关系(表)中行的完整性要求:主键必须唯一、不为空且不可重复。如果属性 A(单一属性或属性组)是基本关系 R 的主属性,则属性 A 不能取空值。其中空值表示不存在或不知道的值。由于主键是记录的唯一标识,主键为空则会导致记录的不可区分,这与实体的定义矛盾。

　　实体完整性保证操作的数据非空、唯一且不重复,即要求每个关系(表)有且仅有一个主键,每一个主键的值必须唯一,不能有空值或重复。

　　例如,"病人"关系模式中,"登记号"不能为空,也不能重复。

　　2. 参照完整性

　　数据库中,作为实体的关系之间往往会存在这样一种联系:一个关系中某属性集的取值总是参照另一个关系中某属性集的取值。参照完整性就是外键与主键之间的引用规则。

　　参照完整性约束:如果 F 是关系 R 的外键,F 引用关系 S 的主键 K,则关系 R 中每个元组在 F 上的值要么等于关系 S 某个元组的主键值,即在 K 上的属性值,要么取空值(没有建完)。

　　例如,"管床医生"和"病人"之间通过"工号"建立关联,"病人"关系中的"管床医生工号"引用"管床医生"关系中的主键"工号",在"病人"关系中"管床医生工号"只能来源于"管床医生"

< 157 >

关系中的"工号",或者为空。

3. 域完整性

域完整性指表中列的值域的完整性,包括数据类型、格式、值域范围、是否允许空值等。它是针对某一具体数据库的约束条件,保证表中列不含无效值。域完整性限制了某些属性中的值,将属性限制在一个有限集合中,如要求身份证号为 18 位。CHECK 约束、UNIQUE 约束、default 和 not null 常用于保证列值完整性。

4. 用户定义完整性

用户定义完整性是指针对某一具体关系数据库的约束条件,是某一实际应用所涉及的数据必须满足的语义要求。例如,学生百分制成绩取值范围是 0~100。关系数据库系统要遵循特定应用领域的约束条件(实际应用要求),保证数据在规定的范围内取值。SQL 提供了非空约束、对属性的有效性规则、对记录的 CHECK 约束、触发器等来实现用户的各种完整性要求。

6.6 关系运算

关系代数是以关系为运算对象的一组高级运算的组合。关系代数的运算对象是关系,运算结果也是关系。关系代数中的运算分为两类:传统的关系运算和专门的关系运算。传统的关系运算将关系(表)作为集合,对"水平"方向的行进行运算,而专门的关系运算不仅涉及行还涉及列。

6.6.1 传统的关系运算

传统的关系运算包括并、差、交和笛卡儿积。其中进行并、差、交运算的两个关系必须具有相同的关系模式,即元组有相同的结构。

1. 并

设 R 和 S 是结构相同的两个关系,它们的并是由 R 和 S 这两个关系的元组组成的集合,即是 R 和 S 元组的合并,但是要去掉重复的元组,表示为 R∪S。

2. 差

设 R 和 S 是结构相同的两个关系,它们的差是由属于 R 但不属于 S 的元组组成的集合,即是从 R 中去掉 S 中也有的元组,表示为 R-S。

3. 交

设 R 和 S 是结构相同的两个关系,它们的交是由既属于 R 又属于 S 的元组组成的集合,即是 R 和 S 中共有的元组,表示为 R∩S。

【例 6-1】已知两个关系 R 和 S 如图 6.9 所示,关系 R 代表参加项目 1 的员工,关系 S 代表参加项目 2 的员工。则并运算(R∪S)的结果是参加两个项目的所有员工;差运算(R-S)的结果是参加了项目 1,但没参加项目 2 的员工;交运算(R∩S)的结果是既参加了项目 1 又参加了项目 2 的员工。

结果如图 6.10 所示。

R

工号	姓名
01001	张某
01003	刘某
01005	王某某

S

工号	姓名
01002	刘某某
01003	刘某
01004	陈某

图 6.9 例 6-1 的关系 R 和关系 S

R∪S

工号	姓名
01001	张某
01003	刘某
01005	王某某
01002	刘某某
01004	陈某

R-S

工号	姓名
01001	张某
01005	王某某

R∩S

工号	姓名
01003	刘某

图 6.10 关系 R 与关系 S 运算结果

< 158 >

4. 笛卡儿积

设 R 是一个包含 m 个元组的 j 元关系，S 是一个包含 n 个元组的 k 元关系，则 R 和 S 的笛卡儿积是一个包含 $m×n$ 个元组的 $j+k$ 元关系，表示为 R×S。

【例 6-2】关系 R 是员工记录表，关系 S 是考核记录表，如图 6.11 所示，则 R×S 的结果如图 6.12 所示。

R

工号	姓名
01001	张某
01003	李某某
01005	王某

S

考号	科目	成绩
11001	A	95
11002	B	92

图 6.11　例 6-2 的关系 R 和关系 S

R×S

工号	姓名	考号	科目	成绩
01001	张某	11001	A	95
01001	张某	11002	B	92
01003	李某某	11001	A	95
01003	李某某	11002	B	92
01005	王某	11001	A	95
01005	王某	11002	B	92

图 6.12　关系 R 与关系 S 的笛卡儿积

6.6.2　专门的关系运算

专门的关系运算主要包括 4 种：选择运算、投影运算、连接运算和除运算。其中选择运算可选取符合条件的记录构成新关系，投影运算可选取记录中指定的属性构成新关系，连接运算可选取符合条件的记录连接成新关系，除运算可选取象集中符合条件的记录的多个属性构成新关系。

1. 选择

选择运算是对关系（表）进行水平分割，也可以理解为对元组（记录）做水平方向的选取。选择运算也称限制，是从表中选取满足某种条件的元组（记录）。通常在命令中加上条件子句和逻辑表达式来完成选择运算。例如，从"病人"表中选择年龄在 60 岁以上的元组（记录）。

2. 投影

投影运算是对关系（表）进行垂直分割，即对元组（记录）做列方向的筛选。投影运算是在一个关系中选取某些属性或列，并重新排列属性，再删掉重复元组（记录）后构成的新关系。例如，筛选出"病人"表中的"姓名"和"年龄"列。

3. 连接

连接是一个二元运算，它从两个关系的笛卡儿积中选取属性满足一定条件的元组（记录）。因此，可以认为，连接运算是传统关系运算笛卡儿积和选择运算的合并运算。

连接运算中有两种最为重要的常用连接，一种是等值连接，另一种是自然连接。

（1）等值连接。等值连接从关系 R 和关系 S 的笛卡儿积中选取 A 属性和 B 属性相等的元组（记录）。

【例 6-3】关系 R 是员工记录表，关系 S 是考核记录表，则关系 R 和关系 S 按"工号"和"考号"等值连接的结果如图 6.13 所示。

R

考号	姓名
01001	张某
01003	李某某
01005	王某

S

考号	科目	成绩
01001	A	95
01001	B	90
01002	B	92
01003	A	96
01004	C	97

工号	姓名	考号	科目	成绩
01001	张某	01001	A	95
01001	张某	01001	B	90
01003	李某某	01003	A	96

图 6.13　关系 R 与关系 S 的等值连接

（2）自然连接。自然连接是一种特殊的等值连接，它要求两个关系中进行比较的分量必须是相同的属性，并且在结果中把重复的属性列去掉。

一般的连接操作是从行的角度进行运算，但自然连接还需要取消重复列，所以是同时从行和列的角度进行的运算。

< 159 >

【例6-4】关系 R 是考生记录表，关系 S 是考核记录表，则关系 R 和关系 S 按"考号"自然连接的结果如图 6.14 所示。

R

姓名	考号
张某	01001
李某某	01003
王某	01005

S

考号	科目	成绩
01001	A	95
01001	B	90
01002	B	92
01003	A	96
01004	C	97

姓名	考号	科目	成绩
张某	01001	A	95
张某	01001	B	90
李某某	01003	A	96

图 6.14 关系 R 与关系 S 的自然连接

自然连接与等值连接的主要区别如下。

① 等值连接中相等的属性可以是相同属性，也可以是不同属性，而自然连接中相等的属性必须是相同的属性。

② 自然连接的连接结果必须去除重复属性，而等值连接不需要去除重复属性。

③ 自然连接用于有公共属性的情况。如果两个关系没有公共属性，则它们不能进行自然连接，而等值连接无此要求。自然连接在多表数据调用时常用。

4. 除

除运算是同时从行和列角度进行运算。给定关系 R(X,Y) 和 S(Y,Z)，其中 X,Y,Z 为属性组。R 中的 Y 与 S 中的 Y 可以有不同的属性名，但必须出自相同的域集。关系 R 和 S 的除运算是一个二元运算，记作 R÷S。R÷S 得到一个新的关系 P(X)，P 只包含关系 R 的属性组 X，是关系 R 在其属性 X 上的投影。该属性不包含在关系 S 中。同时，P 包含的元组又要满足一定的条件：元组在 X 上分量值 x 的象集 Y_x 包含 S 在 Y 上投影的集合。

【例6-5】关系 R 是职员承担项目表，关系 S 是项目列表，R÷S 的结果如图 6.15 所示。R÷S 的结果可以理解为在 R 中挑选出参加了所有 S 所列项目的员工的工号和姓名。

具体计算过程如下。

（1）关系 R 中属性组(工号,姓名)的取值为{(08001,张三),(08002,李大毛),(08003,王强)}。

（08001,张三）的象集为{A,B,C}。

（08002,李大毛）的象集为{A,D}。

（08003,王强）的象集为{B,C}}

（2）关系 S 在属性"项目"上的投影为{A,B}。

（3）找出属性组(工号,姓名)象集包含关系 S 在属性"项目"上的投影的取值，即为新关系 R÷S。此处通过比较（1）和（2）的结果，可以发现只有记录（08001,张三）的象集包含关系 S 在属性"项目"上的投影，所以 R÷S 只有一个记录（08001,张三）。

R

工号	姓名	项目
08001	张山	A
08001	张山	B
08001	张山	C
08002	李大毛	A
08002	李大毛	D
08003	王强	B
08003	王强	C

S

项目	项目名称	预算
A	AAAA	20000
B	BBBB	15000

R÷S

工号	姓名
08001	张山

图 6.15 关系 R 与关系 S 的除运算

< 160 >

6.7　关系的规范化

在关系数据库系统中，关系模型包括一组关系模式，并且各关系模式不是完全孤立的。要设计一个合适的关系数据库系统，关键在于数据库的关系模式的设计，一个好的数据库系统应该包括多少关系模式，每个关系模式应该包括哪些属性，又如何将这些相互关联的关系模式组建成一个合适的关系模型，这些问题决定了整个系统的运行效率，直接影响到数据库设计的成败。

6.7.1　关系规范的必要性

下面考虑"护士-病人"实体及联系设计为一个关系模式，该关系的示例数据如表 6.1 所示。

表 6.1　护理记录表

工号	姓名	职称	病历号	病人姓名	性别	年龄	护理记录
3001	张某	护士	90001	张 1	男	28	……
3001	张某	护士	90002	李 1	男	35	……
3001	张某	护士	90005	王 1	女	20	……
3002	李某	主管护士	90001	张 1	男	28	……
3002	李某	主管护士	90003	王 2	女	40	……
3003	徐某	主任护士	90002	李 1	男	35	……

由表 6.1 不难看出，这个关系存在以下问题。

（1）数据冗余。一个护士护理多个病人，一个病人由多个护士护理，护士的个人姓名、职称重复出现多次，病人的姓名、性别、年龄也重复出现多次，造成大量冗余数据。数据冗余不但增加数据库的数据量，耗费大量的存储空间和运行时间，而且容易造成数据的不一致或其他异常，增加数据查询和统计的复杂度。

（2）插入异常。表 6.1 的主键为(工号,病历号)，主键不能取空值，也就是说，工号和病历号不能为空，这会引发插入异常。如果需要插入一个新护士，因为还没有护理病人，这个新护士的个人信息就无法插入；同样，如果病人还没有开始被护士护理，病人的个人信息也无法插入。数据库模式设计得不好，导致应用领域的一些必备信息无法存入，这是数据库系统设计中的一个严重问题。

（3）删除异常。例如，如果因某种原因删除"张某"个人信息，则需要删除所有包含"张某"的元组，即表中第 2～4 行都要删除，而病历号为"90005"的元组在表中只有一条，随着这行记录的删除，"90005"病人信息也被删除，这时出现病人信息丢失，数据库中无法反映出存在"90005"病人。这种情况属于删除异常，在删除某种数据的同时将其他数据也删除了。

（4）更新异常。对于冗余数据多的数据库，当执行数据修改操作时，系统必须修改所有重复出现的数据，这使得修改数据的操作复杂度高，但更致命的问题是，如果系统的某种故障导致冗余的数据一部分被修改，另一部分未被修改，则会造成数据不一致，影响数据的完整性，使得数据库中的数据不能反映应用领域的真实情况，这是更新异常带来的严重问题。

由此可见，关系模式如果设计不好，就可能存在数据冗余、插入异常、删除异常、更新异常等问题。为了解决这些问题，需要对关系模式进行规范和优化。

6.7.2　关系规范化理论

1971 年，E.F.科德（E.F.Codd）提出了规范化理论。将关系模式规范化可以有效地解决数据冗余、插入异常、删除异常、数据不一致等问题。

关系数据库中的关系模式需要满足一定的约束条件，这种约束条件称为范式。根据约束的级别不

< 161 >

同，范式由高到低分别为 1NF、2NF、3NF、BCNF、4NF、5NF。各范式之间的关系为 5NF⊂4NF⊂BCNF⊂3NF⊂2NF⊂1NF。

1. 第一范式（1NF）

如果关系 R 所有属性均为简单属性，即关系 R 的每一个属性都是不可再分的，则 R∈1NF。

满足 1NF 的关系称为规范化的关系，否则称为非规范化的关系。关系数据库研究的关系都是规范化的关系，1NF 是关系模式应具备的基本条件。如表 6.2 所示，"体重结构"不是简单属性，可以再分，因此，该表是非规范化的关系，并不满足 1NF 的范式要求，应将其拆分为表 6.3 所示的关系。

表 6.2　具有组合数据项的非规范化关系

编号	性别	年龄	身高	体重	体重结构		
					肌肉重	无机盐	脂肪重
001	女	23	155.2	54.1	34.9	2.6	16.6
002	男	25	178	60.2	52	3.6	4.6
003	女	23	155	54	35.1	2.6	16.3

表 6.3　消除组合数据项后的规范化关系

编号	性别	年龄	身高	体重	肌肉重	无机盐	脂肪重
001	女	23	155.2	54.1	34.9	2.6	16.6
002	男	25	178	60.2	52	3.6	4.6
003	女	23	155	54	35.1	2.6	16.3

表 6.3 是规范化的关系，属于 1NF。1NF 仍可能出现数据冗余和异常操作问题，因此还需要去除局部函数依赖。

2. 第二范式（2NF）

若关系 R∈1NF，且每个非主属性都完全函数依赖于候选键，则 R∈2NF。

不满足 2NF 的关系模式显然存在非主属性对关键字的部分依赖情况，这样会引起关系的冗余存储，带来更新异常问题。

表 6.1 中的键是(工号,病历号)，其中的非主属性"病人姓名"并非完全函数依赖于(工号,病历号)，而只需其中的"病历号"即可确定"病人姓名"。因此，表 6.1 不属于 2NF。

将一个 1NF 的关系模式变为 2NF 的方法是，通过模式分解，使任一非主属性完全函数依赖于它的任一候选键，目的是消除非主属性对键的部分函数依赖。

下面对表 6.1 做分解（投影）处理，使其属于 2NF。

模式①　护士(工号,姓名,职称)

模式②　护理(工号,病历号,病人姓名,性别,年龄,护理记录)

模式①中的非主属性"姓名"和"职称"均完全函数依赖于工号，因此属于 2NF。

模式②中的"病人姓名"不完全函数依赖于(工号,病历号)，只依赖于"病历号"，因此模式②不属于 2NF，将模式②继续分解为

模式③　病人(病历号,姓名,性别,年龄)

模式④　护理(工号,病历号,护理记录)

模式③中的非主属性"姓名""性别""年龄"完全函数依赖于键"病历号"，模式④中的非主属性"护理记录"完全函数依赖于键(工号,病历号)。因此，模式③和模式④属于 2NF。

最后，表 6.1 关系模式规范化为达到 2NF 的模式：

< 162 >

护士(工号,姓名,职称)

病人(病历号,姓名,性别,年龄)

护理(工号,病历号,护理记录)

3．第三范式（3NF）

若关系 R∈2NF，且每个非主属性都不传递函数依赖于 R 的候选键，则 R∈3NF。3NF 的目的是消除非主属性对键的传递函数依赖。

例如，职工(工号,姓名,性别,科室,科主任)，它不满足 3NF。"工号"为该关系的键，可推导出"工号"→"科室→"科主任"，出现传递函数依赖关系，非主属性"科主任"传递函数依赖于"工号"。

将 3NF 规范化时遵循的原则与 2NF 相同，通过投影分解转换。职工(工号,姓名,性别,科室,科主任)可投影分解为职工(工号,姓名,性别,科室)，科主任(科室,姓名)。

前述分解的关系模式"护士(工号,姓名,职称)，病人(病历号,姓名,性别,年龄)，护理(工号,病历号,护理记录)"不存在传递函数依赖于候选键，因此属于 3NF。

4．BC 范式（BCNF）

若关系 R∈1NF，且每个属性都不传递函数依赖于任意一个候选键，则称这个关系属于 BC 范式（BCNF）。通常认为 BCNF 是修正的第三范式，即在第三范式的基础上，还要求所有主属性都不能传递函数依赖于任意一个候选键。

如果 R 属于 BCNF，则 R 具有以下 3 个性质。

（1）所有非主属性都完全函数依赖于候选键；

（2）所有主属性都完全函数依赖于每个不包含它的候选键；

（3）没有任何属性完全函数依赖于非键的任何一组属性。

BCNF 由 1NF 直接定义而成的，可以证明如果 R 属于 BCNF，则 R 属于 3NF 一定成立。但是 R 属于 3NF，R 未必属于 BCNF。

例如，前述的关系模式护士(工号,姓名,职称)，如果"姓名"不重复，则有"工号"和"姓名"两个候选键，这时这个关系属于 3NF，但不属于 BCNF。

5．关系规范化总结

在关系数据库中，低级范式的关系模式通常存在数据冗余和操作异常现象，为此需要将关系模式规范化。关系模式规范化基本过程如下。

（1）对 1NF 关系进行投影，消除原关系中非主属性对键的部分函数依赖，从而产生若干个 2NF 的关系。

（2）对 2NF 关系进行投影，消除原关系中非主属性对键的传递函数依赖，从而产生若干个 3NF 的关系。

（3）对 3NF 关系进行投影，消除原关系中主属性对键的部分函数依赖和传递函数依赖，得到一组 BCNF 的关系。

规范化的基本思想是逐步消除数据依赖中不合适的依赖关系，通过模式分解的方法使关系模式逐步消除数据冗余和操作异常，保持数据的一致性；但这也导致了一些缺点，例如，数据放在不同的表中，在查询数据时需要连接表，降低了查询效率。

规范化的基本原则：由低到高，逐步规范，权衡利弊，适可而止。通常，以满足 3NF 为基本要求，同时满足应用需求。实际上，并不一定要求全部模式都达到 BCNF，有时故意保留部分冗余可能更方便查询数据。尤其对于那些更新频度不高、查询频度极高的数据库系统更是如此。

!）注意

　　满足最小冗余要求必须以分解后的数据库能够表达原来数据库所有信息为前提。分解后的关系模式集合应当与原关系模式"等价"，即经过自然连接可以恢复原关系模式结构而不丢失信息，并保持属性间合理的联系。

< 163 >

6.8 数据库系统开发设计过程

数据库系统设计指根据系统及用户需求，构建相应数据库及应用系统的过程。任务是在实际业务数据应用环境下，在需求分析基础上构造最优数据库模式，包括数据库逻辑模式和物理结构，构建相应的数据库及应用系统，便于有效地处理、管理和存储数据，满足用户对数据处理和信息资源的需求。

多年来，经过人们不断努力探索，形成了多种数据库设计方法。按照规范化的设计方法，可将数据库系统开发设计过程分为 6 个阶段：需求分析、概念结构设计、逻辑结构设计、物理结构设计、数据库的实施、数据库系统运行和维护。其中概念结构设计、逻辑结构设计、物理结构设计是数据库系统框架和数据库结构的设计，属于静态设计；数据库的实施是数据库的行为设计，是操作数据库的应用程序的设计，即设计应用程序、事务处理等，属于动态设计，又称为动态模式设计。

1. 需求分析

需求分析的任务是详细调查现实业务要处理的对象，通过充分调研和分析原系统的工作情况，明确系统及用户的各种需求，经规范化和分析后形成系统需求分析说明书。需求分析一般分为以下两个阶段完成。

（1）调查、收集、分析用户需求。主要包括：调查组织机构情况（及目标和规划）；调查各部门的业务活动情况；明确用户对新系统的各种具体要求（功能、性能等）；确定系统（业务）边界及接口。

（2）编写系统需求分析说明书。主要包括：系统概况，包括系统的目标、范围、背景、历史和现状等；系统的运行及操作的主要原理和技术；系统总体结构和子系统的结构描述及说明；系统总体功能和子系统的功能说明；系统数据处理概述、工程项目体制和设计阶段划分；系统方案及技术、经济、实施方案可行性等。

2. 概念结构设计

概念结构设计的任务是将需求分析中业务数据处理等实际需求抽象为信息结构（概念模型），是数据从现实世界向机器世界转换的一个重要阶段，也是整个数据库系统设计的关键。

概念结构设计将现实世界中的客观事物对象抽象为不依赖任何 DBMS 支持的数据模型，如 E-R 图。概念结构的设计应遵循以下要求。

（1）直观，易于理解，概念模型便于研发人员和用户直接交流；

（2）能够真实且充分地描述现实世界的具体事物特征；

（3）当应用环境和业务需求改变时，概念模型易于扩充、修改、完善；

（4）便于向关系模型、网状模型、层次模型等各种具体数据模型转换。

概念结构设计的基本步骤如下。

（1）进行数据抽象，设计局部 E-R 模型。

（2）集成各局部 E-R 模型，形成全局 E-R 模型。

3. 逻辑结构设计

逻辑结构设计的任务是把概念结构设计产生的概念数据库模式转换成逻辑数据库模式，即把 E-R 图转换成与选用的 DBMS 产品所支持的数据模型相符合的逻辑结构。

逻辑结构设计分为如下 3 个步骤。

（1）将概念结构转化为数据模型（关系、网状、层次）。

（2）将转化成的模型向特定 DBMS 支持的数据模型转换。

（3）对数据模型进行优化（规范化）。

< 164 >

对于关系数据库系统，逻辑结构设计就是将 E-R 图转换为关系模式，并对关系模式进行规范化，以满足 3NF 为基本要求，同时满足应用需求。

4．物理结构设计

数据库物理结构设计的任务是为上一阶段得到的数据库的逻辑结构选择适合应用环境的物理结构，确定在物理设备上所采用的存储路径、存储结构和存取方法，然后对该存储模式进行性能评价。物理结构性能评价重点是时间效率和空间效率的评价。

若评价结果满足用户的需求，则可进入数据库的实施阶段，否则需要修改或重新设计物理结构，在必要时甚至需要返回数据库的逻辑结构设计阶段，重新修改关系模式。经过这样的多次反复，最后得到一个性能较好的存储模式。

5．数据库的实施

数据库的实施（实现）是指在需求分析、概念设计、逻辑设计和物理设计的基础上，研发数据库应用系统，构建具体数据库结构并输入数据，进行调试和试运行的过程，主要工作如下。

（1）系统功能分析、系统功能设计、事务设计。

（2）编制与调试应用程序。数据库应用程序实现可以与数据库结构设计同步进行。

（3）数据库系统试运行。数据库系统试运行也称为联合调试，主要包括功能测试、性能测试和安全可靠性测试。

（4）建立实际数据库结构。确定数据库的逻辑结构与物理结构后，就可用所选的 DBMS 提供的数据定义语言严格描述数据、表及视图的具体库结构。

（5）加载数据。调试应用程序时由于数据入库尚未完成，可先使用模拟数据。对应用程序的调试需要实际运行数据库应用程序，执行对数据的各项操作，测试应用程序的功能是否满足要求。

（6）整理文档。在程序的编制和试运行中，应将发现的问题和解决方法记录下来，将它们整理存档，供以后正式运行和改进时参考。全部的调试工作完成之后，应编写应用系统的技术操作说明书，在系统正式运行时提交给用户。

6．数据库系统运行和维护

数据库试运行结果符合设计目标后，数据库就可真正投入运行。数据库投入运行标志着开发任务的基本完成和维护工作的开始，对数据库设计进行评价、调整、修改等维护工作是一个长期的任务，也是设计工作的延续和提高过程。后续的运行和维护工作包括数据库的备份和恢复、数据库的安全保护、完整性控制、监视并改善数据库性能、数据库的重组织和重构等。

习题

1．单选题

（1）以下英文缩写中，表示数据库管理系统的是（　　　）。

    A．DB　　　　　　　B．DBS　　　　　　　C．DBMS　　　　　　D．DDBS

（2）数据库系统依靠（　　　）支持数据的独立性。

    A．具有封锁机制　　　　　　　　　　B．具有并发控制机制

    C．模式分级，各级之间有映像机制　　D．具有数据完整性机制

（3）E-R 图表示的是（　　　）。

    A．关系模型　　　　B．逻辑模型　　　　C．物理模型　　　　D．概念模型

（4）用树形结构表示实体之间联系的模型是（　　　）。

    A．关系模型　　　　B．网状模型　　　　C．层次模型　　　　D．概念模型

< 165 >

（5）用二维表结构表示实体与实体间联系的数据模型为（　　　）。

    A. 关系模型　　　　B. 网状模型　　　　C. 层次模型　　　　D. 面向对象模型

（6）在关系数据库中，唯一标识一个元组（记录）的一个或多个属性（字段）叫作（　　　）。

    A. 候选键　　　　B. 外键　　　　C. 控件　　　　D. 关系

（7）Oracle、SQL Server、Access 这几种 DBMS 产品采用的是（　　　）。

    A. 关系模型　　　　B. 网状模型　　　　C. 层次模型　　　　D. 文档模型

（8）关系数据库管理系统能实现的专门的关系运算包括（　　　）。

    A. 排序、索引、统计　　　　　　　　B. 选择、投影、连接

    C. 关联、更新、排序　　　　　　　　D. 显示、预览、制表

（9）同一个关系的任意两个元组值（　　　）。

    A. 不能完全相同　　B. 可以完全相同　　C. 必须完全相同　　D. 没有任何规定

（10）设有关系模式 R 和 S，关系代数表达式 R-（R-S)表示的是（　　　）。

    A. R∪S　　　　B. R∩S　　　　C. R-S　　　　D. R×S

2. 填空题

（1）数据库系统中，实现数据管理功能的核心软件称为_____。

（2）在 E-R 图中，主要元素是实体型、属性和_____。

（3）主键约束是关系的_____完整性约束，外键约束是关系的_____完整性约束。

（4）在关系运算中，查找满足一定条件的元组的运算称为_____。

（5）传统的关系运算"并、交、差"运算施加于两个关系时，这两个关系必须_____。

（6）关系代数中，连接运算包括_____运算和_____运算。

（7）数据库系统设计的基本步骤是_____。

（8）将 E-R 图向关系模型转换是数据库设计_____阶段的任务。

< 166 >

第7章 Access 2016 数据库基础

Access 为初学者提供了表、查询、窗体、报表设计器，表达式及宏生成器等可视化的操作工具，还提供了数据库向导、表向导、查询向导、窗体向导、报表向导等多种向导，用户不用编写一行代码，就可以在短时间里开发出一个功能强大且相当专业的数据库应用程序，并且这一过程完全是可视的。Access 还为开发者提供了 Visual Basic for Application（VBA）编程功能。

本章主要介绍 Access 2016 的工作环境、数据对象的构成，数据库的设计及创建。

本章重点：Access 2016 数据库各对象的含义及数据库的创建。

7.1 Access 简介

Access 是美国 Microsoft 公司开发的基于 Windows 操作系统的关系数据库管理系统（Relational Database Management System，RDBMS），是 Microsoft Office 的家庭成员之一，常用于开发小型数据库系统，也可用在中小型企业和大型公司中，来管理大型的数据库。

Access 经历了一个长期的发展过程。1992 年 11 月 Microsoft 公司发行了 Access 1.0，从此，Access 不断改进和优化，自 1995 年起，Access 成为办公软件 Office 95 的一部分。多年来，Microsoft 公司先后推出的 Access 版本有 2.0、7.0/95、8.0/97、9.0/2000、10.0/2002，以及 Access 2003、2007、2010、2013、2016、2019 等版本，本书选用 Access 2016 为教学背景。

Access 2016 是一个面向对象的、采用事件驱动的关系数据库管理系统，在安装 Office 2016 时，Access 2016 默认安装到计算机中，它具有与 Word、Excel、PowerPoint 相似的操作界面和使用环境，深受广大用户的喜爱。

Access 2016 不仅为数据库的表、查询、窗体、报表、宏等对象提供了设计器，并对数据库、表、查询、窗体、报表等提供了多种向导，用户使用 Access 2016 可以方便快捷地构建一个功能完善的数据库系统。它也常被用来开发简单的 Web 应用程序。除此之外，Access 2016 还提供了如下功能。

（1）VBA 编程功能。Access 提供的 VBA 开发工具内置了丰富的函数，使数据库开发人员可以开发出功能更加完善、操作更加简便的管理系统。

（2）数据的交换和共享功能。Access 可以通过开放式数据库互连（Open Database Connectivity，ODBC）与 Oracle、SQL Server 等数据库相连。此外，作为 Office 家族的一员，Access 还可以与 Word、Excel 等其他 Office 软件实现数据的交互和共享。

（3）作为应用程序的后台数据库。Access 作为开发工具，可以开发仓库管理系统、人事管理系统、客户管理系统和图书管理系统等，并作为这些管理系统的后台数据库。

7.2 Access 2016 的工作环境

在安装 Office 2016 之后，可以单击"开始"→"Access 2016"启动 Access 2016，出现图 7.1 所示的 Access 2016 起始页。

前面章节中我们学习了 Office 2016 的家族成员 Word 2016、Power Point 2016 及 Excel 2016 的启动和退出，Access 2016 也是 Office 2016 的家族成员之一，Access 2016 的启动和退出操作和它们相似，在此不再赘述。

7.2.1 Access 2016 起始页

从图 7.1 可以看出，Access 2016 的起始页分为左右两个部分，左侧列出了"最近使用的文档"和"打开其他文件"按钮，右侧显示的是新建数据库可以使用的模板。

在起始页右侧可以联机搜索 Access 数据库模板，还可以创建空白桌面数据库、基于模板创建数据库、自定义 Web 应用程序。

知识扩展

单击起始页左侧"最近使用的文档"列表中的文件（如图 7.1 中的图书管理.accdb）可以打开相应数据库文件，单击"打开其他文件"按钮即可进入图 7.2 所示的"打开"界面，在此界面中可以打开"最近使用的文件"，或者选择"这台电脑"中其他位置的数据库文件，也可以打开其他已存在的数据库文件。

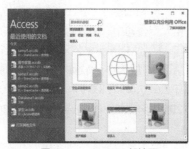

图 7.1 Access 2016 起始页

图 7.2 "打开"界面

注意

如果双击数据库文件启动 Access 2016，就看不到起始页。

7.2.2 Access 2016 的工作窗口

创建或打开一个数据库文件会打开图 7.3 所示的工作窗口，Access 2016 工作窗口包含标题栏、快速访问工具栏、功能区、导航窗格、工作区和状态栏等。

1. 标题栏

标题栏位于 Access 2016 工作窗口的顶端，用于显示当前已经打开的数据库文件名。标题栏左侧是快速访问工具栏，右侧是"Microsoft Access 帮助"按钮和窗口的最小化、最大化及关闭按钮。

2. 快速访问工具栏

快速访问工具栏位于标题栏左侧，其中默认的命令

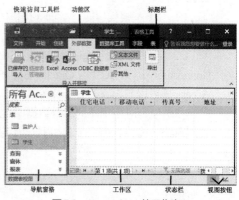

图 7.3 Access 2016 的工作窗口

< 168 >

包括"保存""撤销"和"恢复",如图 7.4 所示。用户可以单击快速访问工具栏右侧的下拉按钮,打开"自定义快速访问工具栏"下拉列表,如图 7.5 所示。单击下拉列表中的命令即可把相应命令添加到快速访问工具栏,供用户使用,结果如图 7.6 所示。

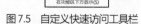

图 7.4 默认状态的快速访问工具栏

图 7.5 自定义快速访问工具栏

图 7.6 添加命令后的快速访问工具栏

3. 功能区

功能区位于标题栏下方,它以选项卡的形式将各种命令组合在一起。Access 2016 的功能区包含"文件""开始""创建""外部数据""数据库工具"5 个标准选项卡。单击某个选项卡标签,相应的选项卡处于选中状态,处于选中状态的选项卡标签通常反白显示,图 7.3 显示的是"外部数据"选项卡。单击选项卡中的命令按钮,可以快速调用某一个功能。

除此之外,根据当前操作的对象及正在执行的操作的上下文情况,在标准选项卡的右侧还会自动添加一个或多个上下文选项卡。图 7.3 中的工作区显示是"学生"表的数据表视图,所以系统在功能区自动添加的是"表格工具-表"和"表格工具-字段"两个上下文选项卡。

4. 导航窗格

导航窗格位于功能区下方的左侧,可实现对当前数据库的所有对象的管理和对相关对象的选项组织。导航窗格显示数据库中的所有对象,并按类别将它们分组。

(1)**显示/隐藏导航窗格**。图 7.3 中的导航窗格处于显示状态,单击右侧的"百叶窗开/关"按钮 《,可以隐藏导航窗格,结果如图 7.7 所示,再单击"百叶窗开/关"按钮,导航窗格又处于显示状态,结果如图 7.8 所示。

(2)**展开/折叠对象**。如果某类对象有多个子对象,在导航窗格的右上角单击下拉按钮,在下拉列表中单击"浏览类别"→"对象类型"命令,即可管理数据库对象,每类对象右侧会有 《 或 》 按钮,如图 7.8 所示,"表"和"查询"对象处于展开状态,"窗体"和"报表"对象处于折叠状态。单击某类对象右侧的"折叠"按钮 《,可以折叠某类对象,单击对象右侧的"展开"按钮 》,则展开对象。

(3)**对象分组**。分组是一种分类管理数据库对象的有效方法,在 Access 2016 数据库中,如果某个表绑定到窗体、查询和报表,则导航窗格可把这些对象归类组织在一起显示。例如,在导航窗格下拉列表中单击"浏览类别"→"表和相关视图"命令,如图 7.9 所示,数据库对象就会根据各自的数据源进行分类,显示结果是根据"监护人"数据源进行分类的,如图 7.10 所示。

图 7.7 导航窗格隐藏状态

图 7.8 导航窗格显示状态

图 7.9 浏览类别

图 7.10 "监护人"数据源分类

< 169 >

【观察与操作】请读者观察图 7.9，图中除了按"对象类型""表和相关视图"的对象选项组织方式外，还列出了"创建日期""修改日期""按选项组筛选"等，请动手操作一下，观察这些对象选项组织方式和前面介绍的两种选项组织方式有何不同。

5．工作区

工作区位于功能区下方的右侧。在 Access 2016 中，可以同时打开多个对象，在工作区中，通常以选项卡的形式显示所打开对象的相应视图，并在工作区顶端显示出所有已打开对象的选项卡标签，但仅显示活动选项卡的内容。如图 7.11 所示，工作区中打开了"学生"表和"监护人"表，以及"学生列表"窗体，活动选项卡为"学生列表"。

图 7.11　选项卡

6．状态栏

状态栏位于 Access 2016 工作窗口的底部，显示 Access 当前的运行状态和视图方式，其右侧是与工作区活动对象相关的视图按钮。

7.2.3　Backstage 视图窗口

Access 2016 的"文件"选项卡对应的窗口即为 Backstage 视图窗口，默认选中"信息"命令，如图 7.12 所示。可以在 Backstage 视图窗口中单击"新建"命令新建一个数据库，单击"打开"命令打开现有数据库、单击"关闭"命令关闭数据库，还可以将数据库文件另存。

图 7.12　Backstage 视图窗口

7.3　Access 2016 数据库对象

在 Access 数据库中，任何事物都可称为对象，即 Access 数据库由各种对象组成。Access 2016 数据库主要由表、查询、窗体、报表、宏和模块六大对象组成，使用它们可以方便地存储数据、检索数据、输出报表、开发应用系统等。下面我们简单地了解一下数据库中的 6 种对象。

1．表

表是数据库中用来存储数据的对象，是数据库中存储数据的唯一单位。Access 数据库中的所有数据都是以表的形式存储的，表是整个数据库系统的基础。Access 数据库中的一个数据表就是一个二维表，类似于 Excel 电子表格中的一个工作表，表中的列称为字段，表中的每一行称为记录，记录是由一个或多个字段选项组成的。

在建立和规划数据库时，首先要根据需求分析，将不同主题信息分类设计存放在不同的表中，Access 允许一个数据库包含多个表，用户可以在不同的表中存放不同类型的数据。每个表不是孤立的，表与表之间可以通过共同字段建立关系，关系将不同表中的数据联系起来，以供用户使用。

2．查询

查询是按照一定条件动态地从数据库中一个或多个表中选择所需的数据，从而形成一个动态数据集，这个动态数据集只是一个虚拟的表，在运行查询时才显示结果，关闭查询时数据库中并不保存查询结果，即查询对象中保存的是查询准则，并不是查询结果数据集。例如，通过教务管理系统查看期末考试成绩，其实质就是根据学生学号将学生的各科成绩从教务管理数据库中的各个表中提取出来形成一个动态的数据集，供大家查看。

< 170 >

3．窗体

窗体对象是数据库和用户交互的操作界面，窗体的数据源通常为表或查询。用户通过"绑定"型窗体（窗体直接连接到表或查询）可以输入、查看、添加、更改或删除数据库记录。"未绑定"型窗体不会直接链接到数据源，但可包含运行应用程序所需的命令按钮、标签或其他控件。

4．报表

在 Access 中，可以利用报表将一个或多个表中的数据抽取出来进行分析、整理和计算，并按指定的样式对数据进行格式化输出。另外，还可以利用报表制作各种标签，将标签打印、裁剪成合适的大小贴在要标识的物品上。

5．宏

Excel 中有宏和 VBA 编程功能，Access 中也有此功能。宏是由可实现特定功能的一个或多个操作命令构成的集合，如打开某个表或窗体、打印某个报表、关闭某个窗口等。

可以把经常使用的任务，如显示或隐藏工具栏、打开或关闭数据库表或窗体、打开提示信息、显示警告、实现数据输入和输出等操作制作成宏。执行宏时，系统会自动执行这些任务，从而节省操作时间。

> **注意**
>
> 许多宏都是使用 VBA 创建的，并由软件开发人员负责编写。恶意用户通常会利用宏在用户的计算机或网络中安装恶意软件，如病毒。所以当打开包含宏的文件时，会出现带有防护图标和"启用内容"按钮的黄色消息栏，如果确信该宏的来源可靠，可在消息栏上单击"启用内容"按钮。

6．模块

模块利用 VBA 编程语言，将 VBA 的声明、语句和过程作为一个单元存储在集合内。在 Access 中，创建模块对象的过程就是使用 VBA 编写程序的过程。

Access 中的模块可以分为"类模块"和"标准模块"两类。"类模块"包含各种事件过程，"标准模块"包含与任何其他特定对象无关的常规过程，"标准模块"位于导航窗格中的"模块"下，"类模块"则未列出。

7.4 Access 数据库设计

利用 Access 建立数据库之前，必须先进行数据库设计。Access 数据库设计的主要任务是设计出合理的、符合关系规范化要求的表及表间的联系。数据库应用系统的开发分为需求分析、概念结构设计、逻辑结构设计、物理结构设计、数据库的实施及数据库系统运行和维护 6 个阶段。而和数据库设计密切相关的主要是前 4 个阶段。下面以"医学生实习管理"数据库为例，介绍 Access 数据库设计的一般步骤：需求分析、概念结构设计、逻辑结构设计、物理结构设计。

1．医学生实习管理需求分析

医学生实习管理与在校生管理模式不同。实习生的日常考勤由实习单位负责，学校负责检查实习情况，但是由于实习单位分散在省内外，学校检查实习生出勤情况代价非常大。实习成绩也常常因实习单位和实习内容不同而无法用统一的量化分数来衡量。此外，实习生的实习分配、联络、信息汇总、请假销假等事宜，都需要实习生所在的院系负责。实习单位与学校之间的综合协调、数据报送往往完全依赖于快递、QQ、微信等，交流方式过于简单，效率低下，工作人员工作量巨大，还容易造成信息传递失败。因此，有必要建立医学生实习管理系统，以实现实习管理统一化、规范化、信息化。

医学生实习管理涉及的主要工作包括实习生、实习单位、实习科目、院系的基本信息的维护，实

< 171 >

习单位的分配及变更，实习成绩的管理等，根据这些功能需求分析出"医学生实习管理"数据库的主要数据需求如下。

实习生的主要信息包括：学号、姓名、性别、出生日期、政治面貌、照片、院系名称、班级、联系电话。

实习科目的主要信息包括：科目编码、科目名称、实习周数、可选否。

实习单位的主要信息包括：单位代码、单位名称、单位地址、单位网址、联系电话。

院系的主要信息包括：院系代码、院系名称、院系网址、院系电话。

这些信息都需要从"医学生实习管理"数据库中获得。

2. 医学生实习管理概念结构设计

根据需求分析，医学生实习管理系统中的实体应该包括学生、院系、单位、科目。各个实体及其属性、实体间的联系用 E-R 图进行描述。图 7.13 所示为"科目"实体及属性的 E-R 图，图 7.14 所示为"院系"实体及属性的 E-R 图，图 7.15 所示为"学生"实体及属性的 E-R 图，图 7.16 所示为"单位"实体及属性的 E-R 图。

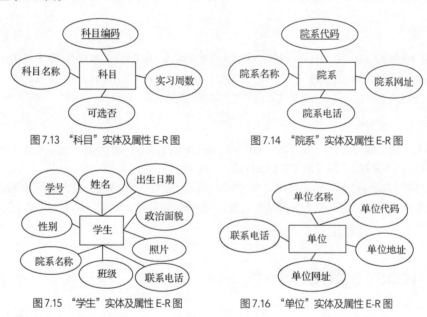

图 7.13 "科目"实体及属性 E-R 图　　　　图 7.14 "院系"实体及属性 E-R 图

图 7.15 "学生"实体及属性 E-R 图　　　　图 7.16 "单位"实体及属性 E-R 图

【实体关系分析】

（1）**院系与学生的关系。**一个院系有多个学生，而一个学生只能在一个院系学习，所以院系实体和学生实体之间是一对多联系。

（2）**单位和科目的关系。**一个实习单位有多个实习科目，一个单位的科目只属于这个单位，所以单位实体和科目实体之间是一对多联系。

（3）**单位与学生的关系。**一个单位被多个学生选择实习，每个学生可选择多个实习单位，所以学生实体和单位实体是多对多联系。

（4）**学生与科目的关系。**一个学生要实习多个科目，一个科目也要被多个学生选择实习，所以科目实体和学生实体之间是多对多联系。

（5）学生选择实习单位和实习科目，会有和实习相关的成绩考核，所以在学生和单位的联系中需添加和成绩相关的"医德医风考核""技能考试成绩""理论考试成绩""平时成绩""病历文书书写"等属性。为了简化 E-R 图，在 E-R 图中不直接设计学生实体和科目实体的多对多联系，而是通过单位构成一对多联系，由此可得"医学生实习管理"数据库中各实体联系 E-R 图，如图 7.17 所示。

< 172 >

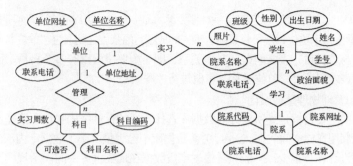

图7.17 各实体联系 E-R 图

【思考题】在实习管理过程中，肯定少不了教师，也就是说医学生实习管理系统中有教师实体。教师的主要信息有工号、单位名称、姓名、性别、出生日期、参加工作时间、政治面貌，请思考一下如何设计出教师实体的 E-R 图，以及加入教师实体后，如何修改各实体联系 E-R 图。

3．医学生实习管理逻辑结构设计

逻辑结构设计的任务是把概念数据模型转换为选用的 DBMS 所支持的逻辑数据模型。由于 Access 是一个关系数据库管理系统，因此逻辑结构设计就是把概念结构设计的 E-R 图转换为 Access 支持的关系模式。Access 的一个关系模式即为一个二维表，关系模式也就是表模式，表模式格式如下。

表名(字段名称 1,字段名称 2,字段名称 3,…,字段名称 n)

表与表之间是有联系的，所以其逻辑结构设计主要包括确定数据库需要建立的表和各表包含的字段及主键，确定表之间的联系。

（1）确定需要建立的表和各表包含的字段及主键。

Access 关系数据库可以直接表示一对一和一对多联系，但不能直接描述多对多联系。所以在将 E-R 图转换为 Access 支持的关系模式时，如果两个实体之间是一对一或一对多联系，通常将一对一或一对多的两个实体各自转换为一个表模式，其实体名转换为表名，其实体属性转换为表的字段。如果两个实体之间是多对多联系，还需把两个实体的联系用一张二维表来表示，将两个实体的主键加入此表，然后根据需要添加相关的联系属性。本节在设计各实体联系 E-R 图时，已经给联系添加了各个实体的主键及相关属性（见图 7.17）。两个多对多的实体需要转换为两个选项组一对多的表模式。因此，与"医学生实习管理"数据库有关的实体及实体之间的联系可表示为 5 张表。

① 院系实体转换为"院系"表，主键为院系名称，表模式：院系(院系名称,院系电话,院系网址)。

② 学生实体转换为"学生"表，主键为学号，表模式：学生(学号,姓名,性别,出生日期,联系电话,院系名称,班级,政治面貌,照片)。

③ 科目实体转换为"科目"表，主键为"单位名称+科目名称"，表模式：科目(单位名称,科目名称,实习周数,可选否)。

④ 单位实体转换为"单位"表，主键为单位名称，表模式：单位(单位名称,单位地址,联系电话,单位网址,可选否)。

⑤ 学生实体与科目实体之间的多对多联系转换为"选科成绩"表，主键为学号+单位名称+科目名称，此时，学号为学生表的外键，单位名称为单位表的外键，科目名称为科目表的外键，表模式：选科成绩(学号,单位名称,科目名称,平时成绩,理论考试成绩,技能考试成绩,病历文书书写,医德医风考核)。

（2）确定表之间的联系。

根据图 7.17，可以确定 5 张表之间的联系。

①"院系"表与"学生"表之间是一对多关系，即一个院系可以有多个学生，而一个学生只能属于一个院系，两张表之间通过"院系名称"字段进行关联。

②"学生"表与"选科成绩"表之间是一对多关系，即一个单位可以接收多个学生实习，而"选科成绩"表中的成绩都只能是某一个学生的，两张表之间通过"学号"字段进行关联。

< 173 >

③"单位"表与"选科成绩"表之间是一对多关系，即一个单位可以有多个学生选择实习，而"选科成绩"表中每一个学生每个单位每个科目只能有唯一的成绩，两张表之间通过"单位名称"字段进行关联。

④"单位"表与"科目"表之间是一对多关系，即一个单位可以有多个科目，而一个科目只能属于一个单位，两张表之间通过"单位名称"字段进行关联。

4．医学生实习管理物理结构设计

物理结构设计的主要目标是为所设计的数据库选择合适的存储结构和存取路径，以提高数据库的访问速度并有效地利用存储空间。在 Access 关系数据库中已大量屏蔽了数据库内部的物理数据模型，因此设计者的物理设计任务很少，一般只需根据字段数据在现实世界中的表示规律设计字段类型、字段大小及索引等。字段类型、字段大小及索引的设计详见第 8 章。

数据库设计完成之后，就可以运用 DBMS 提供的数据语言、工具及宿主语言，根据逻辑结构设计和物理结构设计的结果建立数据库，编制与调试应用程序，组织数据入库，并进行试运行，即进入数据库的实施阶段。数据库应用系统经过试运行后即可投入正式运行，即进入数据库系统运行和维护阶段。在数据库系统运行过程中必须不断地对其进行评价、调整、修改以及备份。

7.5 Access 2016 数据库的创建

在 Access 数据库中，一个数据库的所有表、查询、窗体、报表、宏、模块对象作为一个独立的文件存储在磁盘上，默认扩展名为 accdb。创建一个 Access 数据库应用系统的过程就是创建一个 Access 数据库文件，并在 Access 数据库文件中创建和设置各种对象的过程。Access 2016 提供了两种创建数据库的方法：使用模板创建数据库，创建空白桌面数据库。下面将分别介绍这两种方法。

1．使用模板创建数据库

Access 模板是专业设计人员预先设计的带有内置表、查询、窗体和报表的数据库。Access 2016 提供了很多模板，如"联系人""学生""教职员""任务管理""项目""家庭库存"等，下面以"学生"模板在"D:\Access 数据库"文件夹中创建"学生"数据为例说明具体操作步骤。

（1）启动 Access 2016（如已打开数据库，在功能区单击"文件"→"新建"命令），在模板列表中单击"学生"，系统自动打开一个对话框，默认的文件名为"Database1.accdb"，默认保存位置如图 7.18 所示。

图 7.18　使用模板创建数据库

 提示

默认保存位置因计算机个人设置不同会有差异。

< 174 >

（2）将文件名修改为"学生.accdb"，单击文件名右侧的"浏览"按钮，在打开的对话框中将文件位置修改为"D:\Access 数据库"，然后单击"创建"命令，完成数据库的创建。

提示

　　使用模板创建数据库后，可以查看数据库包含的对象。单击窗口中导航窗格上方的"百叶窗开/关"按钮，展开导航窗格；再单击右上角的下拉按钮，在下拉列表中单击"对象类型"→"学生"命令，可查看"学生"数据库中的各种对象及其用途。

2. 创建空白桌面数据库

Access 桌面数据库可以存储和跟踪任何类型的信息。空白桌面数据库是在个人计算机上使用的数据库，如果 Access 2016 中没有任何模板满足你的需求，你可以从空白桌面数据库开始创建自己的数据库。下面以在"E:\数据库设计实例"文件夹中创建"医学生实习管理"数据库为例，说明创建空白桌面数据库的具体操作步骤。

（1）启动 Access 2016，打开 Access 2016 起始页，在右侧窗格中选择"空白桌面数据库"，打开"空白数据库"对话框。

提示

　　如已进入 Access 的工作窗口，则单击"文件""新建"→"空白桌面数据库"。

（2）如图 7.19 所示，在"文件名"文本框中输入文件名"医学生实习管理.accdb"，单击文件名右侧的"浏览"按钮，在打开的对话框中设置数据库文件的保存位置为"E:\数据库设计实例"。

（3）单击"创建"按钮，即可创建一个空白桌面数据库，并以表的数据表视图打开一个名为"表1"（表 1 为默认的表名）的空白数据表，表中只有一个默认的字段"ID"，没有数据，如图 7.20 所示。

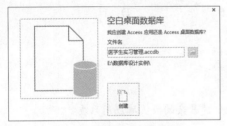

图 7.19　创建空白桌面数据库

图 7.20　新建空白桌面数据库默认表 1 的数据表视图

注意

① 创建的数据库文件最好不要保存在 Windows 的系统盘中。

② 在创建或打开数据库时，如窗口中出现黄色消息栏，请单击消息栏的"启用内容"按钮。

习题

操作 Access 2016
数据库及其对象

1. 单选题

（1）在 Access 2016 的数据库中，一个表相当于（　　）。

　　A. 一张二维表　　　B. 一条记录　　　　C. 一个关系数据库　D. 一个关系代数运算

（2）下列选项中，（　　）不是 Access 2016 数据库对象。

　　A. 窗体　　　　　　B. 选项组合框　　　　C. 报表　　　　　　D. 宏

< 175 >

（3）在 Access 中，如果频繁删除数据库对象，数据库文件中的碎片就会不断增加，数据库文件也会越来越大，解决这一问题最有效的办法是（　　　）。

    A. 谨慎删除，尽量不删除

    B. 选择"压缩数据库"命令，压缩数据库

    C. 选择"修复数据库"命令，修复数据库

    D. 选择"压缩和修复数据库"命令，压缩并修复数据库

（4）下列关于压缩数据库的说法中，不正确的是（　　　）。

    A. 压缩可防止非法访问，从而保障数据库安全

    B. 压缩将会重新组织文件在磁盘上的存储方式

    C. 可以对未打开的数据库进行压缩

    D. 压缩可以优化数据库性能

（5）Access 2016 内置的程序开发工具是（　　　）。

    A. VBA   B. VC   C. VB   D. VF

（6）Access 2016 是一种（　　　）数据库管理系统。

    A. 层次   B. 关系   C. 网状   D. 树形

（7）在 Access 2016 数据库中，用于存储数据的对象是（　　　）。

    A. 查询   B. 表   C. 宏   D. 模块

（8）下面有关表和数据库关系的描述正确是（　　　）。

    A. 一个数据库可包含一个或多个表   B. 数据库是表的一个部分

    C. 关系数据库的表和数据库没有任何关系 D. 一个数据库只能包含一个表

（9）一个 Access 2016 的数据库包含 4 个表、5 个查询和 3 个窗体，则该数据库一共需要（　　　）个文件进行存储。

    A. 12   B. 4   C. 5   D. 1

（10）以下与 Access 2016 相关的叙述中，正确的是（　　　）。

    A. Access 只能使用系统菜单创建数据库应用系统

    B. Access 不具备程序设计能力

    C. Access 只具备了模块化程序设计能力

    D. Access 具有面向对象的程序设计能力，并能创建复杂的数据库应用系统

2. 填空题

（1）Access 2016 是一种_____型数据库管理系统。

（2）一个 Access 2016 数据库可包含六大对象，这六大对象都存储在一个扩展名为_____的数据库文件中。

（3）Access 2016 数据库中有 6 种不同的对象，其中_____是按照一定的条件从一个或多个表中筛选出所需要的数据，而形成的一个动态数据集。

（4）在 Access 数据库的使用过程中，由于对数据库对象的频繁操作会产生碎片，数据库文件会明显增大，既占用存储空间，又影响数据库系统的运行效率和性能。可以使用_____工具来解决此问题。

（5）Access 2016 数据库中有 6 种不同的对象，其中用于打印和输出数据的对象是_____。

< 176 >

第8章 表的创建与管理

一个数据库管理系统通常包括一个或多个主题信息，每一个主题信息对应一个数据库的表对象，所以表是用于存储特定主题数据的数据库对象。例如，医学生实习管理系统的学生主题信息对应"学生"表，院系主题信息对应"院系"表，实习科目主题信息对应"科目"表等。

本章主要介绍表结构的设计、表的创建与编辑、表间关系的建立及编辑。

本章重点：数据库表结构的设计、表间关系的建立。

8.1 表的相关概念

表以列和行的形式将特定主题的数据选项组织在一起，存储在数据库中。每个表由若干行和列选项组成，构成图8.1所示的二维表。下面详细介绍数据表的一些相关概念。

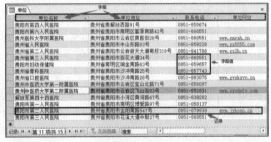

图8.1 单位表

1. 字段

二维表的一列称为数据表的一个字段，它描述数据的一类特征。一个表通常由若干字段构成，每个字段有唯一的名称，称为字段名，同一个字段的所有数据的数据类型相同。如图8.1中所示的"单位名称""单位地址"都是一个字段，分别描述了单位的不同信息。

2. 记录

二维表的一行称为数据表的一条记录，一条记录通常由若干个字段的值构成，每一条记录包含相关主题的一个实例的数据。

3. 字段值

字段值是表中记录的具体数据，一般有一定的取值范围。如图8.1所示，"单位名称"列除第一行的"单位名称"外，其他单元格的值都是"单位名称"字段的字段值。

4. 主键

在 Access 中，每个表只能包含一个主键。主键是一个字段集，又称主关键字，它可以由一个或多个字段选项组成，它（们）的值可以唯一标识一条记录，不能为空值，不能有重复的值。例如"单位"表的主键为"单位名称"，"选科成绩"表中的主键是"学号+单位名称+科目名称"3个字段选项组合而成的一个字段集。

5. 外键

外键为引用其他表中的主键的字段，用于说明表与表之间的关系。例如，"选科成绩"表中的主键为"学号+单位名称+科目名称"，在"学生"表和"选科成绩"表之间，"学号"是"学生"表的主键，但它是"选科成绩"表的外键。

8.2 表的结构设计

要创建一个表，首先要创建表结构，然后录入表记录。表结构描述了一个表的框架，只有定义了合理的表结构，才能在表中存储合适的数据值。设计表结构实际上就是定义组成一个表的字段个数，每个字段的名称、数据类型、属性等。

设计表的结构要考虑以下几个问题。①确定表名。②确定每个字段的字段名称。③确定每个字段的数据类型。Access 2016 提供了 12 种数据类型，可满足字段的不同需要。④确定字段属性，如字段大小、格式、默认值、必填字段、验证性规则、验证性文本、索引等。

下面介绍表名和字段名的相关约定及命名规则，字段的数据类型及字段属性。

8.2.1 表的约定

1. 表的相关约定

数据库的一个表对应一个表对象，表在数据库中是按名存取的，所以每个表都须有唯一的标识，称为表名，数据库中的表不能重名。表的名称要与用途相符，简略、直观、见名知意。字段名是表中一列的标识，同一个表中的字段也不能重名，同一列的数据的数据类型相同，字段值可以相同也可以不同。每条记录包含完全相同的字段，表中记录可以根据需要增加、删除和修改。

2. 表名和字段名的命名规则

表名是表对象在数据库中的唯一标识，字段名是表中一列的唯一标识，它们的命名规则如下。

（1）表名和字段名的最大长度不超过 64 个字符。

（2）表名和字段名可以是字母、汉字、数字、空格和特殊字符（但句号、感叹号、方括号、单引号除外）的任何组合，但不能以空格开头。例如，"SXGL_学生""Teacher"等都是合法的表名。

（3）表名和字段名不能包含控制字符（ASCII 值为 0～31 的字符）。

（4）表名和字段名如果使用字母，Access 不区分字母的大小写。

（5）建议表名使用"T_"开头。

（6）如果字段名使用英文单词，则全部单词采用小写、单词之间用"_"隔开。

8.2.2 字段的数据类型

在 Access 数据表中，同一列的数据必须具有相同的数据特征，称为字段的数据类型。数据类型决定了数据的存储方式及使用方式，不同的数据类型，其存储方式、数据范围、占用的存储空间各不相同。Access 2016 的字段数据类型有 12 种，包括短文本、长文本、数字、货币、自动编号、日期/时间、是/否、OLE 对象、超链接、附件、计算、查阅向导。

1. 短文本

短文本字段可用于存储文本或文本与数字的组合，如姓名、家庭地址、身份证号码等，也可用于存储不参与计算的纯数字，如学号、工号、邮政编码、电话号码等。短文本字段默认的字段大小为 255 个字符，可根据字段实际应用场景及规则定义其字段大小，但最多不超过 255 个字符，当字段字符个数超过 255 时，应该使用长文本类型。

> **！注意**
>
> Access 采用的是 Unicode 字符集，一个英文字母或一个汉字都被认为是一个字符。

2. 长文本

长文本字段一般用于存储长度大于 255 个字符的文本信息，如个人简介、图书摘要、商品说明书

< 178 >

等。长文本字段按实际大小进行存储，无须指定字段大小，Access 会根据实际输入的数据长度自动为数据分配所需的空间，但最多不能超过 65 536 个字符。

> **知识扩展**
>
> 在 Access 2010 以前版本中，"短文本"类型称"文本"类型，"长文本"类型称"备注"类型。

3. 数字

数字类型字段用于存储需要进行数学计算的数值数据，如成绩、年龄、工资等。Access 为了提高存储效率及运行速度，将数字类型字段按照字段大小细分为字节、整型、长整型、单精度型、双精度型、同步复制 ID、小数，不同的数字类型其取值范围、占用的存储空间不同，详细信息如表 8.1 所示。

表 8.1　数字类型

数字类型	取值范围	小数位数	存储空间
字节	存储 0~255 无小数位的数字	无	1 字节
整型	存储-32768~32767 无小数位的数字	无	2 字节
长整型	存储-2147483648~2147483647 无小数位的数字	无	4 字节
单精度型	存储 $-3.402823×10^{38}$ ~ $-1.401298×10^{-45}$ 的负数和 $1.401298×10^{-45}$ ~ $3.402823×10^{38}$ 的正数	最多 7	4 字节
双精度型	存储 $-1.79769313486231×10^{308}$ ~ $-4.94065645841247×10^{-324}$ 的负数和 $4.94065645841247×10^{-324}$ ~ $1.79769313486231×10^{308}$ 的正数	15	8 字节
同步复制 ID	全局唯一标识符，用于存储同步复制所需的全局唯一标识	无	16 字节
小数	存储 -10^{28-1} ~ 10^{28-1} 的数字	最多 28	12 字节

4. 货币

货币类型字段常用于存储货币值，它是数字类型的特例，字段大小固定为 8 字节。货币类型字段整数部分最多 15 位，小数部分不超过 4 位。对货币类型字段输入数据时，不必输入货币符号及千分位分隔符，Access 会自动添加这两种符号。

> **知识扩展**
>
> 单精度型、双精度型、小数、货币类型的小数位数可以通过字段的"小数位数"常规属性设置。

定点运算的速度高于浮点运算，单精度及双精度型数据属于浮点型数字类型，而小数和货币类型是定点计算的数字类型，如果某一字段包含大量的 1 到 4 位小数数据的计算，最好将此字段定义成小数或者货币类型。

5. 自动编号

自动编号类型是另一种特殊的数字类型，其默认字段大小为长整型（4 字节），可将"字段大小"设置为"同步复制 ID"，则字段大小为 16 字节。

6. 日期/时间

日期/时间字段用于保存 100 年 1 月 1 日至 9999 年 12 月 31 日的任意日期和时间数据，字段大小固定为 8 字节。用户可以通过"格式"和"输入掩码"属性来设置日期和时间的显示格式。

7. 是/否

是/否型字段用于存储逻辑值数据，如是否通过、婚否等。可设置其"格式"属性为 Yes/No、True/False或 On/Off，在 Access 2016 数据表视图中，是/否字段值显示为一个复选框，复选框中有"√"表示值为真，复选框中为空白表示值为假，字段长度由系统设置为 1 字节。

8. OLE 对象

OLE（Object Linking and Embedding，对象连接与嵌入）是 Windows 提供的一种可以使用链接或嵌入的方式在一个程序的文档中插入另一个程序的文档的技术。OLE 对象是来自 Office 和基于Windows 的程序的图像、文档、图形和其他对象。

< 179 >

OLE 对象字段可创建原始文档或其他对象的位图图像，然后在数据库的表字段以及窗体或报表控件中显示该位图。

为了让 Access 呈现这些图像，必须在运行数据库的计算机上注册 OLE 服务器（支持该文件类型的程序）。如果没有为给定的文件类型注册 OLE 服务器，则 Access 将显示断开的图像图标。

📇 **知识扩展**

> 嵌入对象是指将对象复制到目标文件中，即嵌入的对象成为目标文件的一部分，而不再是源文件的一部分。对嵌入的对象信息所做的更改反映在目标文件中，不反映在源文件中。对象被嵌入后，如果更改了源文件，目标文件中所嵌入的对象的信息不会改变。双击嵌入对象可在源程序中打开它。
>
> 链接对象是指该对象在源文件中创建，然后被插入目标文件，并且维持两个文件之间的连接关系。更新源文件时，目标文件中的链接对象也得到更新。

9. 超链接

超链接型字段用于存储以文本形式表示的超链接地址，地址指向对象、文档或网页。超链接地址可以是链接到 Internet 的 URL（Uniform Resource Locator，统一资源定位符）地址（网页地址）或局域网（Local Area Network，LAN）和本地计算机上的文档的 UNC（Universal Naming Convention，通用命名规则）路径，即局域网的网页地址或本地计算机上文档的路径。单击超链接时，Web 浏览器或者 Access 就使用此超链接跳转到目标。超链接字段最多存储 2048 个字符。

10. 附件

附件字段可以用于存储图像、电子表格文件、Word 文档、图表以及其他受支持的文件类型。可以在一条记录的单个字段中同时添加多个附件，在字段中添加附件类似于在电子邮件中添加附件。还可以查看和编辑附件，具体取决于数据库设计者如何设置附件字段。附件字段提供了比 OLE 对象字段更高的灵活性，并且能够更有效地使用存储空间，因为它们不创建原始文件的位图图像。

11. 计算

计算字段在 Access 2010 中首次引入，用于存储并显示表达式的计算结果，可使用表达式生成器来创建由一个或多个字段、运算符及常量构成的表达式。表达式中引用的字段必须是同一表中的其他字段。

⚠ **注意**

> 附件和计算数据类型仅适用于.accdb 文件，不可用于.mdb 文件。

12. 查阅向导

查阅向导是一种特殊的数据类型，允许用户使用组合框或列表框选择来自其他表的字段值或列表中的数据。通常可以把字段值比较固定的字段数据类型设置为"查阅向导"，如性别、党派、民族、院系名称等字段，从而提高输入效率。

查阅向导字段的数据类型取决于列表中的数据来源。如果列表中的数据来源于另一张表中的某个字段，那么该查阅向导字段的数据类型就是源表中对应字段的数据类型。如果列表中数据来源是"自行键入所需的值"，那么该查阅向导字段的数据类型就是短文本。

如果希望通过一个列表框或组合框选择所需的数据完成字段值的输入，而不是直接手工输入相应字段值，就可以使用查阅向导字段。

8.2.3 字段属性

确定字段的数据类型之后，还应该设置字段的属性，才能更准确地表示数据。表中不同的数据类型有不同的属性，字段属性分常规属性及查阅属性。下面介绍常用的字段常规属性的含义与设置。

< 180 >

1. 字段大小

字段大小属性用于限定输入该字段的数据的最大长度，当输入的数据超出指定的最大长度，Access 会自动拒绝接收超出部分的字符。文本、数字、自动编号字段有字段大小属性，其他类型的字段没有字段大小属性。

短文本字段的字段大小属性的取值范围为 0～255 字节，默认值是 255。

数字类型字段的大小属性取决于具体种类，不同种类的数字类型数据的取值范围见表 8.1。

自动编号字段的字段大小属性有"长整型""同步复制 ID"。其默认字段大小为长整型（4 字节），将字段大小设置为"同步复制 ID"时，字段大小为 16 字节。

2. 小数位数

小数位数属性用于指定数字或货币类型字段的小数位数，它们的小数位数与字段大小属性相关。如果字段大小为字节、整型或长整型，小数位数为 0；如果字段大小为单精度型，小数位数可以是 0～7 位；如果字段大小为双精度型，小数位数可以是 0～15 位。在 Access 2016 数据库中，小数位数默认是"自动"，即小数位数由字段的格式决定。

3. 默认值

默认值属性是指添加新记录时，系统自动填入相应字段的值，相当于字段的初始值，可以在输入数据时进行改变。设置默认值可以减少输入重复数据的工作量。例如，用户可以将"性别"字段的默认值设置为"女"，"医学生实习管理"数据库中单位表的"可选否"字段的默认值可设置为"Yes"。

4. 标题

标题属性用于在数据表视图、窗体和报表中取代字段的显示名称，但不改变表结构中的字段名称。在设计表结构时，字段名称应当简明扼要，这样便于对表的管理和使用。但在数据表视图、报表和窗体中，为了表示出字段的明确含义，用户希望用比较详细的名称。例如，在学生表中可以将学生姓名的"字段名称"定义为"姓名"，但在"标题"中输入"学生姓名"，如图 8.2 所示，这样在数据表视图、窗体和报表中该列的列名将显示为"学生姓名"而不是"姓名"，如图 8.3 所示。如果不设置标题，则会默认显示字段名称。

图 8.2 姓名标题属性

图 8.3 数据表视图

5. 格式

格式属性用于指定字段数据显示方式及打印方式，设置了格式属性，就可在不改变数据存储情况、输入方式的条件下，改变数据显示的格式。

格式属性分为预定义格式和自定义格式，预定义格式是 Access 提供的格式，用户可以通过"格式"下拉列表选择预定义格式。数字和货币类型字段的预定义格式相同，有"常规数字""货币""欧元""固定""标准""百分比"和"科学记数"，如图 8.4 所示。日期/时间字段的预定义格式有"常规日期""长日期""中日期""短日期""长时间""中时间"和"短时间"，如图 8.5 所示。自动编号字段的预定义格式有"长整型"及"同步复制 ID"，如图 8.6 所示。是/否型字段的预定义格式有"真/假""是/否""开/关"，如图 8.7 所示。

< 181 >

图 8.4　数字或货币类型字段
预定义格式

图 8.5　日期/时间字段
预定义格式

图 8.6　自动编号字段
预定义格式

图 8.7　是/否型字段预定义
格式

自定义格式是用户使用格式符定义的格式，不同的数据类型自定义格式符不同，用户可以按 F1 键查看有关相关数据类型的自定义格式的帮助文档。

6. 输入掩码

输入掩码属性用来限制用户在"文本""数字""日期/时间"和"货币"类型字段中输入的数据种类和形式，拒绝不符合规格的文字或符号的输入，即输入掩码是用来设置字段中的数据输入格式的，可以控制用户按指定的格式输入数据。如遇到这些类型的字段数据有相对固定的书写格式（如身份证号码、邮政编码、电话号码等），就可以定义其输入掩码属性。

Access 允许用户使用输入掩码代码自定义输入掩码。如短文本字段手机号码的数据种类和形式为 11 位数字，即固定长度 11 位，每位都必须是 0~9 的数字。我们可以把它的输入掩码设置为 11 个 0，即"00000000000"。常用的输入掩码代码及含义如表 8.2 所示，在定义电话号码、出生日期、身份证号码等字段的输入掩码时，可以利用表中的输入掩码代码定义输入格式。

表 8.2　常用输入掩码代码及含义

代码	用法说明
0	数字（0~9 的数字，必选项，不允许使用加号和减号）
9	数字或空格（必选项，必须输入或空格，不允许使用加号和减号）
#	数字或空格（非必选项，空白将转换为空格，允许使用加号和减号）
L	字母（A~Z，必选项）
?	字母（A~Z，可选项）
A	字母或数字（必选项）
a	字母或数字（可选项）
&	任一字符或空格（必选项）
C	任一字符或空格（可选项）
. , : ; － /	小数点占位符和千位、日期和时间分隔符（实际使用的字符取决于 Windows "控制面板"的"区域"设置）
<	使其后所有的字符转换为小写
>	使其后所有的字符转换为大写
!	输入掩码从右到左显示。输入掩码可以在任意位置包含感叹号
\	使其后的字符显示为原义字符。（例如，\级显示为级）
密码	将"输入掩码"属性设置为"密码"，可以创建密码文本框。文本框中输入的任何字符都按原字符保存，但显示为星号（*）

输入掩码的设置方法有如下两种。

（1）手动设置输入掩码。

在设计视图字段属性区的"输入掩码"文本框中直接输入。如图 8.8 所示，在"学生"表的"出生日期"字段的"输入掩码"文本框中输入 9999-99-99，即定义了出生日期的输入格式为年份用 4 位数字、月份和日期分别用 2 位数字表示。

【思考题】能否在"出生日期"字段中输入"2002-2-21"？

（2）使用输入掩码向导。

Access 为文本和日期字段提供了输入掩码向导，如文本字段"邮政编码""身份证号码"和日期字段"出生日期""入学日期"等，用户可以启用输入掩码向导来设置这些字段的输入掩码。

< 182 >

【例8-1】使用输入掩码向导将"学生"表的"出生日期"设置为短日期，其操作步骤如下。

① 在表的设计视图中打开学生表，选择"出生日期"字段。

② 在下方"常规"选项卡中单击"输入掩码"属性右侧的 … 按钮，在打开的"输入掩码向导"对话框中，选择"短日期"，如图8.9所示。

③ 单击"下一步"按钮，打开图8.10所示的对话框，在此对话框中单击"完成"按钮，即完成输入掩码的设置，返回表的设计视图，"出生日期"的输入掩码属性如图8.11所示。

图8.8　"出生日期"
输入掩码之一

图8.9　输入掩码向导之一

图8.10　输入掩码向导之二

图8.11　"出生日期"
输入掩码之二

!注意

如果同时为某个字段定义了"输入掩码"属性和"格式"属性，则在显示时，"格式"属性优先于"输入掩码"属性的设置。

【思考题】观察图8.8和图8.11中输入掩码有何区别，输入数据时输入格式是否相同？如果不同，为什么？

7. 验证规则和验证文本

字段的验证规则用来检查字段中的输入值是否符合要求。设置验证规则后，当用户输入的数据违反了验证规则时，就会弹出验证文本中设置的提示信息。例如，将"学生"表"性别"字段的验证规则设置为""男" or "女""，即"性别"字段只能输入"男""女"两个汉字之一，并在验证文本中输入"性别值只能是男或女"，如图8.12所示。当"性别"字段中输入了其他字符时，会出现图8.13所示的提示框，提示用户输入错误。

图8.12　"性别"验证规则及验证文本

图8.13　验证规则及验证文本测试

!注意

验证规则实质上是对输入的数据的一个约束条件，这个条件要用表达式去表示，例如，图8.12中的验证规则""男" or "女""就是一个逻辑表达式。

< 183 >

知识扩展

"格式""输入掩码""验证规则"三者的区别

格式：主要用来设置数据的显示格式，只影响显示，保存后有效，显示时用。

输入掩码：可以用来保护数据，还可以设置固定格式来输入数据，输入数据时用，限制输入格式。

验证规则：设置取值范围，当输入的数据超出验证规则范围，将弹出提示框。

如果同时设置了格式和输入掩码，在数据显示时将会忽略输入掩码。

8. 必需

必需属性用来规定相应字段是否必须输入数据。该属性有"是"和"否"两个选项，如果该属性设置为"是"，则用户在添加新记录时必须在该字段中输入数据，而且数据不能为空值；如果该属性设置为"否"，则用户在添加新记录时在该字段中可以不输入数据，即数据可以为空值。

9. 索引

索引属性用来确定某字段是否作为索引。索引是将表中的记录按索引字段值排序的技术，可加快对字段的查询、排序、分组等操作。索引是一种记录显示顺序的重新排序，即改变的是记录的逻辑顺序，不改变表中数据的物理顺序。一张表可以包含多个索引，每一个索引确定表中记录的一种逻辑顺序。

在 Access 2016 中，用户可以对短文本、长文本、数字、货币、日期/时间、自动编号、是/否、超链接等类型的字段进行索引设置。Access 提供了 3 个索引选项，其含义如表 8.3 所示。

表 8.3　索引选项

索引选项	说明
无	默认值，表示该字段无索引
有（有重复）	表示该字段有索引，并且索引字段的值是可重复的
有（无重复）	表示该字段有索引，并且索引字段的值是不可重复的

注意

附件及 OLE 对象字段不能设计索引。

8.2.4 "医学生实习管理"数据库中表结构的设计

Access 的表是由字段名、字段数据类型、字段属性和表记录 4 个部分构成的，其中，前 3 个部分称为表结构，而表记录称为表内容。在创建表之前，可根据各表的关系模式及字段数据在现实世界的表示规律设计字段数据类型、字段属性，详细设计出数据库各表的结构。在 7.4 节中，我们设计了"医学生实习管理"数据库的院系、学生、科目、单位、选科成绩 5 个表的关系模式，下面介绍如何根据已经设计好的 5 个关系模式设计相应数据库的表结构。

1. "学生"表的结构

"学生"表的表模式：学生（学号，姓名，性别，出生日期，联系电话，院系名称，班级，政治面貌，照片），学号为主键。根据"学生"表各字段数据在现实世界的表示规律可以确定它的表结构如表 8.4 所示。

表 8.4　"学生"表的结构

字段名称	数据类型	字段属性
学号	短文本	字段大小：1。输入掩码：必须 11 位数字字符
姓名	短文本	字段大小：4
性别	短文本	字段大小：1。验证规则：男或女。验证文本：性别值只能是男或女
出生日期	日期/时间	格式：短日期
联系电话	短文本	字段大小：11。输入掩码：必须 11 位数字字符

< 184 >

续表

字段名称	数据类型	字段属性
院系名称	短文本	字段大小：12
班级	短文本	字段大小：10
政治面貌	短文本	字段大小：2。使用查阅向导创建值列表："团员""党员""群众"
照片	附件	标题：照片

2．"单位"表的结构

"单位"表的表模式：单位（<u>单位名称</u>，单位地址，联系电话，单位网址，可选否），单位名称为主键。根据"单位"表各字段数据在现实世界的表示规律可以确定它的表结构如表 8.5 所示。

3．"院系"表的结构

"院系"表的表模式：院系（<u>院系名称</u>，院系电话，院系网址），院系名称为主键。根据"院系"表各字段数据在现实世界的表示规律可以确定它的表结构如表 8.6 所示。

4．"科目"表的结构

"科目"表的表模式：科目（<u>单位名称</u>，<u>科目名称</u>，实习周数，可选否），"单位名称+科目名称"为主键。根据"科目"表各字段数据在现实世界的表示规律可以确定它的表结构如表 8.7 所示。

表 8.5　"单位"表的结构

字段名称	数据类型	字段属性
单位名称	短文本	字段大小：20
单位地址	短文本	字段大小：30
联系电话	短文本	字段大小：11
单位网址	超链接	默认
可选否	是/否	默认值：Yes

表 8.6　"院系"表的结构

字段名称	数据类型	字段属性
院系名称	短文本	字段大小：12
院系电话	短文本	字段大小：11
院系网址	超链接	默认

表 8.7　"科目"表的结构

字段名称	数据类型
单位名称	短文本
科目名称	短文本
实习周数	短文本
可选否	是/否

5．"选科成绩"表的结构

"选科成绩"表的表模式：选科成绩（<u>学号</u>，<u>单位名称</u>、<u>科目名称</u>，平时成绩，理论考试成绩、技能考试成绩，病历文书书写），"学号+单位名称+科目名称"为主键。根据"选科成绩"表各字段数据在现实世界的表示规律可以确定它的表结构如表 8.8 所示。

【思考题】一个学生可以在一个单位的多个科室实习，每个科目的实习都会形成相应的实习成绩，在"选科成绩"表中"学号+单

表 8.8　"选科成绩"表的结构

字段名称	数据类型	字段属性
学号	短文本	字段大小：11
单位名称	短文本	字段大小：20
科目名称	短文本	字段大小：8
平时成绩	数字	字段大小：单精度。小数位数：1
技能考试成绩	数字	字段大小：单精度。小数位数：1
理论考试成绩	数字	字段大小：单精度。小数位数：1
病例文书书写	数字	字段大小：单精度。小数位数：1

位名称"字段就会有相同的值。主键中是不允许有相同的字段值的，如果我们只把"学号+单位名称"设置成主键是否正确？

8.3 创建表

表是数据库用于存储数据的容器，设计了数据库的表结构，就可以开始创建表，创建表一般先创建表结构，再录入表内容。创建表结构就是在 Access 的数据库中构建表中字段、定义字段的数据类型，

< 185 >

设置字段的属性及主键。

在 Access 2016 现有的数据库中创建表有以下 4 种方法。

方法一：使用数据表视图创建表。

方法二：使用设计视图创建表。

方法三：使用 SharePoint 模板创建表。

方法四：通过"导入并链接"的方法创建表。

前 3 种创建方法是在"创建"选项卡的"表格"组中实现的，如图 8.14 所示；第 4 种方法可以从 Excel 文件、文本文件或 Access 其他数据库文件中导入表，在"外部数据"选项卡的"导入并链接"组中实现，如图 8.15 所示。本节具体介绍前 2 种创建表的方法，它们也是创建表的常用方法。

图 8.14 "创建"选项卡"表格"组

图 8.15 "外部数据"选项卡"导入并链接"组

8.3.1 使用数据表视图创建表

数据表视图以行列的形式显示表中的数据，第一行显示的是字段名，除了第一行，其余各行显示具体的数据，即记录。在数据表视图中，可以插入、删除、更改字段，也可以添加、删除和修改记录等，它是 Access 最常用视图方式。

在第 7 章我们学习了创建"医学生实习管理"空白数据库，系统自动在该数据库中创建了一个名为"表 1"的空白表，同时自动打开了数据表视图，在该数据表视图中就可以创建新表。下面通过例子来说明具体操作步骤。

【例 8-2】在已创建的"医学生实习管理"数据库中按表 8.5 所示的"单位"表的结构创建单位表。具体操作步骤如下。

（1）**打开数据表视图**。打开"医学生实习管理"数据库，单击"创建"选项卡"表格"组中的"表"按钮，打开"表 1"的数据表视图，如图 8.16 所示。

（2）**修改字段名**。选中"ID"，单击"表格工具-字段"选项卡"属性"组中的"名称和标题"按钮，此时打开"输入字段属性"对话框，在"名称"文本框中输入"单位名称"，如图 8.17 所示，单击"确定"按钮。

图 8.16 "表 1"的数据表视图

图 8.17 "输入字段属性"对话框

（3）**设置"单位名称"的数据类型及字段大小**。选中"单位名称"，在"表格工具-字段"选项卡的"格式"组中，单击"数据类型"下拉列表框，在打开的下拉列表中选择"短文本"，在"属性"组的"字段大小"文本框中输入字段大小值"20"，如图 8.18 所示。

（4）**添加新字段**。单击"单击以添加"下拉按钮，在打开的下拉列表中选择"短文本"（或者单击"表格

图 8.18 设置"单位名称"的数据类型及字段大小

< 186 >

工具-字段"选项卡"添加和删除"组中的"短文本"按钮），系统自动添加一个名为"字段 1"的字段。

（5）**修改字段名及属性**。双击字段 1，输入"单位地址"，在"属性"组的"字段大小"文本框中输入字段大小值"30"，如图 8.19 所示。

（6）**添加其他字段**。按照表 8.5 所示"单位"表的结构，重复执行步骤（4）和步骤（5），依次添加"联系电话""单位网址""可选否"字段。

（7）**设置"可选否"默认值**。单击"表格工具-字段"选项卡"属性"组中的"默认值"按钮，打开"表达式生成器"对话框，在对话框中输入"Yes"（可以在 Yes 前加上等号，若不添加等号，按"确定"按钮后，系统会自动添加等号），如图 8.20 所示。

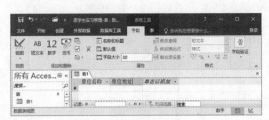

图 8.19　修改字段名及属性

图 8.20　"表达式生成器"对话框

> **注意**
>
> 默认值只对设置"默认值"之后的新记录有效，对表中已经存在的记录无效。

> **提示**
>
> 如需修改数据类型及对字段属性进行更详细的设置，最好在表的设计视图中进行，而且在数据表视图中无法设置主键和修改主键。有关主键的设置在下一小节中介绍。

8.3.2　使用设计视图创建表

【**例 8-3**】使用表的设计视图在"医学生实习管理"数据库中创建"学生"表，学生表的表结构见表 8.4。

【**操作步骤**】

1. 进入表的设计视图

（1）启动 Access 2016，打开"医学生实习管理"数据库。

（2）单击"创建"选项卡"表格"组中的"表设计"按钮，系统自动创建一个名为"表 1"的新表，并同时打开设计视图，在"字段名称"列第一行输入"学号"，单击"数据类型"下拉按钮，如图 8.21 所示。

图 8.21　表的设计视图

> **知识扩展**
>
> 认识设计视图。表的设计视图由上下两部分组成，上半部分由 4 列组成，其含义如下。
>
> ① **字段选定区**。位于左边第一列（字段名称左侧），用来选定一个或多个字段。选定一个字段时，首先将鼠标指向字段名称左侧的字段选定区，然后单击即可。选定连续的多个字段，先选定第一个字段，按住 Shift 键，再单击要选定的最后字段。

< 187 >

② **字段名称**。用来输入字段的名称。

③ **数据类型**。单击下拉按钮，从打开的下拉列表中选择所需的字段数据类型即可。

④ **说明**。该列为字段说明性信息，此处的说明不在数据表视图中显示，只给设计者查看。

设计视图的下半部分为字段属性区，有"常规"和"查阅"两个选项卡。

2. 输入表的字段名称、选择数据类型、设置字段属性

按照表 8.4 所示"学生"表结构，在"字段名称"列中输入各个字段名称，在"数据类型"列中选择相应的数据类型，并按要求在字段属性区设置相应的字段属性。如图 8.22 所示，"学号"的"字段大小"为"11"，"输入掩码"为"00000000000"。如图 8.23 所示，"性别"的"字段大小"为"1"，并设置了验证规则和验证文本。如图 8.24 所示，"联系电话"的"字段大小"为"11"，"输入掩码"为"00000000000"。

图 8.22 "学号"字段

图 8.23 "性别"字段

图 8.24 "联系电话"字段

3. 使用查阅向导创建"政治面貌"值列表

（1）选定"政治面貌"字段，在"数据类型"下拉列表中单击"查阅向导"，打开"查阅向导"对话框，选中"自行建入所需的值"单选按钮，如图 8.25 所示，单击"下一步"按钮。

（2）在列表中输入"团员""党员""群众"，如图 8.26 所示，单击"完成"按钮完成操作。

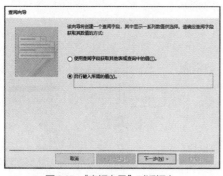
图 8.25 "查阅向导"对话框之一

图 8.26 "查阅向导"对话框之二

【操作与观察】

（1）在设计视图下半部分的字段属性区单击"查阅"选项卡标签，可以看到"政治面貌"的"行来源"值已设置为""团员";"党员";"群众"，"显示控件"值默认为"组合框"，如图 8.27 所示。

（2）切换至数据表视图，单击"政治面貌"列的某个单元格右侧的下拉按钮，下拉列表中会显示"团员""党员""群众"选项，如图 8.28 所示。

（3）再切换至设计视图，将"显示控件"的值改为"文本框"，在数据表视图中再观察"政治面貌"列单元格的变化，还能看到图 8.28 所示的下拉列表吗？

< 188 >

图 8.27　"政治面貌"查阅属性　　　　图 8.28　"政治面貌"下拉列表

（4）在图 8.27 所示的"行来源"文本框中的""群众""后，输入";"民主党派""，切换到数据表视图，观察"政治面貌"下拉列表中的值有何变化。

> **注意**
>
> "行来源"文本框中的分号和双引号为半角符号。

4. 将"学号"设置为主键

选定"学号"字段，单击"表格工具-设计"选项卡"工具"组中的"主键"按钮，或右击"学号"字段，在打开的快捷菜单中选择"主键"命令，可将"学号"字段设置为主关键字。设置完毕后，"学号"字段右侧会出现一个钥匙图标，表示它已经被设置为主键。

5. 保存文件

单击"文件"→"保存"命令，或单击快速访问工具栏中的"保存"按钮，在"另存为"对话框中输入表名"学生"，单击"确定"按钮完成操作。

> **知识扩展**
>
> 主键有以下 3 种类型。
>
> ① **单字段主键**。单字段主键是指主键仅由一个字段组成，例如，"单位"表的主键是"单位名称"字段，院系表的主键是"院系名称"字段。
>
> 在 Access 2016 数据库中，如果一张表的主键只包含一个字段，则该字段的"索引"会自动被设置为"有（无重复）"，如图 8.29 所示。
>
> ② **多字段主键**。多字段主键是指由两个或两个以上的字段组成主键，如"选科成绩"表的主键是"学号+单位名称+科目名称"。
>
> 【例 8-4】设置"单位名称+科目名称"为"科目"表的主键，详细操作步骤如下。
>
> （1）在表的设计视图中打开表，在"单位名称"字段选定区单击选定"单位名称"字段。
>
> （2）按住 Shift 键，在"科目名称"字段选定区单击，此时"单位名称"和"科目名称"字段都被选定，然后单击"表格工具-设计"选项卡"工具"组中的"主键"按钮，即可把"单位名称+科目名称"设置为主键。

图 8.29　单字段主键"单位名称"索引

> **提示**
>
> 多字段主键的"索引"为"无"，而且"单位名称"和"科目名称"的字段选定区都有钥匙图标，如图 8.30 所示。

< 189 >

图 8.30　多字段主键中"单位名称"索引

> ⓘ 注意
>
> 　　组合主键必须是相邻的连续多个字段，如果字段不相邻可以通过移动字段，把不相邻的字段调整至相邻。

　　③ 自动编号类型字段主键。在 Access 2016 数据库中使用数据表视图创建表时，系统会自动创建一个类型为自动编号的"ID"字段，并默认把它设置为新表的主键。此外，在表的设计视图中保存创建的新表时，还没有设置主键，系统会提示尚未定义主键，并询问"是否创建主键？"。若用户选择"是"，则系统将自动创建一个类型为自动编号的"ID"字段，并把它设置为表的主键。

8.3.3　设置来自"表/查询"的查阅字段

　　在 8.3.2 小节中我们学习了使用值列表创建"学生"表的"政治面貌"查阅字段。除了"值列表"查阅字段，还可以创建来自"表/查询"的查阅字段。

　　【例 8-5】在"医学生实习管理"数据库的"选科成绩"表中，设置"学号"为查阅字段，数据来源于"学生"表的"学号"字段。具体操作步骤如下。

　　（1）打开"医学生实习管理"数据库，在导航窗格中选定"选科成绩"表，右击"选科成绩"表，在打开的快捷菜单中选择"设计视图"，打开"选科成绩"表的设计视图。

　　（2）在"选科成绩"表的设计视图中选择"学号"字段，单击"数据类型"下拉按钮，在打开的下拉列表中选择"查阅向导"选项，在打开的"查阅向导"对话框中选中"使用查阅字段获取其他表或查询中的值"单选按钮，如图 8.31 所示。

　　（3）单击"下一步"按钮，在"请选择为查阅字段提供数值的表或查询"列表框中选择"表:学生"，如图 8.32 所示。

　　（4）单击"下一步"按钮，从"可用字段"中选择"学号"字段，然后单击 ▷ 按钮，将"学号"字段添加到"选定字段"列表中，如图 8.33 所示。

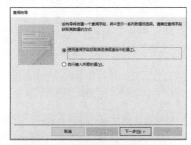

图 8.31　使用查阅字段获取其他表
　　　　或查询中的值

图 8.32　选择为查阅字段提供数值
　　　　的表或查询

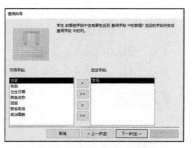

图 8.33　选择"学号"字段

< 190 >

（5）单击"下一步"按钮，指定"学号"字段为排序字段（此处也可不指定排序字段），如图 8.34 所示。

（6）单击"下一步"按钮，在打开的对话框中可调整列的宽度，此处使用默认值即可，如图 8.35 所示。

（7）单击"下一步"按钮，为查阅字段指定标签，使用默认的"学号"即可，如图 8.36 所示。

图 8.34　选择排序字段

图 8.35　指定查阅字段中列的宽度

图 8.36　为查阅字段指定标签

（8）单击"完成"按钮，在图 8.37 所示的对话框中单击"是"按钮，完成查阅字段的设置，返回设计视图。

（9）切换到数据表视图，单击"学号"字段的下拉按钮，显示图 8.38 所示的下拉列表，在下拉列表中选择相应的值即可完成相应单元格中数据的输入。

图 8.37　保存表的提示

图 8.38　数据表视图查阅字段效果

8.3.4　表记录的录入

建立表结构后，就可以向表中输入数据了。在 Access 中，可以在表的数据表视图中直接通过键盘输入数据。通过键盘输入数据要遵从"按行"输入的原则，从第 1 个空记录的第 1 个字段开始输入，每输入一个字段值后按 Enter 键或 Tab 键转至下一个字段，整条记录输入完成后再按 Enter 键或 Tab 键转至下一行。下面介绍各种数据类型的输入方法。

1．短文本、长文本、数字及货币类型数据

短文本、长文本、数字及货币类型数据可直接通过键盘输入，但在输入长文本数据时，为了易于输入，可按 Shift+F2 组合键打开图 8.39 所示的"缩放"对话框，然后在该对话框中输入所需的数据，数据输入完毕，按"确定"按钮返回数据表视图。

2．日期/时间类型数据

日期/时间类型数据可直接通过键盘输入。单击字段单元格右侧的■按钮，出现图 8.40 所示的日期选择器。如果想输入当前日期则直接单击"今日"按钮；如果想输入其他日期，则在选择器中选取。

3．是/否类型数据

在字段单元格提供的复选框内单击，复选框中会显示出一个"√"，表示"是"（存储值是-1），再次在复选框内单击可以去掉"√"，表示"否"（存储值是 0）。

< 191 >

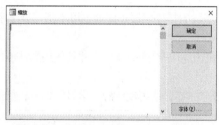

图 8.39 "缩放"对话框

图 8.40 日期选择器

4．自动编号数据

若将表中某一个字段的数据类型设置为自动编号，则当向表中输入一条新记录时，用户无须为自动编号字段输入值，Access 会自动插入唯一的顺序编号。

> **注意**
>
> ① 每个表中只能有一个字段为自动编号类型，自动编号一旦被指定，就会永久和记录相连。
>
> ② 用户不能对自动编号类型字段的值进行指定或修改。
>
> ③ 如果删除了一条记录，Access 并不会对表中已有的自动编号类型字段值重新编号。
>
> ④ 当向表中添加一条新记录时，Access 不会再使用已被删除的自动编号类型字段的值，而是按递增的规律重新赋值。
>
> ⑤ 若表中已经输入了记录，则不能将其他数据类型改为自动编号类型。

5．OLE 对象数据

将光标定位到某一记录的 OLE 对象字段的单元格中，右击，在快捷菜单中选择"插入对象"命令，打开图 8.41 所示的对话框，可将"新建"的 Excel 工作表或图表、Word 的公式及文档、PowerPoint 的幻灯片或演示文稿等插入数据库文件。

选中"由文件创建"单选按钮，可将 Windows 环境中其他应用程序已创建的文件以链接或嵌入的方式插入数据库文件的"表"对象的字段。如图 8.42 所示，在对话框中勾选"链接"复选框，则选择的文件以链接方式插入数据库的"表"对象，否则选择的文件以嵌入方式插入数据库的"表"对象的字段，嵌入或链接的文件的大小最大可达 1 GB。

图 8.41 新建

图 8.42 由文件创建

6．附件数据

附件字段在数据表视图的字段行中显示为"📎"，可以设置附件字段的"标题"属性，改变其显示，例如"学生"表的"照片"字段为附件，将"照片"的"标题"属性设置为"学生照片"，如图 8.43 所示，则在数据表视图中"照片"字段就显示成"学生照片"，而不是"📎"。如果在记录行中显示"📎(0)"，括号内的数字表示当前字段包含的附件个数，一个字段可以添加多个附件，括号中的数字会随着添加的附件数发生改变。要向该字段添加附件，可右击📎图标，在快捷菜单中选择"管理附件"，或双击📎图标，在打开的"附件"对话框中单击"添加"按钮添加附件，结果如图 8.44 所示。

< 192 >

图 8.43 "照片"字段"标题"属性

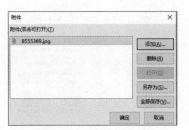

图 8.44 "附件"对话框

7. 查阅向导数据

在把某个字段设置为查阅向导后,在数据表视图中将光标定位到该字段,字段的右侧会出现下拉按钮。单击下拉按钮将打开一个下拉列表(见图 8.38)。选择列表中的某一项后,值就被输入字段。由此可以看出,查阅向导数据的输入既快速又准确。

> **注意**
>
> ① 主键字段必须输入数据,不能为空值,也不能输入重复的值。
> ② 可按 Shift+F2 组合键查看长文本字段值。

8.3.5 表的导入、链接和导出

Access 2016 提供了强大的数据导入、导出和链接功能,可实现将 Excel 电子表格、文本文件或 XML 文件中的数据导入现有的数据库表,或者将 Access 2016 数据库表链接到其他文件(如 Excel 电子表格)中,但不能将数据导入表。用户还可以将 Access 2016 数据库表中的记录数据导出,以 Excel 电子表格、文本文件或 Word 文件形式存储在磁盘上。

1. 表的导入与链接

在 Access 中,可以使用"外部数据"选项卡"导入并链接"组中的相应命令实现将外部数据源(Excel 电子表格文件、文本文件或 XML 文件等)中的数据导入或链接到现有数据库已有的表中,也可以在现有数据库中直接创建一个新表,即可通过数据导入功能导入数据。"导入并链接"选项组如图 8.45 所示。

图 8.45 "导入并链接"选项组

【例 8-6】将"单位.xlsx"文件中的数据导入"医学生实习管理"数据库的"单位"表,其操作步骤如下。

> **注意**
>
> 在执行导入操作之前,必须关闭数据库中的"单位"表。

(1)打开"医学生实习管理"数据库,单击"外部数据"选项卡"导入并链接"组中的"Excel"按钮。

(2)在打开的"获取外部数据-Excel 电子表格"对话框中单击"浏览"按钮,打开"打开"对话框,指定"单位.xlsx"所在的位置,单击"打开"按钮(或者直接在"文件名"文本框中输入该文件的路径信息)。

(3)选中"向表中追加一份记录的副本"单选按钮,如图 8.46 所示。

< 193 >

图 8.46 "获取外部数据-Excel 电子表格"对话框

📁 **知识扩展**

图 8.46 中的"将源数据导入当前数据库的新表中"或"通过创建链接表来链接到数据源"两个单选按钮用于在数据库中创建新表。

（4）单击"确定"按钮，在打开的"导入数据表向导"对话框中选择"单位"工作表，如图 8.47 所示，再单击"下一步"按钮。

（5）在图 8.48 所示的对话框中单击"下一步"按钮，再单击"完成"按钮即可将"单位.xlsx"工作簿中"单位"工作表中的数据导入当前数据库的"单位"表。

图 8.47 选择工作表

图 8.48 第一行包含列标题

2. 表的导出

在 Access 中，可以使用"外部数据"选项卡"导出"组中的相应命令，实现将现有数据库表中的数据导出到 Excel 电子表格、文本文件、XML 文件或其他 Access 数据库中，从而实现不同应用程序之间的数据共享、将数据库中的数据备份。当数据库的数据受损时，可以将导出的文件再导入数据库，完成数据的恢复。"导出"选项组如图 8.49 所示。

图 8.49 "导出"选项组

【例 8-7】将"医学生实习管理"数据库"学生"表中的数据导出到"学生.xlsx"工作簿中，其操作步骤如下。

（1）打开"医学生实习管理"数据库，在导航窗格选中"学生"表，单击"外部数据"选项卡"导出"组中的"Excel"按钮。

（2）在打开的"导出-Excel 电子表格"对话框中单击"浏览"按钮，在"保存文件"对话框中指定"学生.xlsx"要保存的位置，单击"保存"按钮（或者直接在"文件名"文本框中输入该文件的路

< 194 >

径信息），默认的格式是 "*.xlsx"，也可单击 "文件格式" 下拉按钮选择其他文件格式，如图 8.50 所示。

（3）单击 "确定" 按钮，在图 8.51 所示的对话框中单击 "关闭" 按钮，完成数据的导出。

图 8.50　选择文件格式

图 8.51　完成导出

8.4 创建与编辑表间关系

Access 数据库中可以有多张表，这些表不是孤立存在的，它们之间存在联系。

8.4.1　表间关系的相关概念

表间关系指的是在两个表中的相同域上（数据类型及值域相同）的字段（又称关联字段）之间建立的联系。

1．表间关系的类型

关系数据库中，关系是在两个表间建立的。数据表间的关系有如下 3 种。

（1）一对一关系。

一对一关系是指 A 表中的一条记录只能对应 B 表中的一条记录，并且 B 表中的一条记录也只能对应 A 表中的一条记录。

（2）一对多关系。

一对多关系是指 A 表中的一条记录能对应 B 表中的多条记录，但是 B 表中的一条记录只能对应 A 表中的一条记录。

（3）多对多关系。

多对多关系是指 A 表中的一条记录能对应 B 表中的多条记录，而 B 表中的一条记录也能对应 A 表中的多条记录。

在 Access 数据库中，大多是一对多关系，较少有一对一关系，不能直接建立多对多关系。

在处理多对多关系时，需要将其转换为两组一对多关系，即创建一个连接表，将两个多对多表中的主键字段添加到连接表中，则这两个多对多的表分别与连接表建立一对多关系，这样就间接地建立了多对多关系。

2．主表与子表

通常情况下，两个表的联系是通过主键和外键来实现的。如果一个字段集（一个字段或几个字段）是一个表中的主键，该字段集在另一个与该表相关联的表中通常被称为外键。外键可以是它所在数据表中的主键，也可以是主键中的一个字段，甚至是一个普通的字段，外键中的数据应和关联表中的主键字段相匹配。例如，"学生" 表和 "选科成绩" 表，"学号" 在 "选科成绩" 表中是外键，在 "学生"

< 195 >

表中是主键。

如果两个表之间建立了一对多关系，主键所在的表称为主表（也称为父表），即一对多关系中两个相关表的"一"端的表为主表；外键所在的表称为子表，即一对多关系中两个相关表的"多"端的表为子表。例如，"学生"表和"选科成绩"表之间建立了一对多关系，"学生"表是"一"端的表，为主表，"选科成绩"表为"多"端的表，为子表。

3. 表间关系对主键和外键的要求

当用户通过一张表的主键和另一张表的外键来创建两张表之间的联系时，这两个相关联的字段（主键和外键）必须满足以下条件。

（1）相关联的两个字段名称可以不同，但数据类型必须相同（除非主键是自动编号类型）。

（2）当主键是自动编号类型时，可以与数字类型字段大小为"长整型"的字段关联。

（3）如果相关联的两个字段都是数字类型，那么这两个字段的字段大小必须相同。

如果表不满足以上条件，就不能在两个表间建立关系。

4. 理解参照完整性

参照完整性是对建立关系的两张表的约束规则。两个表通过主键和外键建立了关系，参照完整性要求子表中每条记录的外键值必需是主表中存在的主键值，如果子表的外键值不是主表中存在的主键值，就不能实施参照完整性。在 Access 数据库中，如果在两张表之间建立了关系，并实施了参照完整性，就意味着设置了在相关联的表中插入、删除和修改记录的规则，其详细约定如下。

（1）在插入记录时，不能在子表的外键字段中输入子表的主键中不存在的值。例如，对于"院系"表和"学生"表之间的关系，实施参照完整性后，"学生"表中"院系名称"字段的值必须是"院系"表中存在的值。这样可以避免出现没有这样的学院，却存在该学院学生的情况。

（2）删除记录时，如果子表中存在匹配的记录，则不能从主表中删除该记录。例如，"学生"表中有某个"院系名称"的学生记录，就不能在"院系"表中删除该"院系名称"的记录。

（3）修改记录时，如果子表中存在匹配的记录，则不能在主表中更改该主键值。例如，"学生"表中有某个"院系名称"的学生记录，就不能在"院系"表中修改该"院系名称"字段的值。

8.4.2 创建表间关系

数据库中的多个表之间要建立关系，建立表间关系的字段在主表中必须设置为主索引或唯一索引，如果这个字段在子表中是主索引或唯一索引，则 Access 会在两个表之间建立一对一关系，如果子表中无索引或者这个字段在子表中是普通索引，则在两个表之间建立一对多关系。

> **技巧**
>
> 创建两个表之间的关系，先分析两个表谁是主表，谁是子表，再确定表间关联字段，并关闭所有需要建立关系的表。建立关系时，将主表的主键字段拖向子表中的外键字段即可。

【例8-8】在"医学生实习管理"数据库中，建立"单位""科目""选科成绩""学生""院系"表之间的关系。

分析： 7.4 节中分析了"单位""科目""学生""院系" 4 个实体的关系，因关系表是由实体及实体联系转换而来的，基于对实体及实体联系的分析，我们可以确定"单位""科目""选科成绩""学生""院系" 5 个表之间的关系。

（1）"单位"和"科目"表之间的关系分析。因单位实体和科目实体之间是一对多联系，所以"单位"表和"科目"表之间是一对多关系，两个表的关联字段是"单位名称"，"单位"表是主表，"科目"表是子表。

（2）"院系"和"学生"表之间的关系分析。因院系实体和学生实体之间是一对多联系，所以"院

< 196 >

系"表和"学生"表之间是一对多关系，两个表的关联字段是"院系名称"，"院系"表是主表，"学生"表是子表。

（3）**"学生""单位""科目"三表间的关系分析**。因"学生"实体和"单位"实体之间是多对多联系，"学生"实体和"科目"实体之间也是多对多联系，所以"学生"表和"单位"表之间是多对多关系，"学生"表和"科目"表之间也是多对多关系。Access 不允许直接建立多对多关系，在"医学生实习管理"数据库中，"学生"表、"科目"表和"单位"表通过"选科成绩"表转换为一对多关系。

（4）**"学生""选科成绩""单位"三表间的关系分析**。"选科成绩"表是"学生"表和"单位"表的连接表，"学生"表和"选科成绩"表之间是一对多关系，"单位"表和"选科成绩"表之间也是一对多关系；"学生"表和"选科成绩"表间关联字段是"学号"，"学生"表是主表，"选科成绩"表是子表；"单位"表和"选科成绩"表间的关联字段是"单位名称"，"单位"表是主表，"选科成绩"表是子表。"学生"表和"科目"表之间不建立直接的联系，而是通过"选科成绩"表的"科目名称"间接联系。

建立"医学生实习管理"数据库各表的表间关系的操作步骤如下。

（1）打开"医学生实习管理"数据库，单击"数据库工具"选项卡"关系"组中的"关系"按钮，打开"关系"布局窗口，如果用户尚未定义任何关系，则会显示"显示表"对话框，如图 8.52 所示。如果没有打开"显示表"对话框，可在"关系"布局窗口中右击，在快捷菜单中选择"显示表"命令（或单击"关系工具-设计"选项卡"关系"组中的"显示表"按钮），打开"显示表"对话框。

（2）在图 8.52 所示"显示表"对话框中，分别选定"单位""科目""选科成绩""学生""院系"表，通过单击"添加"按钮，将它们依次添加到"关系"布局窗口中，如图 8.53 所示，再单击"关闭"按钮，关闭"显示表"对话框。

图 8.52　"显示表"对话框

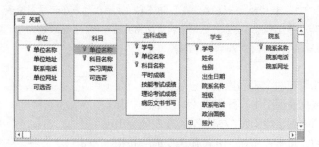

图 8.53　"关系"布局窗口

> **技巧**
>
> 如图 8.52 所示，"单位"表处于被选中状态，按住 Shift 键，再单击"院系"表，可以同时将"单位""科目""选科成绩""学生""院系"表选定，单击"添加"按钮，可将选中的 5 个表添加到"关系"布局窗口中。

① 在"关系"布局窗口中拖动"单位"表的"单位名称"字段到"科目"表的"单位名称"字段上，释放鼠标左键，打开"编辑关系"对话框。

② 在"编辑关系"对话框中，根据需要勾选"实施参照完整性""级联更新相关字段""级联删除

< 197 >

相关记录"3个复选框，如图 8.54 所示。单击"创建"按钮，即创建了"单位"表和"科目"表之间的一对多关系。

③ 同理，根据上面的分析，拖动"单位"表的"单位名称"字段到"选科成绩"表的"单位名称"字段上，在打开的"编辑关系"对话框中进行相关设置，建立"单位"表与"选科成绩"表之间的一对多关系。

拖动"学生"表的"学号"字段到"选科成绩"表的"学号"字段上，在打开的"编辑关系"对话框中进行相关设置，建立"学生"表与"选科成绩"表之间的一对多关系。

拖动"院系"表的"院系名称"字段到"学生"表的"院系名称"字段上，在打开的"编辑关系"对话框中进行相关设置，建立"院系"表与"学生"表之间的一对多关系。最后得到的关系结果如图 8.55 所示。

图 8.54 "编辑关系"对话框

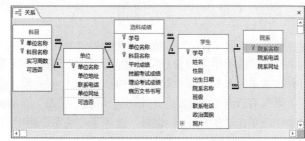

图 8.55 建立了关系的"关系"布局窗口

④ 单击"关闭"按钮，保存此布局，将创建的关系保存在数据库中，并关闭"关系"布局窗口。

注意

无论是否保存布局，所创建的关系都将保存在数据库中。

提示

在图 8.55 中，关系显示为一条连线，联系两个表，勾选"实施参照完整性"复选框后，连线两端分别有符号"1"和"∞"，说明和"1"相连表（主表）的一条记录对应和"∞"相连表（子表）的多条记录（一对多），并且确保不会意外地删除和修改相关的数据。如果没有勾选"实施参照完整性"复选框，则在表间连线上不会出现"1"和"∞"符号。

如果在两个表间建立了一对多关系，在主表的数据表视图中打开主表（如"单位"表），主表第一列字段（如"单位名称"）左侧会出现 ⊞ 按钮，单击 ⊞ 按钮，⊞ 按钮会变成 ⊟ 按钮，并显示子表（如"科目"表）中与主表主键值相匹配的记录，如图 8.56 所示。再单击记录前的 ⊟ 按钮，关闭子表的显示。

图 8.56 "单位"表中展开的子表"科目"表

知识扩展

"级联更新相关字段"复选框。当定义两个表间的关系时，在"编辑关系"对话框中勾选"级联更新相关字段"复选框，则当用户修改父表中记录的主键值时，系统将自动更新子表中相关记录的外键值，使它们保持一致。例如，在建立"选科成绩"表和"单位"表之间的关系时，勾选"实施参照完整性"和"级联更新相关字段"复选框后，如果改变了"单位"表中某个"单位名称"（主键值），则"选科成绩"表中与该"单

< 198 >

位名称"相关的所有记录的"单位名称"（外键值）都将自动变为新值。例如，如果用户在"单位"表中将"单位名称"字段中的"贵阳市第二人民医院"更改为"贵阳市金阳医院"，则在"选科成绩"表中"单位名称"为"贵阳市第二人民医院"的所有记录的该字段会自动更新为"贵阳市金阳医院"。

"级联删除相关记录"复选框。当定义两个表间的关系时，在"编辑关系"对话框中勾选"级联删除相关记录"复选框，则当删除父表中的某条记录时，系统将自动删除子表中的相关记录。例如，如果用户在"学生"表中删除了"学号"为"20170201548"的记录，则在"选科成绩"表中"学号"为"20170201548"的所有记录都被删除，即"选科成绩"表中该学生的记录会同时被删除。

8.4.3　编辑表间关系

在 Access 数据库中建立表间关系后，如有需要，打开"关系"布局窗口，可以查看、修改及删除关系。

1. 查看和修改表间关系

在 Access 数据库中可以查看、修改已经建立的表间关系。查看、修改表间关系的操作步骤如下。

（1）**打开"关系"布局窗口**。在"数据库工具"选项卡"关系"组中单击"关系"按钮，打开"关系"布局窗口，即可查看各表间关系。

（2）**打开"编辑关系"对话框**。单击要编辑的关系连线，使连线变黑变粗，选择下列操作之一来打开"编辑关系"对话框。

① 双击该连线。

② 右击该连线，在快捷菜单中单击"编辑关系"命令。

③ 单击该连线，在"关系工具-设计"选项卡"工具"组中单击"编辑关系"按钮。

（3）在"编辑关系"对话框中修改关系，然后单击"确定"按钮。

（4）保存关系。

2. 删除表间关系

"关系"布局窗口中显示的是各表间关系的图示。如果用户在该窗口中选中某个表，然后按 Delete 键，删除的是该表的图示，不会删除该表和其他表的关系。用户通过"显示表"对话框将该表重新添加到关系窗口中后，关系连线依然存在。要想删除表间关系，可选择下列操作之一。

① 选中关系连线，按 Delete 键。

② 右击该关系连线，在打开的快捷菜单中单击"删除"命令。

8.5 表的编辑

表的编辑包括表结构的编辑及表内容的编辑，在编辑时，首先要打开表，编辑完毕后，要关闭表。本节主要介绍打开表、修改表结构、编辑表内容。

8.5.1　打开表

在 Access 中，可以在数据表视图中打开表，也可在设计视图中打开表。

1. 在表的数据表视图中打开表

打开 Access 数据库后，如果没有打开任何数据库对象，"开始"选项卡"视图"组中的"视图"下拉按钮呈不可用状态（灰色显示），这时需要在导航窗格中要打开的表上右击，在快捷菜单中选择"打开"命令，或者在导航窗格中双击要打开的表，即可在表的数据表视图中打开表。

< 199 >

如果"开始"选项卡"视图"组中的"视图"下拉按钮呈可用状态,则可单击"视图"下拉按钮,在下拉菜单中选择"数据表视图"命令,如图 8.57 所示,即可在表的数据表视图中打开表。

2. 在表的设计视图中打开表

在导航窗格中要打开的表上右击,在快捷菜单中选择"设计视图"命令,或者在"开始"选项卡"视图"组的"视图"下拉菜单中选择"设计视图"命令,即可在表的设计视图中打开表。

图 8.57 "视图"下拉菜单

📋 **知识扩展**

表视图的切换

在表的数据表视图中可以在该表中输入新的数据、修改已有的数据、删除不需要的数据,添加字段、删除字段或修改字段。如果要修改字段的数据类型或属性,最好切换到表的设计视图。

从数据表视图切换到设计视图有如下 4 种方法。

① 单击"开始"选项卡"视图"组中的"视图"下拉按钮,在下拉菜单中选择"设计视图"命令。

② 单击"表格工具-字段"选项卡"视图"组中的"视图"下拉按钮,在下拉菜单中选择"设计视图"命令。

③ 单击状态栏右侧的视图按钮 ⚒。

④ 右击表对象,在快捷菜单中选择"设计视图"命令。

从设计视图切换到数据表视图可参照上述方法。

8.5.2 修改表结构

修改表结构的操作主要包括选定字段、移动字段、插入字段、重命名字段、删除字段、更改字段数据类型、修改字段属性、重新设置主键等。

1. 选定字段

字段的选定是字段操作中最基本的操作,在执行其他字段操作时,必须先选定字段。

(1)在表的设计视图中选定字段。

① **单个字段的选定**。在表的设计视图中打开表,将鼠标指向要选定的字段的字段选定区,当鼠标指针变成向右的箭头时单击(选定的字段四周有彩色的边框),完成单个字段的选定操作,如图 8.58 所示。

② **连续的多个字段的选定**。如果要在表的设计视图中同时选定多个连续的字段,先将鼠标指向要选定的字段的字段选定区,当鼠标指针变成向右的箭头时拖动鼠标到目标字段,松开鼠标左键,即可完成多个连续字段的选定操作。或者先选择第一个要选定的字段,然后按住 Shift 键,再在字段选定区单击最后一个要选定的字段,即可完成多个连续字段的选定操作,结果如图 8.59 所示。

(2)在表的数据表视图中选定字段。

① **单个字段的选定**。在表的数据表视图中打开表,将鼠标指向要选定的字段,当鼠标指针变成向下的箭头时单击(选定的字段列值变成蓝底黑字),完成字段的选定操作,如图 8.60 所示。

图 8.58 设计视图中选定单个字段

图 8.59 设计视图中选定多个字段

图 8.60 数据表视图中选定单个字段

< 200 >

② **连续的多个字段的选定。**先选择第一个要选定的字段，然后按住 Shift 键，将鼠标指向最后一个要选定的字段，当鼠标指针变成向下的箭头时单击，完成多个连续字段的选定操作。

> **！注意**
>
> 在表的数据表视图中，不能同时选定多个不连续的字段。

2．移动字段

移动字段指将字段从某一列处移到另一列所在的位置，可在表的数据表视图和设计视图中移动字段。

（1）在表的数据表视图中移动字段。

在表的数据表视图中打开表，选定要移动的单个字段或多个连续的字段（选定的字段列值变成蓝底黑字），然后按住鼠标左键不放，拖动到目标字段处，松开鼠标左键即可。

（2）在表的设计视图中移动字段。

在表的设计视图中打开表，选定要移动的单个字段或多个连续的字段（选定的字段四周有彩色的边框），然后按住鼠标左键不放，拖动到目标字段处，松开鼠标左键即可。

3．插入字段

可以在表的数据表视图和设计视图中插入新的字段。

（1）在表的数据表视图中插入字段。

在表的数据表视图中打开表，右击要插入新字段的位置的下一个字段，在快捷菜单中选择"插入字段"命令，则在选定字段的前面插入一个默认名为"字段 1"的新字段。或者单击"表格工具-字段"选项卡"添加和删除"组中的相应数据类型（短文本、数字、货币、是/否等）按钮，如图 8.61 所示，也可在选定的字段前插入一个默认名为"字段 1"的新字段。然后修改"字段 1"的字段名、字段数据类型及字段属性即可，其修改方法可参照例 8-2 的相关操作方法，在此不再赘述。

图 8.61 "添加和删除"选项组

（2）在表的设计视图中插入字段。

在表的设计视图中插入字段和在表的数据表视图中插入字段方法相似。首先在表的设计视图中打开表，然后右击要插入新字段的位置的下一个字段，在快捷菜单中选择"插入行"命令（或者单击"表格工具-设计"选项卡"工具"组中的"插入行"按钮），Access 将在选定字段的前面插入一个空白行，然后在空白行中输入字段名，设置字段数据类型即可完成新字段的插入。

4．重命名字段

对数据表中的字段重命名，也可在表的数据表视图和设计视图中完成。

（1）在表的设计视图中重命名字段。

在表的设计视图中打开表，在字段名称列中双击要重命名的字段名，此时该字段名呈现为可编辑状态（黑底白字），输入新的字段名即可。

（2）在表的数据表视图中重命名字段。

在表的数据表视图中打开表，双击要重命名的字段名，或者右击要重命名的字段，在打开的快捷菜单中选择"重命名字段"命令，此时该字段名呈现为可编辑状态，输入新的字段名即可。

5．删除字段

当不再需要数据库表中的某个字段时，可将其删除。

（1）在表的设计视图中删除字段。

在表的设计视图中打开表，选中要删除的字段，单击"表格工具-设计"选项卡"工具"组中的"删

< 201 >

除行"按钮，或右击需要删除的字段，在打开的快捷菜单中选择"删除行"命令。

（2）在表的数据表视图中删除字段。

在表的数据表视图中打开表，选中要删除的字段单击"表格工具-字段"选项卡"添加和删除"组中的"删除"按钮，或右击需要删除的字段，在打开的快捷菜单中选择"删除字段"命令。

！注意

　　不能在数据表视图中删除主键字段。例如，如果在数据表视图中删除"科目"表的"单位名称"字段，系统将打开图 8.62 所示的提示对话框，提示用户，要删除主键字段，须在设计视图中打开该表并删除主键字段。

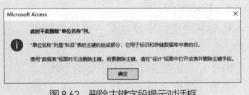

图 8.62　删除主键字段提示对话框

6．更改字段数据类型

在使用数据库中的表的过程中，若发现在设计表结构时字段的数据类型定义不正确，则需要进行数据类型转换，而数据类型转换可能造成数据丢失。下面列出了对现有数据进行数据类型转换应注意的问题。

（1）**非自动编号类型字段转换为自动编号类型字段**：无法实现，如果表中需要自动编号类型字段，必须新建自动编号类型字段。

（2）**短文本转换为数字、货币、日期/时间或是/否**：适合目标数据类型的值无损转换，不适合的值自动删除。例如，一个短文本字段如果包含数据"May 12，2021"，将这个短文本字段转换为日期/时间字段，"May 12，2021"会准确地转换为"2021-5-12"；但是，如果将该短文本字段转换为是/否型，那么其值将被删除。

（3）**长文本转换为短文本**：不会丢失或损坏数据，长于短文本字段指定的字段大小的文本部分将被截断并舍弃。

（4）**数字转换为短文本**：不会丢失任何信息，数字将转换为使用"常规数字"格式的文本。

（5）**数字转换为货币**：由于货币数据类型使用固定小数点，因此在截断数字的过程中可能损失一些精度。

（6）**日期/时间转换为短文本**：不会丢失任何信息，日期/时间数据会转换为使用"常规日期"格式的文本。

（7）**货币转换为短文本**：不会丢失任何信息。货币值将转换为不带货币符号的文本。

（8）**货币转换为数字**：直接转换，在转换货币值以适应数字类型字段的过程中，可能会丢失部分数据。例如，在将货币值转换为长整型时，小数部分将被截断并舍弃。

（9）**自动编号转换为短文本**：一般在转换过程中不会出现丢失数据的情况，但是，如果文本字段的宽度不足以保存整个自动编号值，那么超出部分将被截断并舍弃。

（10）**自动编号转换为数字**：直接转换，在转换自动编号值以适应数字类型字段的过程中，可能会丢失部分数据。例如，对于大于 32767 的自动编号值，如果将其转换为整型字段，则超出部分会被截断并舍弃。

（11）**是/否转换为短文本**：将是/否型直接转换为文本，不会丢失任何信息。

（12）无法将 OLE 对象数据类型转换为其他任何数据类型。

在表的设计视图中修改字段数据类型只需在相应字段的"字段类型"下拉列表中选择所需的数据类型。

7．修改字段属性

修改字段属性最好在表的设计视图中进行。修改字段属性和设置字段属性方法相同，在此不再

< 202 >

赘述。

!注意

将字段大小由大变小，必须确保表中已有的数据都不大于新的字段大小，否则会造成数据丢失。

8．重新设置主键

主键只能在表的设计视图中设置和修改，如需修改已定义的主键，需要先删除已定义的主键，再定义新的主键。

【例 8-9】假设我们将"选科成绩"表中的"学号+单位名称"的字段集设置成主键，但"学号+单位名称"字段集可能存在重复的值，需要将主键修改为"学号+单位名称+科目名称"的字段集，具体操作步骤如下。

（1）在表的设计视图中打开需要重新定义主键的"选科成绩"表。

（2）选定已有的主键字段"学号+单位名称"，单击"表格工具-设计"选项卡"工具"组中的"主键"按钮，或者右击主键，在打开的快捷菜单中选择"主键"命令，系统将取消以前设置的主键。

（3）选定要新定义的主键字段"学号+单位名称+科目名称"，单击"表格工具-设计"选项卡"工具"组中的"主键"按钮，这时"学号""单位名称"和"科目名称"的字段选定区显示 🔑 图标，如图 8.63 所示，表明已设置该字段为主键。

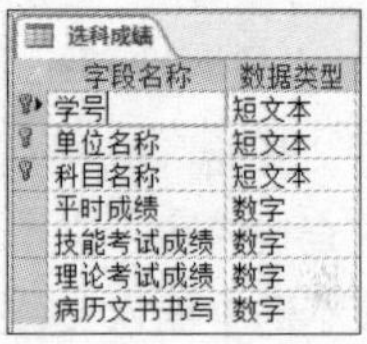

图 8.63　"学号+单位名称+科目名称"主键

!注意

如果表中已经有数据，在定义主键前需先检查主键字段集是否有空值或重复的值，如果有空值（如果是多字段集，每个字段的值都不能为空值），需在对应字段列中输入字段值，如果有重复值（如果是多字段集，多个字段的值不能重复），删除重复值，然后将字段集设置为新主键。

8.5.3　编辑表内容

编辑表内容是为了保证表中数据的准确性，使所建表能够满足实际需要。编辑表内容的操作主要包括定位记录、添加新记录、删除记录、修改数据、复制数据，这些操作都在数据表视图中执行。

1．定位记录

编辑表中记录的内容时，首先需要定位到表中的某一条记录。Access 2016 中可以使用记录导航按钮、"开始"选项卡"查找"组中的"转至"下拉按钮和"查找"按钮实现记录定位。

（1）记录导航按钮。

数据表视图底部的记录导航按钮可以用于定位记录、添加记录、搜索记录。记录导航按钮如图 8.64 所示，说明如下。

① **第一条记录**：将表中的第一条记录确定为当前记录。

② **上一条记录**：将表中当前记录的上一条记录确定为当前记录。

③ **当前记录**：显示当前记录号。记录号从 1 开始按顺序计数。在"当前记录"文本框中输入一个记录号，然后按 Enter 键即可定位到该记录。

④ **下一条记录**：将表中当前记录的下一条记录确定为当前记录。

⑤ **尾记录**：将表中的最后一条记录确定为当前记录。

⑥ **新（空白）记录**：添加一条新记录，并将新记录确定为当前记录。

< 203 >

⑦ **搜索**：在"搜索"文本框中输入文本时，随着输入每个字符，系统将实时突出显示第一个匹配值，用户可以使用此功能迅速搜索具有匹配值的记录。

（2）"转至"下拉按钮。

单击"开始"选项卡"查找"组中的"转至"下拉按钮，打开图 8.65 所示的下拉菜单，其中"第一条记录""上一条记录""下一条记录""最后一条记录"命令的含义和记录导航按钮中的相应命令相同，使用这些命令可以快速定位到相应的记录。单击"新建"命令，可以在表尾添加一条新记录。

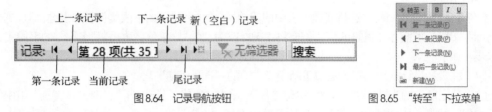

图 8.64　记录导航按钮　　　　　　　　　　　图 8.65　"转至"下拉菜单

（3）"查找"按钮。

单击"开始"选项卡"查找"组中的"查找"按钮，打开"查找和替换"对话框，在"查找"选项卡的"查找内容"文本框中输入要查找的内容，即可定位到相应的记录。在"替换"选项卡的"替换为"文本框中输入要替换的内容，如图 8.66 所示，单击"全部替换"按钮，在打开的警告信息对话框中单击"是"按钮，可实现将表中所有查找到的内容（贵阳市第二人民医院）替换为指定的内容（贵阳市金阳医院），如图 8.67 所示。

图 8.66　"查找和替换"对话框　　　　　　　　图 8.67　"查找和替换"警告信息对话框

在指定查找内容时，如果仅知道要查找的部分内容，可以使用通配符作为占位符。表 8.9 所示为查找内容时可使用的通配符。

表 8.9　查找内容时可使用的通配符

通配符	说明	示例	查询结果
*	匹配任意多个字符	王*	可以找到王隽、王华、王铭明等以"王"开头的字段值
?	匹配任意一个字符	赵?	可以找到赵湖、赵良、赵军等以"赵"开头且只有两个字的字段值
[]	匹配方括号内的任意一个字符	s[ik]le	可以找到 sile、skle，但找不到 sikle 等
!	匹配任何不在方括号内的字符	s[!al]ke	可以找到 sike、soke 等，但找不到 sake 和 slke
−	匹配某个范围内任意一个字符，必须按升序（如 A 到 Z）指定范围	2[5-7]3	可以找到 253、263、273
#	匹配任意一个数字字符	5#1	可以找到 521、531、571 等

【例 8-10】 在"学生"表中，查找学号尾数为 6 的学生记录，具体操作步骤如下。

① 在表的数据表视图中打开"学生"表，单击所要查找的字段"学号"字段。

② 单击"开始"选项卡"查找"组中的"查找"按钮，打开"查找和替换"对话框。

< 204 >

③ 在该对话框的"查找内容"文本框中输入"*6"，如图 8.68 所示。

④ 单击"查找下一个"按钮，若"学生"表中存在学号的尾号为 6 的记录，则找到的字段值会突出显示。如果有多条相关的记录，逐次单击"查找下一个"按钮，即可逐个定位到每条相关记录，直至查完所有记录。

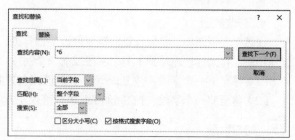

图 8.68　例 8-10"查找和替换"对话框

【思考题】在"单位"表中，如何查找单位名称含有"第二"的学生记录？

2．添加新记录

在 Excel 的工作表中，可以在工作表的尾部添加新记录，也可在已有的记录中间插入新记录。在 Access 的数据表中，只能在表尾添加新记录，不能在已有的记录中间插入新记录。

要在数据表的表尾添加新记录，首先将光标定位到表尾，然后按要求在表尾录入记录即可。将光标定位到表尾有如下 4 种方法。

方法一：直接单击表尾 * 后的单元格。

方法二：单击记录导航按钮最右侧的"新（空白）记录"按钮。

方法三：单击"开始"选项卡"记录"组中的 新建 按钮。

方法四：鼠标指向非尾记录的字段选定区，右击，在快捷菜单中选择"新记录"命令。

> ⚠ **注意**
>
> 如果建立关系时在两个表间实施了参照完整性，则用户在子表中添加记录时，输入的外键字段值必须是主表中已经存在的主键值。

3．删除记录

要删除记录，首先要选定需要删除的记录。单击要删除的记录的字段选定区，可以选中要删除的单条记录。如果要删除多条连续的记录，先单击要删除的第一条记录的字段选定区，再拖曳鼠标至要删除的最后一条记录的字段选定区（或按住 Shift 键，再单击要删除的最后一个记录的字段选定区），即可选定多条连续的记录。删除选中的记录可使用如下方法。

方法一：按 Delete 键。

方法二：单击"开始"选项卡"记录"组中的 ✕ 删除 按钮。

方法三：右击（如果是删除选定的多条记录，右击时要按住 Shift 键），在快捷菜单中选择"删除记录"命令。

删除记录时会打开图 8.69 所示的警告信息对话框，单击"是"按钮，删除完成。

图 8.69　"删除记录"警告信息对话框

> ⚠ **注意**
>
> 在 Access 中不能同时删除多个不连续的记录，要删除多个不连续的记录只能分次选定和删除。但可以同时删除多个连续的记录。如果要删除的记录是已建立关系的主表中的记录，并在建立关系时，在"编辑关系"对话框中勾选了"实施参照完整性"及"级联删除相关记录"复选框，则会打开图 8.70 所示的对话框，单击"是"按钮，可以级联删除子表中的相关记录。

图 8.70　"级联删除记录"警告信息对话框

< 205 >

4. 修改数据

在数据表视图中，将鼠标指向需要修改的数据处，然后单击，就可以修改光标所在处的数据。可以使用键盘将光标快速移到下一个字段或前一个字段。

（1）**移至下一个字段**：按 Enter 键、Tab 键或右方向键，可向后移动光标到下一个字段。

（2）**移至前一个字段**：按 Shift+Tab 组合键或左方向键，可向前移动光标到前一个字段。

📋 **知识扩展**

当光标定位在某一个字段中时，单元格会呈现白色，而该行其他单元格颜色变深，如图 8.71 所示。如果需要修改这个单元格的内容，按 F2 键，单元格的值反白（即变成黑底白字），这时输入的内容将会取代原来的内容。

	单位名称	单位地址	联系电话	单位网址	可选否
⊞	贵阳市金阳医院	贵州省贵阳市金阳南路547号	0851-879938	www.jyhosp.cn	☑
⊞	贵阳市第六人民医院	贵州省贵阳市南明区富源南路42号	0851-868551		☑
⊞	贵阳市第三人民医院	贵州省贵阳市花溪大道中断27号	0851-868551		☑
⊞	贵阳市第四人民医院	贵州省解放西路91号	0851-859674		☑
⊞	贵阳市第一人民医院	贵州省贵阳市南明区博爱路97号	0851-858137		☑
⊞	贵阳市妇幼保健院	贵州省南明区瑞金南路63号	0851-859657		☑
⊞	贵州省第二人民医院	贵州省贵阳市云岩新天大道南段318号	0851-841766	www.gz2h.cn	☑
⊞	贵州省第三人民医院	贵州省贵阳市百花大道34号	0851-868551		☑
⊞	贵州省骨科医院	贵州省贵阳市沙冲南路25号	0851-857743		☑
⊞	贵州省口腔医院	贵州省贵阳市沙冲南路26号	0851-883075	www.gyskqyy.cn	☑
⊞	贵州省人民医院	贵州省贵阳市中山东路83号	0851-859229	www.gz5055.com	☑
⊞	贵州医科大学附属医院	贵州省贵阳市云岩区贵医街28号	0851-868551	www.gmcah.cn	☑
⊞	贵州中医药大学第二附属医院	贵州省贵阳市云岩区飞山街83号	0851-852831	www.gzydefy.com	☑
⊞	贵州中医药大学第一附属医院	贵州省贵阳市云岩区宝山北路71号	0851-856097		☑
⊞	解放军第四十四医院	贵州省贵阳市小河区黄河路67号	0851-838202		☑
＊					☑

图 8.71　光标定位到字段

5. 复制数据

在输入或编辑数据时，碰到相同或相似数据，可以使用复制和粘贴操作将某字段中的部分或全部数据复制到另一个字段中，以减少输入操作。复制数据的具体步骤如下。

（1）**选定要复制的数据**。只需将鼠标指向要复制的数据字段的最左边，当鼠标指针变成十字形状时，单击就可选中要复制的字段内容。如果是要复制字段中部分数据内容，则将鼠标指向要复制的数据的开始位置，然后拖曳鼠标到要复制的数据的结束位置，即可选定字段中部分数据内容。

（2）**执行复制命令**。单击"开始"选项卡"剪贴板"组中的"复制"按钮，或者右击，选择快捷菜单中的"复制"命令。

（3）**执行粘贴命令**。将光标定位到要粘贴数据的目标字段，单击"开始"选项卡"剪贴板"组中的"粘贴"按钮，或者右击，选择快捷菜单中的"粘贴"命令，即可完成复制数据操作。

除了复制某个字段的值，Access 2016 还允许复制整条记录，然后通过"开始"选项卡"剪贴板"组中"粘贴"下拉菜单中的"粘贴追加"命令将复制的记录追加到表中，从而快速创建相同的记录。

8.6 表的基本操作

下面介绍表的复制、删除、重命名与关闭。

1. 复制表

复制表的操作可以通过"开始"选项卡"剪贴板"组中的"复制"和"粘贴"按钮，或者右键快捷菜单中的"复制"和"粘贴"命令来完成。

复制表的具体操作步骤如下。

< 206 >

（1）打开准备复制的表对象所在的数据库，在导航窗格中选中该表。

（2）单击"开始"选项卡"剪贴板"组中的"复制"按钮或者右击要复制的表对象，在快捷菜单中选择"复制"命令，将该表复制到剪贴板中。

（3）如果是在同一个数据库中复制表，直接单击"剪贴板"组中的"粘贴"按钮或快捷菜单中的"粘贴"命令即可。如果要将表复制到另一个数据库中，则需在打开另一个数据库后，在新打开的数据库中进行"粘贴"操作。

Access 2016 中有 3 种粘贴表方式，如图 8.72 所示。

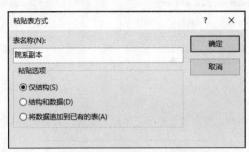

图 8.72　"粘贴表方式"对话框

① **仅结构**。复制后的新表只有表结构，没有数据，用户可在"表名称"文本框中输入新表的名称。当需要在数据库中创建一个新表，且新表的结构与原表结构相似时，选中该单选按钮可以减少创建新表的工作量。

② **结构和数据**。复制后的新表与原表完全相同（表名称除外），用户可在"表名称"文本框中输入新表的名称。当需要备份表时，可以选中该单选按钮。

③ **将数据追加到已有的表**。复制后不产生新表，用户在"表名称"文本框中只能输入已经存在的表名称，而且要求两张表的结构完全相同。当需要将一张表中的数据全部追加到另一张表中时选中该单选按钮。

【例8-11】将"医学生实习管理"数据库中的"院系"表的结果备份一份到此数据库中，并将新表命名为"院系副本"。具体操作步骤如下。

（1）打开"医学生实习管理"数据库，在导航窗格中单击"院系"表，选中该表对象。

（2）单击"开始"选项卡"剪贴板"组中的"复制"按钮。

（3）单击"开始"选项卡"剪贴板"组中的"粘贴"按钮，打开"粘贴表方式"对话框，在"表名称"文本框中输入新表的名称"院系备份"，将粘贴选项设置为"仅结构"。

（4）单击"确定"按钮结束复制，此时在导航窗格中会出现"院系备份"表对象。

2．删除表

在发现数据库中存在多余的表对象时，用户可以删除它们。删除表主要有以下两种方法。

方法一：在数据库的导航窗格中右击要删除的表名称，在打开的快捷菜单中选择"删除"命令。

方法二：在数据库的导航窗格中单击要删除的表名称，再按 Delete 键。

【例8-12】删除"医学生实习管理"数据库中的"院系副本"表对象。具体操作步骤如下。

（1）在"医学生实习管理"数据库的导航窗格中右击"院系副本"表对象，在快捷菜单中选择"删除"命令，打开图 8.73 所示的确认删除提示对话框。

（2）单击提示对话框中的"是"按钮，删除该表。

【观察与思考】同学们尝试删除"医学生实习管理"数据库中的"院系"表对象，并观察在删除过程中，系统打开的对话框和删除"院系副本"表对象有何不同？

< 207 >

提示

在执行删除"院系"表的过程中,首先会打开图8.73所示的提示对话框,在提示对话框中单击"是"按钮,还会打开图8.74所示的提示对话框,在该对话框中再单击"是"按钮,删除"院系"表的同时删除了"院系"表和"学生"表间的关系。

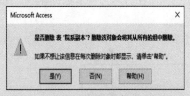

图8.73 删除"院系副本"提示对话框

图8.74 删除关系提示对话框

注意

不能删除已打开的表,例如,删除已打开的"单位"表时,会打开图8.75所示的提示对话框。

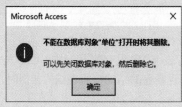

图8.75 删除打开的表提示对话框

3. 重命名表

重命名表的具体操作步骤如下。

(1)在数据库的导航窗格中,右击要重命名的表名称,在快捷菜单中选择"重命名"命令。

(2)在表名称编辑框中输入新表名,然后按Enter键,完成重命名表。

注意

不能重命名已打开的表,如果要重命名的表已打开,则会弹出提示对话框。

4. 关闭表

表编辑完毕,需要关闭表。关闭表是指关闭表的所有视图,并释放它所占用的内存空间。关闭表主要有以下两种方法。

方法一:单击工作区右上角的"关闭"按钮✕。

方法二:右击要关闭的表的选项卡标签,在快捷菜单中选择"关闭"命令。

习题

记录的排序、筛查及调整表的外观

1. 单选题

(1)下面有关Access 2016数据库中字段名称的命名规则的描述,错误的是( )。

　　A. 可以使用汉字和字母　　　　　　B. 可使用数字和空格

　　C. 字段名称长度最长64个字符　　　D. 可以空格开头

< 208 >

（2）在 Access 中，（　　　）操作只能在表的数据表视图中进行。

  A. 修改字段大小 B. 修改字段名称 C. 修改字段默认值 D. 在表中添加新记录

（3）在 Access 中，（　　　）操作只能在表的设计视图中进行。

  A. 修改数据类型 B. 修改字段名称 C. 修改默认值 D. 设置主键

（4）手机号码是由 11 位数字组成的字符串，为电话号码设置输入掩码，正确的是（　　　）。

  A. AAAAAAAAAAA   B. 99999999999

  C. CCCCCC   D. 00000000000

（5）若要求在主表中没有相关记录时不能将记录添加到相关表中，则应该在表关系中设置
（　　　）。

  A. 参照完整性   B. 级联更新相关记录

  C. 有效性规则   D. 级联添加相关记录

（6）在 Access 表中，可以定义 3 种主关键字，它们是（　　　）。

  A. 单字段、双字段和多字段   C. 单字段、多字段和自动编号

  B. 单字段、双字段和自动编号   D. 双字段、多字段和自动编号

（7）在 Access 中，如果不想显示数据表中的某些字段，可以使用的命令是（　　　）。

  A. 冻结   B. 筛选   C. 隐藏   D. 删除

（8）下列关于空值的叙述中，正确的是（　　　）。

  A. 空值是空字符串   B. 空值是 0

  C. 空值是缺值或暂时没有值   D. 空值是空格

（9）要在"教师"表的"姓名"字段中查找所有"李"姓的教师记录，则应在"查找内容"文本
框中输入（　　　）。

  A. 李*   B. 李?   C. 李某某   D. 李

（10）排序时如果选取了多个相邻的字段，则输出结果是（　　　）。

  A. 按设定的优先次序依次进行排序 B. 从最右边的列开始排序

  C. 按从左向右优先次序依次排序 D. 无法进行排序

（11）下列有关"输入掩码"的叙述，错误的是（　　　）。

  A. 格式属性在数据显示时优先于输入掩码的设置

  B. Access 只为"文本"和"日期/时间"字段提供了"输入掩码向导"来设置掩码

  C. 设置掩码时，可以用一串代码作为预留区来制作一个输入掩码

  D. 所有数据类型都可以定义一个输入掩码

（12）若限制字段只能输入数字 0～9，则应使用的输入掩码字符是（　　　）。

  A. X   B. A   C. 0   D. 9

（13）输入掩码字符"&"的含义是（　　　）。

  A. 必须输入字母或数字   B. 可以选择输入字母或数字

  C. 必须输入一个任意的字符或一个空格 D. 可以选择输入任意的字符或一个空格

（14）输入掩码字符"C"的含义是（　　　）。

  A. 必须输入字母或数字   B. 可以选择输入字母或数字

  C. 必须输入一个任意的字符或一个空格 D. 可以选择输入任意的一个字符或空格

（15）在 Access 2016 数据库中，（　　　）类型字段的字段大小不能修改。

  A. 货币   B. 文本   C. 数字   D. 超链接

（16）在 Access 2016 数据库中，"是/否"型字段的字段大小为（　　　）。

  A. 2 字节   B. 1 字节   C. 4 字节   D. 8 字节

< 209 >

（17）在 Access 2016 数据库中，"短文本"字段最大为（　　）个字符。

    A. 2　　　　　　　B. 1　　　　　　　C. 128　　　　　　D. 255

（18）在 Access 2016 数据库中新建"学生"表，应该建立一个（　　）类型字段来存储学生个人简历。

    A. 长文本　　　　　B. 短文本　　　　　C. OLE 对象　　　　D. 数字

（19）在 Access 2016 数据库的表中，如果要在一个字段中保存两个 Word 文档，则该字段数据类型应该设置为（　　）。

    A. 短文本　　　　　B. 长文本　　　　　C. OLE 对象　　　　D. 附件

（20）在 Access 2016 数据库中，不允许有重复数据的字段类型是（　　）。

    A. 数字　　　　　　B. 短文本　　　　　C. 是/否　　　　　　D. 自动编号

2. 填空题

（1）在 Access 2016 数据库中，两个表的表间关系可以为一对一和＿＿＿＿＿。

（2）在 Access 2016 数据库中，每个表只能有＿＿＿＿＿个主键。

（3）在 Access 2016 数据库中，设置了索引可以改变记录的逻辑顺序，但不能改变记录的＿＿＿＿＿顺序。

（4）在 Access 2016 数据库中，向已建立了主键的表中输入记录时，主键字段中不允许空值，也不能有＿＿＿＿＿的值。

（5）在 Access 2016 数据库中，表记录的录入和修改只能在表的＿＿＿＿＿视图中完成。

（6）在 Access 2016 数据库中，已建立一对多关系的两个表，主键所在的表称为＿＿＿＿＿，外键所在的表称为子表。

（7）为了让 Access 2016 数据库表中的某些列一直显示在屏幕上，可以将这些列＿＿＿＿＿。

（8）当定义两个表间的关系时，在"编辑关系"对话框中勾选了"实施参照完整性"和"级联更新相关字段"复选框，则当用户修改父表中记录的主键值时，系统将自动更新子表中相关记录的＿＿＿＿＿，使它们保持一致。

（9）参照完整性是对建立关系的两张表的＿＿＿＿＿。

（10）两个表通过主键和外键建立了关系，参照完整性要求子表中每条记录的外键值必须是主表中存在的＿＿＿＿＿。

< 210 >

第9章 查询

在 Access 的数据库中创建好数据表后，就可基于表建立查询、窗体、报表等对象。

本章主要介绍怎样使用查询向导创建查询，怎样使用查询设计视图创建选择查询、参数查询、操作查询及 SQL 查询。

本章重点：查询条件的书写，选择查询、参数查询、交叉表查询、操作查询及 SQL 查询的创建。

9.1 查询的类型

在 Access 中，根据对数据源操作方式和操作结果的不同，可以把查询分为 5 种类型，分别是选择查询、参数查询、交叉表查询、操作查询和 SQL 查询。

1．选择查询

选择查询用于从一个或多个数据源中筛选数据并在数据表视图中显示查询结果。根据查询设计时是否指定查询条件，选择查询又可分为带条件的选择查询和不带条件的选择查询。带条件的选择查询是指在查询设计时，指定查询字段的同时指定字段的查询条件，在数据表视图中只显示满足条件的记录。不带条件的选择查询是指在查询设计时，只指定查询字段，不指定字段的查询条件，在数据表视图中显示指定字段的所有的记录。使用选择查询还可以对记录进行分组和排序，并且可基于分组对记录做总计、计数、求平均值等计算。选择查询是最常用、最基本的查询，它是其他查询的基础，它的查询条件一般是固定的。

2．参数查询

参数查询是一种交互式查询，它利用对话框来提示用户输入查询条件，用户输入查询条件后，系统会根据所输入的条件动态检索记录。参数查询是选择查询的一种变通，每次运行查询时，用户可以输入不同的查询条件，从而提高了查询的灵活性。

3．交叉表查询

交叉表查询是选择查询计算功能的一种扩充。它可以同时在行、列两个方向进行分组统计计算，并将计算结果显示在行标题字段和列标题字段交叉的单元格中。

4．操作查询

操作查询用于添加、删除或更改数据。操作查询共有 4 种类型：删除、更新、追加与生成表查询。

（1）**删除查询**。使用删除查询可以实现从一个或多个表中删除满足条件的一组记录。

（2）**更新查询**。使用更新查询可以实现对一个或多个表中满足条件的记录进行更改。例如，可以将所有职工的基本工资值增加 10%。

（3）**追加查询**。使用追加查询可以实现将一个或多个表中满足条件的记录追加到另一个表的表尾。

（4）**生成表查询**：利用一个或多个表中的全部或部分数据创建新表。

5. SQL 查询

使用 SQL（Structured Query Language，结构化查询语言）语句创建的查询称为 SQL 查询。有关 SQL 查询的知识在 9.4 节详细介绍。

9.2 查询概述

查询是根据给定的条件从指定的一个或多个数据源中筛选出符合条件的数据，构成一个新的数据集供用户查看、汇总分析和使用。使用查询可以检索数据、执行计算或汇总数据、合并不同表中的数据，可以添加、更改或删除表中的数据。

供查询、获取数据的表或查询称为查询的数据源，即查询的数据源可以是表，也可以是已经建立的查询，查询的结果还可作为窗体、报表、宏、模块，以及其他查询的数据源。

9.2.1 查询与表的区别

用户在运行查询时，看到的数据集形式与从表的数据表视图中看到的数据集完全一样，但实际上这个数据集与表中的数据集是不同的，它们的不同之处主要表现在以下几个方面。

（1）查询中所存放的是用于取得数据的方法和定义，即查询对象中保存的是查询涉及的表、字段和筛选条件等，而不是记录。表对象中存储的是数据的物理集合，是记录本身。

（2）用户在运行查询时看到的数据集并不是数据的物理集合，而是动态数据的集合，它是在运行查询时从查询数据源中动态抽取出来的一个虚拟的表（临时表），供用户查看，关闭查询时，查询的动态集就会自动消失，即这个动态集并不保持在数据库中。用户在表的数据表视图看到的数据集是始终存储在数据库中的，关闭数据表视图，数据不会在数据库中消失。

（3）数据表按主题将数据进行了分割，而查询则是将不同表（主题）中的数据进行了组合。

（4）表是查询的数据源，建立多表查询之前，一定要先建立数据表之间的关系。

9.2.2 查询的视图

在 Access 2016 中，查询的视图有 3 种，分别为数据表视图、SQL 视图和设计视图。

1. 数据表视图

数据表视图主要用于查看查询的运行结果，其外观和表的数据表视图相同。但数据表视图并不保存实际的记录，显示的数据集是一个动态的数据集，关闭查询后，动态数据集消失。

2. 设计视图

设计视图主要用于创建查询、修改已经创建的查询，如需查看查询结果可切换到数据表视图。

3. SQL 视图

SQL 视图可用于查看或修改已创建的查询，用户也可以在 SQL 视图中编写 SQL 语句来创建 SQL 查询。

9.3 选择查询

选择查询是 Access 中最基本、最常用的查询，它可以根据指定字段和条件以及汇总方式从一个或多个数据源中筛选数据，实现数据汇总，查询结果可在数据表视图中显示。选择查询包括不带条件的选择查询（简单查询）、带条件的选择查询、查找重复项查询、查找不匹配项查询及总计选择查询。

< 212 >

Access 功能区的 "创建" 选项卡 "查询" 组中提供了 "查询向导" 和 "查询设计" 两种创建查询的方法。初学者可以使用 "查询向导" 快速创建不带条件的选择查询、查找重复项查询、查找不匹配项查询及交叉表查询。查询向导可以指导初学者按照操作提示完成查询的创建，但缺乏灵活性，且不能创建带条件的查询。查询设计视图功能强大，可以灵活地创建各种查询，也可以修改和编辑已经创建的查询，但需用户掌握查询条件设计相关知识，并能灵活运用这些知识进行查询设计。

9.3.1 使用简单查询向导创建选择查询

在 Access 2016 中，使用简单查询向导可以快速创建一个不带条件的选择查询，即简单查询。简单查询可以从数据库的一个或多个表中选择需要的字段值，还可给记录分组，并对组中的字段值进行计算，如汇总、求平均值、求最小值和求最大值等。

【例 9-1】在 "医学生实习管理" 数据库中，使用简单查询向导，创建名为 "9-1 学生选科查询" 的选择查询，通过此查询可查看学生的 "学号" 和 "姓名"、选择实习的 "单位名称" 及 "科目名称"。

分析：学生的 "学号" 和 "姓名" 来自 "学生" 表，"单位名称" 及 "科目名称" 可来自 "单位" 表或 "选科成绩" 表，但 "学生" 表和 "单位" 表之间是多对多关系，"学生" 表和 "选科成绩" 表之间是一对多关系，所以数据源为 "学生" 表和 "选科成绩" 表。具体操作步骤如下。

（1）**打开数据库**。启动 Access 2016，打开 "医学生实习管理" 数据库。

（2）**启用简单查询向导**。单击 "创建" 选项卡 "查询" 组中的 按钮，在打开的 "新建查询" 对话框中选择 "简单查询向导"，如图 9.1 所示。

（3）**指定数据源及字段**。单击 "确定" 按钮，打开 "简单查询向导" 对话框，在 "表/查询" 下拉列表中选择 "表：学生"，在 "可用字段" 列表框中选择 "学号"，单击 按钮，将 "学号" 字段添加到 "选定字段" 列表框中。用同样的方法将 "姓名" 字段添加到 "选定字段" 列表框中，结果如图 9.2 所示。然后在 "表/查询" 下拉列表中选择 "表：选科成绩"，再将 "单位名称" 和 "科目名称" 添加到 "选定字段" 列表框中，结果如图 9.3 所示。

图 9.1 "新建查询" 对话框

图 9.2 指定 "学生" 表及选定字段

图 9.3 指定 "选科成绩" 表及选定字段

技巧

在图 9.2 所示的对话框中，双击 "可用字段" 列表框中的某个字段可以将其快速添加到 "选定字段" 列表框中。双击 "选定字段" 列表框中的某个字段则可将其移到 "可用字段" 列表框中。

（4）**确定查询方式**。单击 "下一步" 按钮，确定采用明细查询还是汇总查询，本例采用默认的明细查询方式，如图 9.4 所示。

知识扩展

在图 9.2 和图 9.3 所示对话框的 "表/查询" 下拉列表中可以指定查询数据源，数据源可以是表，也可以是查询，如果查询数据源有多个，可分次指定数据源及选定字段。

< 213 >

单击 > 按钮可将"可用字段"列表框中选定的字段添加到"选定字段"列表框中。

单击 >> 按钮可将"可用字段"列表框中所有字段添加到"选定字段"列表框中。

单击 < 按钮可将"选定字段"列表框中选定的字段移至"可用字段"列表框中。

单击 << 按钮可将"选定字段"列表框中所有字段移至"可用字段"列表框中

（5）**查看查询结果**。单击"下一步"按钮，为查询指定标题，如图 9.5 所示。单击"完成"按钮，查看查询结果如图 9.6 所示。

| 图 9.4 确定采用明细查询 | 图 9.5 为查询指定标题 | 图 9.6 学生选科查询结果 |

说明

图 9.6 所示查询结果包含了 33 条记录，为了节约版面，只截取了前 16 条记录。

知识扩展

在图 9.5 中指定的查询标题，即查询对象名称，选中"打开查询查看信息"单选按钮，单击"完成"按钮，打开查询的数据表视图，可以查看查询的结果。如果在图 9.5 中选中"修改查询设计"单选按钮，单击"完成"按钮，会打开查询的设计视图，可在其中修改查询。

注意

① 在图 9.6 所示的查询结果中，字段的排列顺序与其被选定的先后顺序有关。因此，应尽可能按照查询结果要求的排列顺序来依次选择所需要的字段。

② 在设计表时，如果没有为字段指定标题属性，则在查询的数据表视图中显示的是字段名，如图 9.6 所示的"学号""单位名称""科目名称"，如果为字段指定了标题属性，在查询的数据表视图中显示的就是字段的标题，如图 9.6 所示的"学生姓名"为"姓名"字段的标题。

③ 创建多表数据源的查询，表间一定要建立一对一或一对多关系。

【**扩展准备**】要想为后继的查询学习准备更丰富的数据源，用户可以尝试完成如下任务。

① 将"科目.xlsx"和"选科成绩.xlsx"文件中的数据分别导入"医学生实习管理"数据库的"科目"表和"选科成绩"表。

② 在"医学生实习管理"数据库中，使用简单查询向导，基于"选科成绩"表和"学生"表创建"学生选科成绩查询"，通过"学生选科成绩查询"可查看学生的"学号""姓名""班级"，选择实习的"单位名称""科目名称"，"平时成绩""技能考试成绩""理论考试成绩"及"病历文书书写"信息。

【**例 9-2**】在"医学生实习管理"数据库中，基于"学生选科成绩查询"创建"9-2 学生平均成绩汇总查询"，计算每个学生的所有实习科目的各项考核成绩的平均分。

【**操作步骤**】

（1）参照例 9-1 的步骤（1）和步骤（2），打开"医学生实习管理"数据库，启用"简单查询向导"，单击"确定"按钮。

< 214 >

（2）**指定数据源**。在"简单查询向导"对话框的"表/查询"下拉列表中选择"查询：学生选科成绩查询"，将"可用字段"列表框中的"学号""姓名""平时成绩""技能考试成绩""理论考试成绩"及"病历文书书写"字段添加到"选定字段"列表框中，结果如图9.7所示，然后单击"下一步"按钮。

（3）**确定查询方式、汇总字段和汇总方式**。选中"汇总"单选按钮，再单击"汇总选项"按钮，打开"汇总选项"对话框，勾选汇总字段的"平均"复选框，如图9.8所示。

图9.7 指定"学生选科成绩查询"及选定字段

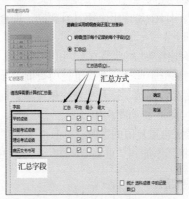

图9.8 指定汇总字段及汇总方式

📖 **说明**

图9.8所示为"简单查询向导"和"汇总选项"两个对话框的叠加。

📁 **知识扩展**

汇总字段即参与计算的字段，本例的汇总字段有"平时成绩""技能考试成绩""理论考试成绩""病历文书书写"4个字段。

汇总方式即计算方式，图9.8所示的汇总方式有"汇总""平均""最小""最大"4种方式，本例4个字段的汇总方式是求平均值（"平均"）。

（4）**查看查询结果**。单击"汇总选项"对话框中的"确定"按钮，返回到"简单查询向导"对话框，在对话框中单击"完成"按钮，查询结果如图9.9所示。

学号	学生姓名	平时成绩 之 平均值	技能考试成绩 之 平均值	理论考试成绩 之 平均值	病历文书书写 之 平均值
20161501054	杨某某	89.5	80.3333333333333	78.8333333333333	80.6666666666667
20180703049	范某某	91.25	83.75	71.5	78.75
20182102012	杨某某	90	88	82	86
20182102228	岑某某	90.4	71	74.2	72.8
20182102412	彭某某	87.6	78.4	76.2	75.2
20182102510	田某某	86	71	68.4	76
20182102738	杨某某	96	63	74	89
20182102744	叶某某	75	85	80	85
20182103054	罗某某	86	62	56	78
20182104017	何某某	93	50	85	62
20182107011	盖某某	86	65	90	89
20182108082	冉某某	88.5	89	80	72.5

图9.9 学生平均成绩汇总查询结果

【思考题】

1. 学生选科查询结果中是有33条记录的，为什么学生平均成绩汇总查询结果只有12条记录？

2. 如何将图9.9中各个汇总字段单元格的数据统一设置为只显示一位小数？

小结：使用简单查询向导创建的是不带条件的简单选择查询，其数据源可以是单一的表或查询，也可以是建立关系的多个表或查询。

< 215 >

9.3.2　查找重复项查询向导

在 Access 数据库表中，如果设置了主键，主键值不能重复，而其他非主键字段值是可以重复的，查找重复项查询可以用于查找非主键字段是否有重复的值。

【例 9-3】在"医学生实习管理"数据库中，基于"学生"表使用查找重复项查询向导创建"9-3 同日生重复项查询"。

分析： 同日生是指出生年月日相同，即查询"学生"表中"出生日期"字段值相同的记录。具体操作步骤如下。

（1）参照例 9-1 的步骤（1）和步骤（2），打开"医学生实习管理"数据库，在图 9.1 所示的"新建查询"对话框中选择"查找重复项查询向导"，单击"确定"按钮。

（2）**指定数据源。** 打开"查找重复项查询向导"对话框，选中"表"单选按钮，然后在列表框中选择"表：学生"，如图 9.10 所示。

（3）**确定含重复值的字段。** 单击"下一步"按钮，在打开对话框的"可用字段"列表框中双击"出生日期"，将其添加到"重复值字段"列表框中，如图 9.11 所示。

> 📇 **知识扩展**
>
> 图 9.10 中"视图"选项组提供了 3 种选择数据源的方式。如果选中"表"单选按钮，则列表中只显示表对象；如果选中"查询"单选按钮，则列表中只显示查询对象；如果选中"两者"单选按钮，则列表中既显示查询对象，又显示表对象。用户可以根据实际需求选择。

（4）**确定其他显示字段。** 单击"下一步"按钮，在打开的对话框的"可用字段"列表中依次双击"学号""姓名""性别"字段，将它们添加到"另外的查询字段"列表框中，如图 9.12 所示。

图 9.10　指定数据源

图 9.11　确定含重复值的字段

图 9.12　确定其他显示字段

（5）**指定查询名称。** 单击"下一步"按钮，在打开的对话框的"请指定查询的名称"文本框中输入"9-3 同日生重复项查询"，如图 9.13 所示。

（6）单击"完成"按钮，查看查询结果如图 9.14 所示。

图 9.13　指定查询名称

图 9.14　同日生重复项查询结果

小结： 使用查找重复项查询向导创建查询，其数据源只能是单一的表或查询。

< 216 >

9.3.3　查找不匹配项查询向导

在 Access 关系数据库中，如果相关联的两个表建立了一对多关系，通常"一"端表中的每一条记录的关联字段值与"多"端表中的多条记录的关联字段值相匹配，即主表的每一条记录与子表的多条记录相匹配。但也可能子表中没有与主表相匹配的记录。例如，"院系"表和"学生"表，如果一个院系成立了，还没有招生，在"学生"表中就不会有和这个院系相匹配的记录。查找不匹配项查询可以用于查找主表、子表中不匹配的记录。

【例 9-4】在"医学生实习管理"数据库中，基于"院系"表和"学生"表使用查找不匹配项查询向导创建"9-4 院系与学生不匹配查询"，实现查询没有学生的院系信息。

分析："院系"表是主表，"学生"表是子表，这两个表之间是一对多关系，两个表的关联字段为"院系名称"。具体操作步骤如下。

（1）参照例 9-1 步骤（1）和步骤（2），打开"医学生实习管理"数据库，在图 9.1 所示的"新建查询"对话框中选择"查找不匹配项查询向导"，单击"确定"按钮。

（2）**指定主表。**打开"查找不匹配项查询向导"对话框，选中"表"单选按钮，然后在列表框中选择"表：院系"，如图 9.15 所示。

（3）**指定子表。**单击"下一步"按钮，在打开的对话框中选中"表"单选按钮，然后在列表框中选择"表：学生"，如图 9.16 所示。

图 9.15　指定主表：院系　　　　　　　　　　图 9.16　指定子表：学生

（4）**指定关联（匹配）字段。**单击"下一步"按钮，确定两个表的关联（匹配）字段"院系名称"，如图 9.17 所示。

（5）**指定查询结果要显示的字段。**单击"下一步"按钮，确定查询结果要显示的字段"院系名称""院系电话""院系网址"。

（6）**指定查询名称。**单击"下一步"按钮，在打开的对话框的"请指定查询的名称"文本框中输入"9-4 院系与学生不匹配查询"，单击"完成"按钮，查询结果如图 9.18 所示。

图 9.17　指定关联字段　　　　　　　　　　图 9.18　院系与学生不匹配查询结果

小结：使用查找不匹配项查询向导创建查询，其数据源通常是一对多关系的两个表或查询。

< 217 >

9.3.4 查询的设计视图

查询的设计视图是创建、编辑及修改查询的工具。用户使用查询的设计视图可以设计复杂实用的查询，也可以修改、编辑已经建立的查询。用户可以通过如下两种方法打开查询的设计视图。

方法一：如果需要编辑、修改已经建立的查询，可在导航窗格中右击查询对象，在快捷菜单中选择"设计视图"命令，打开查询的设计视图。图 9.19 所示为"9-4 院系与学生不匹配查询"的设计视图。

方法二：如果需要创建一个查询，可单击"创建"选项卡"查询"组中的"查询设计"按钮，打开查询的设计视图。此时一般会同时打开"显示表"对话框，如图 9.20 所示。如果"显示表"对话框没有出现，可单击"查询工具-设计"选项卡"查询设置"组中的"显示表"按钮将其打开。在"显示表"对话框中用户可以将查询所涉及的表或查询添加到查询的设计视图中。

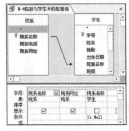

图 9.19 查询的设计视图

图 9.20 "显示表"对话框

1. "显示表"对话框

"显示表"对话框中有"表""查询""两者都有"3 个选项卡。如果数据只来源于表，则在"表"选项卡中选择所需的数据源；如果数据只来源于查询，则在"查询"选项卡中选择所需的数据源；如果数据源有表也有查询，则在"两者都有"选项卡中选择数据源，也可分别在"表"和"查询"选项卡中选择。在选项卡列表框中单击某个数据源表或查询的名称，再单击"添加"按钮就可把数据源表或查询添加到查询的设计视图中；也可双击某个数据源表或查询的名称，将其添加到查询的设计视图中。

2. 查询的设计视图

查询的设计视图分为上部窗格和下部窗格两部分。上部窗格是表或查询的字段列表显示区，用于显示所添加的表或查询的全部字段。下部窗格是查询的设计网格，由若干行和列构成，用于指定具体查询包含的字段、排序和查询条件等。不同的查询类型其下部窗格选项会有所不同，选择查询的下部窗格如图 9.19 所示，在其设计网格中可以设置以下内容。

（1）**字段**。用于设置查询所包含的字段，如图 9.19 所示的"院系名称"和"院系网址"。

（2）**表**。用于设置字段所隶属的表或查询，如图 9.19 所示的"院系"表和"学生"表。通常在"字段"行指定字段后，"表"行默认将"字段"行网格中相应字段的表名自动添加到"表"行的相应网格中，用户可以不用做任何修改。

（3）**排序**。用于设置查询的结果按照升序或降序排列，或不排序，字段对应的网格空白表示该字段不排序。如图 9.19 所示，所有字段的"排序"行网格都为空白，说明此查询没有排序字段。

（4）**显示**。勾选某字段下方"显示"行网格中的复选框，将在查询结果中显示该字段；否则，查询结果中将不显示该字段。如图 9.19 所示，"学生"表的"院系名称"字段"显示"行网格中为空白，表示查询结果不显示"学生"表的"院系名称"字段。

（5）**条件**。设置查询到的记录所需满足的条件。如图 9.19 所示，"学生"表的"院系名称"字段的"条件"行网格中的条件为"Is Null"，表示"院系"表的"院系名称"所有的字段值没有和"学生"表的"院系名称"字段值匹配的记录。

（6）**或**。和"条件"含义相同，也用于设置查询到的记录所需满足的条件，"或"下面的所有空白行都可以用于设置条件。

< 218 >

> ⚠️ **注意**
>
> "条件"行、"或"行以及"或"下面的空行中的条件，同一行不同网格中的条件是"与"关系，即这些条件需要同时满足才能显示查询结果；不同行的条件是"或"关系，即这些条件只要有一个满足，就显示这个条件的查询结果，如果所有条件都满足，则显示所有条件的查询结果。

3. "查询工具-设计"选项卡

打开查询的设计视图，功能区中会增加一个"查询工具-设计"选项卡，如图 9.21 所示。下面介绍各选项组主要按钮的功能。

图 9.21　"查询工具-设计"选项卡

（1）**"结果"选项组。**

结果选项组有"视图"和"运行"按钮，它们的功能如下。

① **视图**。单击"视图"下拉菜单中的"数据表视图""设计视图""SQL 视图"，可以实现查询的视图方式切换。

② **运行**。单击"运行"按钮，Access 2016 将运行查询，查询结果在查询的数据表视图中以工作表的形式显示在工作区中。

（2）**"查询类型"选项组。**

在此选项组中可以选择要创建的查询类型，包括选择查询、生成表查询、追加查询、更新查询、交叉表查询和删除查询，以及 SQL 的联合查询、传递查询和数据定义查询，也可以在这些查询之间进行转换。

（3）**"查询设置"选项组。**

① **显示表**。单击此按钮，将打开"显示表"对话框。

② **插入行**。如果要在查询的设计网格"或"行下面的多行中再插入一个新行，将光标置于要插入位置的下一行网格中，再单击此按钮，可在"或"行中插入一行。

③ **删除行**。将光标置于查询的设计网格"或"行下面要删除行的网格中，单击此按钮，可以删除一行。

④ **生成器**。单击此按钮，将打开"表达式生成器"对话框，用于生成表达式。

⑤ **插入列**。在查询的设计网格中，选定插入位置的下一字段，单击此按钮，可在选定字段前插入一列。

⑥ **删除列**。在查询的设计网格中，选定要删除的字段，单击此按钮，可将选定字段删除。

⑦ **返回**。查询的结果仅显示下拉列表框内指定的记录数，如 5 条或 25 条，或者记录总数的 5%或全部。

（4）**"显示隐藏"选项组。**

① **汇总**。单击此按钮，在查询的设计网格中会增加"总计"行，可以用来进行求和、求平均值、求最大最小值、计数等计算。

② **参数**。单击此按钮，将打开"查询参数"对话框，在对话框中可以设置参数的数据类型。

③ **属性表**。单击此按钮，显示当前对象的属性。

④ **表名称**。单击此按钮，可以在查询的设计网格中显示或隐藏"表"行，显示"表"行可以用来提示查询字段来自哪个数据表。

9.3.5　查询条件

在查询的设计视图中创建具有复杂条件的查询，关键是设计出正确的查询条件。在 Access 中，查询条件是一个由常量、运算符、函数、字段名称等组合而成的表达式，其计算结果为一个值，它是给指定字段添加的限制条件。在设计查询时，不同的条件设置会得到不同的查询结果。查询条件的组合

< 219 >

变化多端，同一个查询问题可以用多种不同的条件表达式来表达。用户想灵活应用常量、运算符、函数、字段名称编写正确的条件表达式，就需先掌握其使用方法。

1. 条件表达式中的常量

常量是指在整个操作过程中其值保持不变的数据，通常在表达式中直接给出。在 Access 中，有数字型、文本型、日期/时间型和是/否型常量。

（1）**数字型常量**：由数字 0~9、小数点、正负号构成的数值数据，通常用整数、小数、科学记数法表示，如 1234、555.33、4.5E 等。

（2）**文本型常量**：用单引号或双引号括起来的 0 个或多个字符数据，如"李小小"、"女"、"20201101001"。

（3）**日期/时间型常量**：用#括起来的日期/时间数据，如#2002-1-1#、#2002/1/1#。

（4）**是/否型常量**：有逻辑真和逻辑假，逻辑真表示为 True、Yes、-1，逻辑假表示为 False、No、0。

2. 条件表达式中的常用运算符

运算符是一个标记或符号，用于指定表达式内执行的计算类型。Access 的运算符包括算术运算符、比较运算符、文本运算符、引用运算符、逻辑运算符和特殊运算符。算术运算符、比较运算符、文本运算符、引用运算符在 5.5.1 小节中的表 5.1 中有详细介绍，在此不再赘述。逻辑运算符和特殊运算符的功能和使用方法分别如表 9.1 和表 9.2 所示。

表 9.1 逻辑运算符

运算符	功能	查询设计网格应用示例		查询结果说明
		字段	条件行	
Not	非运算符，当 Not 连接的表达式为真时，结果为假，否则结果为真	性别	Not "女"	返回"性别"字段不是女生的记录
And	与运算符，当 And 连接的两个表达式都为真时，结果为真，否则结果为假	平时成绩	>=80 And <=90	返回平时成绩在 80~90（包含 80 和 90）分的记录
Or	或运算符，当 Or 连接的两个表达式有一个为真时，结果为真，否则结果为假	科目名称	"内科" Or "外科"	返回"科目名称"为"内科"或"外科"的学生记录
		技能考试成绩	90 or 86	返回"技能考试成绩"为 90 分或 86 分的学生记录

> ⓘ **注意**
>
> Not、And、Or 运算符和操作数之间要用空格隔开，And、Or 连接的两个表达式类型要相同，如果连接的是常量，常量类型要和字段的数据类型相同。例如，技能考试成绩的条件表达式不能写成"90" or "86"，因为"技能考试成绩"是数字类型字段，数字用双引号括住就变成了文本型常量。

表 9.2 特殊运算符

运算符	功能	查询设计网格应用示例		查询结果说明
		字段	条件行	
In	判断运算符右边的括号中指定的值是否在字段中存在	科目名称	In("外科","内科","眼科") 等价于 "外科" or "内科" or "眼科"	返回"科目名称"为"外科"或"内科"或"眼科"的记录
Between A And B	判断字段值是否在 A 和 B 之间的范围内，结果包含 A 和 B 这两个临界值	理论考试成绩	Between 80 And 90 等价于 >=80 and <=90	返回理论考核成绩在 80~90（包含 80 和 90）分的记录
Like	通常和*、?、#、[]、-等通配符配合使用，实现在字段中模糊查找具有某特性的值。这些通配符的用法见 8.5.3 小节的表 8.9	学号	Like "*6" Like "2017*" Like "*" & " [7-9]"	返回学号尾号为 6 的记录 返回学号以 2017 开头的记录 返回学号尾号为 7~9 的记录
Is Null	判断字段是否为空，Null 就是没有任何值，不等于空格或 0	院系名称	Is Null	返回院系名称为空的记录
Is Not Null	判断字段是否不为空	姓名	Is Not Null	返回姓名不是空值的记录

< 220 >

📖 **说明**

&运算符用于将两个字符串连接成一个字符串。

3．条件表达式中的常用函数

函数是一段已经编写好的程序，可以完成某个特定的功能，每个函数都有唯一的返回值。Access中提供了大量的标准函数，如数学函数、字符函数、日期时间函数等，常用数学及统计函数在5.5.2小节的表5.3中有详细介绍，在此不再赘述。常用字符函数如表9.3所示，常用日期函数如表9.4所示。

表9.3　常用字符函数

函数	功能	查询设计网格应用示例	查询结果说明
Left（字符串表达式,数值表达式）	返回从字符串左侧开始指定数量的字符	Left(学号,4)="2018"	返回"学号"前4位字符为"2018"的记录
Right（字符串表达式,数值表达式）	返回从字符串右侧开始指定数量的字符	Right([班级],2)="甲班"	返回"班级"最后两个字符为"甲班"的记录
Mid（字符串表达式,开始字符位置,数值表达式）	返回字符串中从指定位置开始指定数量的字符	Mid([班级],3,6)="2019"	返回"班级"第3至第6个字符为"2019"的记录
Len（字符串表达式）	返回该字符串的字符数	1en([姓名])=2	返回"姓名"长度为2个字符的记录
Ltrim（字符串表达式）	删除字符串前面的空格	Ltrim([班级])	删除班级前面的空格
Rtrim（字符串表达式）	删除字符串后面的空格	Trim([姓名])	删除姓名后面的空格
Trim（字符串表达式）	删除字符串前后的空格	Trim([单位名称])	删除单位名称前后的空格

表9.4　常用日期函数

函数	功能	查询设计网格应用示例	查询结果说明
Year（日期表达式）	返回日期表达式的年	Year([出生日期])=2001	返回2001年出生的记录
Month（日期表达式）	返回日期表达式的月份	Month([出生日期])=10	返回10月出生的记录
Day（日期表达式）	返回日期表达式的日	Day（[出生日期]）=26	返回26号出生的记录
Date()	返回当前系统日期	Year(date()-Year([出生日期]))=20	返回年龄为20岁的记录

❗ **注意**

① 函数名后的括号必须存在，函数如果有多个参数，参数之间用逗号分隔。

② 表达式中除了汉字，其他符号必须在半角状态下输入。

③ 表达式中如果存在函数嵌套，括号要成对出现。

④ 表达式中如果引用的是单个表或查询的字段，直接将字段名用方括号括住即可。如果在一个表达式中引用了多个表的同名字段，字段的引用必须采用如下格式：

[表名].[字段名]或[查询名].[字段名]

如果字段名不用方括号括住，Access会自动给字段名添加双引号，这时系统将字段名当作字符常量处理，不会出现错误提示，但显示不出正确的查询结果。这种错误称为逻辑错误，Access可以检查语法错误，但不能检查逻辑错误。

9.3.6　创建带条件的选择查询

使用查询向导，可以快速地创建不带条件的查询，但是不能创建带条件的查询，这样远不能满足用户的查询需求。如果用户需要创建具有复杂条件的查询，则需要使用查询的设计视图来完成。使用设计视图可以创建不带条件的选择查询、带条件的选择查询、总计选择查询、参数查询、操作查询等。

< 221 >

📖 **说明**

在查询的设计视图中创建不带条件的选择查询只需参照例 9-5 添加数据源、指定查询字段，条件行空白即可。下面主要介绍使用查询的设计视图创建带条件的选择查询及总计选择查询。

在查询的设计视图的"条件"行与"或"行中添加条件，即可创建带条件的选择查询。

【例 9-5】在"医学生实习管理"数据库中，创建名为"9-5 贵阳市第一人民医院内科成绩"的选择查询，通过此查询可查看在贵阳市第一人民医院内科实习的学生的"学号""姓名""单位名称""科目名称""平时成绩""技能考试成绩""理论考试成绩"及"病历文书书写"信息。

分析：

（1）**数据源：**"学生"表字段"学号""姓名"，"选科成绩"表字段"单位名称""科目名称""平时成绩""技能考试成绩""理论考试成绩""病历文书书写"，即 2 张表 8 个字段。

（2）**查询条件：**有两个，其一，"单位名称"为"贵阳市第一人民医院"，其二，"科目名称"为"内科"，这两个条件是"与"关系。

具体操作步骤如下。

（1）**打开设计视图。**打开"医学生实习管理"数据库，单击"创建"选项卡"查询"组中的"查询设计"按钮，打开查询的设计视图，同时打开"显示表"对话框。

（2）**指定数据源表。**在"显示表"对话框中选定"学生"表，单击"添加"按钮，将"学生"表添加到查询的设计视图的字段列表显示区中。用同样的方法将"选科成绩"表添加到查询的设计视图的字段列表显示区中。添加了数据源表的设计视图如图 9.22 所示。

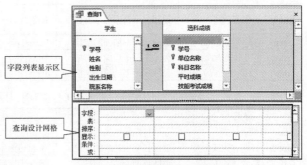

图 9.22　添加了数据源表的设计视图

🎁 **技巧**

在"显示表"对话框中，双击某个表或查询的名称，可以快速将其添加到查询的设计视图的字段列表显示区。

（3）**添加查询字段。**分别在"学生"表和"选科成绩"表的字段列表显示区中双击"学号""姓名""单位名称""科目名称""平时成绩""技能考试成绩""理论考试成绩"及"病历文书书写"字段，将它们添加到查询设计网格的"字段"行中。

📋 **知识扩展**

在查询设计网格的"字段"行网格中添加字段还可以使用如下方法。

① 单击"字段"下拉按钮，在下拉列表中选择字段，如果选择的是"表名.*"，则表示选择了表中所有字段。

② 将字段列表显示区的字段拖动到查询设计网格的"字段"行的网格中。

❗ **注意**

在查询设计网格中，如果不再需要某个字段，可以先选定该字段（选定的字段列黑底白字反黑显示），再按 Delete 键。如需改变字段排列顺序，可选定字段，使用鼠标拖动字段至目标位置的前一个字段名前（字段名前的列边框线变黑变粗）。

< 222 >

（4）**设置查询条件**。在"单位名称"字段列"条件"行网格中输入条件""贵阳市第一人民医院""，在"科目名称"字段列"条件"行网格中输入条件""内科""，添加了数据源和查询条件的设计视图如图 9.23 所示。

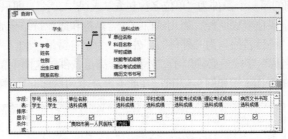

图 9.23　"9-5 第一人民医院内科成绩"查询设计视图

> ✎ 提示
>
> 图 9.23"条件"行中的条件是字符常量表达式，需用双引号括住，对应字段值和表达式中的值精确匹配，即表中对应字段列单元格中的字段值必须和双引号括住的字符完全相同，对应记录才能在查询结果中显示。

> 📋 知识扩展
>
> 此查询的 SQL 视图如图 9.24 所示，SELECT 子句后的字段列表与图 9.23 中的"字段"行相对应，FROM 子句指定数据源表，与图 9.23 中的"表"行相对应，图 9.24 中黑底白字显示的 WHERE 条件子句和图 9.23 中的"条件"行相对应，设计视图中的两个条件是用"AND"连接的，说明同一行不同网格中的条件是"与"关系。
>
>
>
> 图 9.24　SQL 视图

（5）**保存查询**。单击快速访问工具栏上的"保存"按钮 💾，在打开的"另存为"对话框"查询名称"文本框中输入"9-5 贵阳市第一人民医院内科成绩"，如图 9.25 所示，单击"确定"按钮。

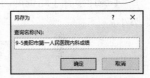

图 9.25　"另存为"对话框

> 📋 知识扩展
>
> 保存查询还可以右击查询的设计视图字段列表显示区上方的查询名称（如系统默认的查询名称"查询 1"），在快捷菜单中单击"保存"命令，打开"另存为"对话框。

（6）**运行查询**。在功能区中，单击"查询工具-设计"选项卡"结果"组中的"运行"按钮或者"视图"下拉菜单中的"数据表视图"命令，可运行创建的查询，并在数据表视图中显示查询结果，如图 9.26 所示。

图 9.26　查询结果

> 📋 知识扩展
>
> 运行查询还有如下两种方法。
>
> **方法一：** 在导航窗格中，右击要运行的查询名称，在快捷菜单中选择"数据表视图"。
>
> **方法二：** 在导航窗格中，双击要运行的查询名称。

【例 9-6】在"医学生实习管理"数据库中，查询实习单位名称包含"人民"二字且实习科目为"外

< 223 >

科"的学生成绩信息。

分析：

（1）数据源同例9-5。

（2）查询条件。查询的第一个条件为"单位名称包含'人民'二字"，即只要"单位名称"中有"人民"二字就满足条件，字段值模糊匹配，需用"Like"运算符和通配符结合表达；第二个条件为"实习科目为'外科'"，即"科目名称"为"外科"，"外科"为字符常量，和"科目名称"字段值精确匹配，即记录中的"科目名称"字段值必须等于"外科"才满足条件。这两个条件是"与"关系。

【操作步骤】此查询的操作步骤和例9-5相似，在此不再赘述，其查询设计网格的设置如图9.27所示。

图 9.27　Like 运算符使用实例之一

> **提示**
>
> 图9.27所示的表达式"Like "*" & "人民" & "*""也可简化为"Like "*人民*""。

【例9-7】在"医学生实习管理"数据库中，查询实习单位名称包含"人民"二字且科目名称以"内科"结尾的学生成绩信息。

分析：

（1）数据源同例9-5。

（2）查询条件。查询的第一个条件和例9-6相同，在此不再赘述；第二个条件为"科目名称以'内科'结尾"，和"科目名称"字段值也是不精确匹配，用"Like"运算符和通配符组合而成"Like "*内科""。两个条件是"与"关系。

【操作步骤】此查询的操作步骤和例9-5相似，在此不再赘述，其查询设计网格的设置如图9.28所示。

图 9.28　Like 运算符使用实例之二

【例9-8】在"医学生实习管理"数据库中，查询实习单位名称第4个字为"金"且理论考试成绩大于80分，或者理论考试成绩在70~80分的学生信息。

分析：

（1）数据源同例9-5。

（2）查询条件。此查询有3个条件，第一个条件"实习单位名称第4个字为'金'"和第二个条件"理论考试成绩大于80分"是"与"关系，第三个条件"理论考试成绩在70~80分"，这个条件和前两个条件是"或"关系。

【操作步骤】此查询的操作步骤和例9-5相似，在此不再赘述，其查询设计网格的设置如图9.29和图9.30所示。

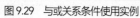

图9.29　与或关系条件使用实例　　图9.30　成绩条件的表示方法

< 224 >

📖 **说明**

图 9.29 和图 9.30 所示查询设计网格中的条件是等价的。这说明了查询条件灵活多变，同一个查询可以编写出不同的条件表达式。

❗ **注意**

图 9.29 所示的"条件"行和"或"行的条件和 SQL 视图中条件子句"WHERE((选科成绩.单位名称）Like"???金*") AND ((选科成绩.理论考试成绩)>80)) OR (((选科成绩.理论考试成绩)Between 70And 80))"等价。图 9.30 所示的"条件"行和"或"行的条件和 SQL 视图中条件子句"WHERE(((选科成绩.单位名称) Like "???金*") AND ((选科成绩.理论考试成绩）>80)) OR (((选科成绩.理论考试成绩）>=70) AND ((选科成绩.理论考试成绩）<=80))"等价。

从这两个 WHERE 子句可以得知，若两个或两个以上的查询条件之间是"与"关系，在设计视图中，相应的条件必须在同一行中输入；若多个查询条件之间是"或"关系，相应的条件必须在"或"行及其后面的空白行输入。

小结：如果查询条件中有"包含"、以"某某"开头、以"某某"结尾和"第"字样，则条件和字段值不精确匹配，即执行的是模糊查找。模糊查找通常使用"Like"运算符和通配符组合实现。

9.3.7 设置计算查询

通过 Access 的查询功能，用户可以根据指定条件从一个或多个数据源表和查询中查询到满足条件的记录，结果由表中原有的数据项组成。实际上，用户经常需要对查询到的数据进行统计分析，例如，统计某个单位的实习科目，统计某年出生的学生人数，统计每位学生实习科目的总评成绩等。在 Access 查询中，用户可以执行两种类型的计算，一是预定义计算，二是自定义计算。

1. 预定义计算

预定义计算是通过聚合函数对查询到的分组记录或全部记录进行"总计"计算，如求平均值、计数、求最小值、求最大值等。在查询的设计视图中，单击"查询工具-设计"选项卡"显示隐藏"组中的∑按钮，即可在查询设计网格中增加一个"总计"行，单击"总计"下拉按钮，可以选择 Access 提供的预定义计算功能，如图 9.31 所示。

图 9.31 "总计"下拉列表

"总计"下拉列表中共有 12 个选项，各选项的含义如下。

Group By：将查询结果中的记录按指定字段的值进行分组。

合计：计算每一选项组记录中指定字段的累加和，其对应的聚合函数是 Sum()。

平均值：计算每一选项组记录中指定字段的平均值，其对应的聚合函数是 Avg()。

最小值：计算每一选项组记录中指定字段的最小值，其对应的聚合函数是 Min()。

最大值：计算每一选项组记录中指定字段的最大值，其对应的聚合函数是 Max()。

计数：计算每一选项组记录中指定字段非空值的个数，其对应的聚合函数是 Count()。

StDev：计算每一选项组记录中指定字段值的标准偏差，其对应的聚合函数是 StDev()。

变量：计算每一选项组记录中指定字段值的方差，其对应的聚合函数是 Var()。

First：返回每一选项组记录中指定字段的第一个值。

Last：返回每一选项组记录中指定字段的最后一个值。

Expression：创建一个由表达式决定的计算字段。

Where：指定某列不参与分组和计算，仅作为条件使用。

上述预定义计算的功能是很有限的，在实际应用中，经常需要用户自己创建更加复杂的计算表达式，并

< 225 >

将表达式放置到一个新字段的"字段"行中。若查询设计网格中的某列是新计算字段，其计算通过"字段"行中的自定义计算表达式完成，那么该字段的"总计"行必须选择"Expression"选项，否则将出错。

【例9-9】在"医学生实习管理"数据库中创建一个查询，统计每个单位中的实习人数，并将所创建查询保存为"9-9实习人数"。

分析：查询功能是"统计每个单位中的实习人数"，查询结果显示"单位名称"和人数相关信息即可。每个单位的实习人数可以通过对"单位名称"分组，对"学号"计数来实现，这是一个分组计算查询。此查询的数据源为"选科成绩"表，分组字段为"单位名称"，计算字段为"学号"。

> ⚠️ **注意**
>
> 计数字段尽量不要选择包含空值的字段。主键不能为空值，所以计数字段尽量选择主键。此例"学号"是主键的一部分，也不能为空值。

具体操作步骤如下。

（1）在"医学生实习管理"数据库中，打开查询的设计视图，将"选科成绩"表添加到设计视图的字段列表显示区。

（2）依次双击"选科成绩"表字段列表显示区的"单位名称"及"学号"字段，将它们添加到查询设计网格的第1列和第2列。

（3）单击"查询工具–设计"选项卡"显示隐藏"组中的∑按钮，此时，Access在查询设计网格中插入"总计"行，并自动将"单位名称"及"学号"字段的"总计"单元格设置成"Group By"。

（4）单击"学号"字段"总计"行右侧的下拉按钮，选择"计数"选项，如图9.32所示。

（5）保存所创建的查询，保存名称为"9-9实习人数"。

（6）运行查询，结果如图9.33所示。

图9.32 查询设计

图9.33 实习人数查询结果

【知识回顾】例9-2使用简单查询向导创建了"9-2学生平均成绩汇总查询"，在设计视图中打开此查询，其查询设计网格的设置如图9.34所示，从图中可以看出此查询是一个不带条件的计算查询。

图9.34 "9-2学生平均成绩汇总查询"查询设计网格

【例9-10】在"医学生实习管理"数据库中创建一个查询，统计2000年出生的学生人数，并将所创建查询保存为"9-10二〇〇〇年出生人数"。

分析：数据源为"学生"表，计算字段为"学号"，计算方式为计数。

具体操作步骤如下。

（1）在"医学生实习管理"数据库中，打开查询的设计视图，将"学生"表添加到设计视图的字段列表显示区。

（2）依次双击"学生"表字段列表显示区的"学号"和"出生日期"字段，将它们添加到查询设计网格的第1列和第2列。

< 226 >

（3）添加"总计"行，将"学号"字段的"总计"网格设置成"计数"，将"出生日期"字段的"总计"网格设置成"Where"。

（4）取消勾选"出生日期"字段复选框，在"出生日期"字段的"条件"行网格中输入"Year（[出生日期]）=2000"。查询设计网格的设置如图9.35所示。

（5）保存所创建的查询，保存名称为"9-10 二〇〇〇年出生人数"。

（6）运行查询，结果如图9.36所示。

图9.35 设置总计和查询条件　　　　图9.36 二〇〇〇年出生人数查询结果

> **注意**
>
> 如果字段的"总计"行网格中选择了"Where"，则需取消勾选此字段复选框，否则运行查询时会出现图9.37所示的警告信息对话框，如需在查询结果中显示该字段，按照对话框的提示操作即可。

图9.37 警告信息对话框

【观察与分析】观察例9-2中图9.9和例9-9中图9.33所示的查询结果，发现使用预定义计算，系统会自动给计算字段添加一个默认的名称，如"学号之计数""技能考试成绩之平均值""理论考试成绩之平均值"等。这些名称对没有数据库基础的用户来说似乎不太友好，难以理解。那么如何解决此问题呢？读者一定会说，直接给字段重命名即可。但是查询的数据表视图的字段名是不能重命名的。那么能否在查询的设计视图中重命名字段呢？当然可以，下面我们学习在设计视图中创建自定义计算。

2. 自定义计算

Access 提供的预定义计算只能完成一些简单的统计计算，而且系统自动给计算字段添加的名称不易理解，计算值也只能直接来源于指定的计算字段。一些复杂的运算，尤其计算表达式需要引用多个字段值的运算，就需要通过自定义计算来完成。

> **注意**
>
> 所有的预定义计算都可以用自定义计算来代替。

自定义计算表达式时，仍然需要在查询的设计视图中添加"总计"行，只是应将计算表达式输入字段名所在的网格，而不是在"总计"行所在的网格中选择计算方式。计算表达式位于字段名所在的网格时，"总计"行所在的网格一般选择"Expression"，表示计算以"Expression"上方字段名所在的网格的表达式为准，此处不再进行统计计算。

> **注意**
>
> 计算字段的命名格式：自定义字段名:表达式。

【例9-11】在"医学生实习管理-查询"数据库中创建一个查询，统计每个院系的学生人数，并将

< 227 >

所创建查询保存为"9-11 院系人数"。

分析： 查询目标是每个院系的学生人数，必然需要"院系名称"信息，分组字段为"院系名称"。因为"学号"为"学生"表的主键，主键不允许有重复值，不允许出现空值，因此统计学生人数时计算字段选择"学号"，计算方式为计数，数据源为"学生"表。

具体操作步骤如下。

（1）在"医学生实习管理-查询"数据库中，打开查询的设计视图，将"学生"表添加到设计视图的字段列表显示区。

（2）依次双击"学生"表字段列表显示区的"院系名称"和"学号"字段，将它们添加到查询设计网格的第 1 列和第 2 列。

（3）添加"总计"行，将"学号"字段的"总计"网格设置成"Expression"，"院系名称"字段的"总计"，网格为默认值"Group By"。

（4）在"学号"字段的"字段"行网格中输入"学生人数：count([学号])"，替换掉原来的"学号"，其查询设计网格的设置如图 9.38 所示。

（5）保存所创建的查询，保存名称为"9-11 院系人数"。

（6）运行查询，结果如图 9.39 所示。

图 9.38 设置自定义计算表达式

图 9.39 院系人数查询结果

> **注意**
>
> 对于图 9.38 所示的自定义计算表达式，在运行查询后，Access 会自动将其转换为图 9.40 所示的预定义计算方式，但查询结果仍然如图 9.39 所示。即当自定义计算表达式使用和预定义选项等价的聚合函数时，Access 会自动将其转换为与之等价的预定义计算方式。

图 9.40 自定义转换为预定义

【例 9-12】在"医学生实习管理-查询"数据库中创建一个查询，统计每个学生各实习科目的总评成绩，并将所创建查询保存为"9-12 学生各科总评成绩"。设总评成绩=平时成绩×20%+技能考试成绩×30%+理论考试成绩×30%+病历文书书写×20%。

分析： 根据题意，查询结果应该显示"学生"表的"学号""姓名"，"选科成绩"表的"科目名称"以及自定义的计算字段"总评成绩"，参与计算的字段有"平时成绩""技能考试成绩""理论考试成绩""病历文书书写"，这些字段都来自"选科成绩"表，所以数据源为"学生"表和"选科成绩"表，分组字段是"学号"和"科目名称"。

具体操作步骤如下。

（1）在"医学生实习管理-查询"数据库中，打开查询的设计视图，将"学生"表和"选科成绩"表添加到设计视图的字段列表显示区。

（2）依次双击"学生"表字段列表显示区的"学号"和"姓名"字段，"选科成绩"字段列表显示区的"科目名称"字段，将它们添加到查询设计网格的第 1 列、第 2 列、第 3 列。

（3）添加"总计"行，将"姓名"字段的"总计"网格设置为"Expression"，"学号"和"科目名

< 228 >

称"字段的"总计"网格中为默认值"Group By"。

（4）在"姓名"字段的"字段"行网格中输入"姓名：[姓名]"，在第 4 列的"字段"行网格中输入"总评成绩：[平时成绩]*0.2+[技能考试成绩]*0.3+[理论考试成绩]*0.3+[病历文书书写]*0.2"，其查询设计网格的设置如图 9.41 所示。

（5）保存所创建的查询，保存名称为"9-12 学生各科总评成绩"。

（6）运行查询，结果如图 9.42 所示。

图 9.41 查询设计　　　　　　　图 9.42 学生各科总评成绩
部分查询结果

技巧

此表达式中参与计算的字段比较多，可以使用表达式生成器快速添加计算字段。使用表达式生成器的操作步骤如下。

① 在查询的设计视图的"字段"行网格中（本例是第 4 列的"字段"行网格）右击，在快捷菜单中选择"生成器"命令，或者单击"查询工具-设计"选项卡"查询设置"组中的"生成器"按钮，打开"表达式生成器"对话框。

② 在"表达式元素"列表框中，依次单击"医学生实习管理-查询.accdb"前的"+"号、"表"前的"+"号，展开表对象，再单击"表"列表中的"选科成绩"，结果如图 9.43 所示。

③ 在表达式文本框中输入"总评成绩："，再在"表达式类别"列表框中双击"平时成绩"，这时表达式文本框中变成"总评成绩：«表达式» [选科成绩]![平时成绩]"，将"[选科成绩]"前的"«表达式»"删除，然后在"[平时成绩]"后输入"*0.2+"。

④ 在"表达式类别"列表框中双击"技能考试成绩"，这时 Access 不会在其前添加"«表达式»"，但会在"技能考试成绩"前添加"[选科成绩]!"。在"[技能考试成绩]"后输入"*0.3+"。以同样的方法在表达式后添加"[选科成绩]![理论考试成绩]*0.3+"和"[选科成绩]![病历文书书写]*0.2"，结果如图 9.44 所示。

图 9.43 "表达式生成器"对话框

图 9.44 添加表达式后的"表达式生成器"对话框

< 229 >

> ⓘ 注意
>
> 在计算表达式中引用字段名时，若多个数据源中存在相同的字段名，则引用时必须采用"[表名]![字段名]"的形式；若数据源中字段名彼此不同，则可以直接引用字段名，即采用"[字段名]"的形式。

9.4 参数查询

选择查询是按固定的条件从数据源中抽取数据，所以不论运行多少次，其查询结果固定不变。如需查询出不同的记录，就必须修改查询的设计视图"条件"行中的条件，这就突显了选择查询操作缺乏灵活性。在实际应用中，很多情况下要求灵活地输入查询条件，这就需要使用参数查询。

参数查询是选择查询的一种变通，用户在使用查询时，不用修改查询条件，而是根据所打开对话框中的提示信息输入查询参数，系统就能在指定的数据源中查找和输入参数相符合的记录。Access 中有两种参数查询：单参数查询和多参数查询。

9.4.1 单参数查询

单参数查询是指仅在一个字段上指定一个查询参数，运行查询时只需输入一个参数。设计参数查询时，设计者给出输入参数提示信息。提示信息用方括号括住，形如"[参数提示信息]"，单独放置在某个字段的"条件"行所在的网格中作为条件表达式，或者嵌入某个字段的"条件"行所在的网格的条件表达式。运行查询时，系统会打开一个对话框，显示方括号中的参数提示信息，并且提供一个输入参数的文本框，用户输入参数后，单击"确定"按钮，系统会根据用户输入的值形成动态查询条件，在查询的数据表视图中显示查询结果。

1. [参数提示信息]——单独作为条件表达式的单参数查询

【例 9-13】在"医学生实习管理-查询"数据库中创建一个单参数查询，要求按学生学号查找学生各实习科目的总评成绩，显示学号、姓名、科目名称、总评成绩，并将所创建查询以"9-13 按学号单参数查询"为名保存。

分析："学号""姓名""科目名称""总评成绩"4 个字段都可来自"9-12 学生各科总评成绩"查询，所以数据源添加此查询即可。

具体操作步骤如下。

（1）**添加数据源。**在"医学生实习管理-查询"数据库中，打开查询的设计视图，将"9-12 学生各科总评成绩"查询添加到设计视图的字段列表显示区。

（2）**添加字段。**单击查询设计网格"字段"行的第 1 列网格右侧的下拉按钮，在下拉列表中选择"9-12 学生各科总评成绩.*"，双击字段列表显示区的"学号"，将"学号"添加到查询设计网格"字段"行的第 2 列。

（3）**设置显示字段。**取消勾选"学号"字段显示行网格中的复选框。

（4）**设置参数。**在"学号"字段的"条件"行网格中输入"[请输入学号：]"，其查询设计网格的设置如图 9.45 所示。

（5）**保存查询。**所创建的查询保存名称为"9-13 按学号单参数查询"。

图 9.45 按学号单参数查询设计网格

（6）**运行查询。**单击"查询工具-设计"选项卡"结果"组中的"运行"按钮，打开"输入参数值"对话框，在提示信息"请输入学号："下方的文本框中输入学号，如图 9.46 所示。单击"确定"按钮，在查询的数据表视图中显示查询结果，如图 9.47 所示。

< 230 >

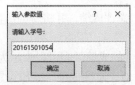

图 9.46　"输入参数值"对话框

图 9.47　按学号单参数查询结果

📖 说明

　　"9-12 学生各科总评成绩.*"表示选择了"9-12 学生各科总评成绩"查询中的所有字段，为了避免同一个数据源的字段在查询结果中出现多次，需取消勾选"学号"字段"显示"行的复选框。

⚠️ 注意

　　在图 9.46 所示对话框中输入的学号值和"9-12 学生各科总评成绩"中的"学号"字段值精确匹配，如果输入的学号不正确，就得不到正确的查询结果。

　　2．[参数提示信息]——嵌入条件表达式的单参数查询

　　【例 9-14】在"医学生实习管理-查询"数据库中创建一个单参数查询，要求按姓氏查找学生各实习科目的总评成绩，并显示学号、姓名、科目名称、总评成绩，并将创建的查询以"9-14 按姓氏单参数查询"为名保存。

　　此例的数据源同例 9-13，在此不再赘述。此查询要求输入"姓"，得出相应姓氏的学生的实习科目总评成绩，"姓"是"姓名"字段值的一部分，不能用"精确匹配"的方法实现。可在查询条件中使用"Like 模式匹配"形式执行模糊查找，即查询条件可设置为"Like [请输入姓氏] & "*""。此例查询设计网格的设置如图 9.48 所示。

图 9.48　按姓氏单参数查询设计网格

　　在条件表达式中如果要引用字段变量，需要用方括号将字段名括住，字段名在 Access 中也称为字段变量。参数查询中，在"条件"行网格中输入的参数条件（用"[]"括起来的部分）实际上是一个变量。查询运行时，用户输入的参数值将存储在该变量中。执行查询时，系统会自动将字段或表达式的值与该变量的值进行比较，根据比较结果显示相应的查询结果。

✏️ 提示

　　本例的条件表达式为"Like [请输入姓氏] & "*""，其中"&"为连接文本运算符。若输入参数值为"杨"，则形成的查询条件为""杨*""。

　　【思考题】能否将图 9.48 中"条件"行中的条件修改为"Like "[请输入姓氏]*""？

9.4.2　多参数查询

　　在一个字段中指定多个参数或者在多个字段中指定参数的查询称为多参数查询。多参数查询的创建方法和单参数查询类似，运行查询时，Access 根据查询的设计视图的查询设计网格中"条件"行参数的顺序，从左到右依次打开"输入参数值"对话框，用户依次在打开的对话框中输入查询条件后，可得到查询结果。

　　1．一个字段指定多个参数的多参数查询

　　【例 9-15】在"医学生实习管理-查询"数据库中创建一个多参数查询，要求查询学生实习科目变

< 231 >

化区间的总评成绩，查询结果显示学号、姓名、科目名称、总评成绩，并将所创建查询以"9-15 区间成绩多参数查询"为名保存。

分析：此例的数据源同例 9-13，在此不再赘述。查询条件的成绩区间可以表示为[上界值,下界值]，变化区间指的上界值和下界值可以变化。所以此查询是针对"总评成绩"字段设置两个参数的参数查询。

具体操作步骤如下。

（1）添加数据源和字段，设置显示字段步骤和例 9-13 中的步骤（1）～（3）相同，在此不再赘述。

（2）**设置参数**。在"总评成绩"字段的"条件"行网格中输入"Between [请输入成绩上界值] And [请输入成绩下界值]"，其查询设计网格的设置如图 9.49 所示。

图 9.49 单字段多参数查询设计网格

（3）**运行查询**。运行查询，打开第一个"输入参数值"对话框，输入成绩上界值"80"，如图 9.50 所示。单击"确定"按钮，打开第二个"输入参数值"对话框，输入成绩下界值"90"，如图 9.51 所示。再单击"确定"按钮，显示查询结果，如图 9.52 所示。

图 9.50 输入成绩上界值

图 9.51 输入成绩下界值

图 9.52 单字段多参数查询结果

2．多个字段指定多个参数的多参数查询

【例 9-16】在"医学生实习管理-查询"数据库中创建一个多参数查询，在输入学号的尾号和性别后，显示"临床医学院"学生的学号、姓名、性别、院系名称信息，并将所创建查询以"9-16 按学号尾号和性别查询的多参数查询"为名保存。

分析：查询结果要显示的字段"学号""姓名""性别""院系名称"来自"学生"表，所以此查询的数据源为"学生"表。此查询涉及 3 个条件，第一个条件学号的尾号是可以动态变化的，第二个条件性别也可以动态变化，第三个条件院系名称"临床医学院"是固定的，第一个和第二个动态条件设置为参数，这 3 个条件是"与"关系。

具体操作步骤如下。

（1）**添加数据源**。在"医学生实习管理-查询"数据库中，打开查询的设计视图，将"学生"表添加到设计视图的字段列表显示区。

（2）**添加字段**。依次双击字段列表显示区的"学号""姓名""性别""院系名称"，将它们依次添加到查询设计网格"字段"行中。

（3）**设置查询参数及查询条件**。按照图 9.53 所示，依次在查询设计网格的"学号""性别""院系名称"字段的"条件"行中设置查询参数及查询条件。

图 9.53 多字段多参数查询设计网格

> **提示**
>
> 本例的条件表达式为"Like "*" & [请输入学号尾号]"，其中"&"为连接文本运算符。若输入参数值为"8"，则形成的查询条件为""*8""。

< 232 >

（4）**保存查询**。将所创建的查询以"9-16 按学号尾号和性别查询的多参数查询"为名保存。

（5）**运行查询**。单击"查询工具 - 设计"选项卡"结果"组中的"运行"按钮，打开第一个"输入参数值"对话框，在"请输入学号尾号"下方的文本框中输入学号的尾号"8"，如图9.54所示。单击"确定"按钮，打开第二个"输入参数值"对话框，在"请输入学生性别"下方的文本框中输入学生的性别为"男"，如图9.55所示。单击"确定"按钮，在查询的数据表视图中显示查询结果，如图9.56所示。

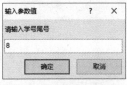  

图9.54　学号尾号参数输入　　　　图9.55　性别参数输入　　　　图9.56　多字段多参数查询结果

9.5 交叉表查询

尽管选择查询提供了很多的统计计算功能，但这些计算功能并不能完全满足实际应用的需求。

交叉表查询在某种程度上弥补了选择查询运算能力不足的问题，它可以对数据进行更加复杂的运算，使统计数据的显示更加直观，也便于数据的比较或分析。

交叉表查询涉及3种字段：行标题、列标题和值。

行标题：显示在交叉表的左侧，最多可指定3个字段作为行标题。

列标题：显示在交叉表的顶端，只能指定一个字段为列标题。

值：即总计计算型字段。在行列交叉的位置对数据进行求和、求平均值、求最大值、求最小值等计算，并将统计值显示在对应的交叉点上。也只能指定一个字段为值字段。

Access 提供了两种创建交叉表查询的方法，一种是使用交叉表查询向导来创建，另一种是使用查询的设计视图来创建。

9.5.1 使用交叉表查询向导创建交叉表查询

使用交叉表查询向导可以快速生成一个基本的交叉表查询对象，如果达不到用户的需求，可以再使用设计视图对交叉表查询对象进行修改。

【例 9-17】使用交叉表查询向导，在"医学生实习管理-查询"数据库中创建一个交叉表查询，统计每个院系的男女生人数，并将创建的查询以"9-17 院系男女生人数交叉表"为名保存。

分析：在交叉表查询中，行标题为"院系名称"，列标题为"性别"，行列交叉位置处选择对"学号"字段进行"计数"。

具体操作步骤如下。

（1）**启动查询向导**。打开"医学生实习管理-查询"数据库，单击"创建"选项卡"查询"组中的"查询向导"按钮，在打开的"新建查询"对话框中选择"交叉表查询向导"，如图9.57所示，单击"确定"按钮。

（2）**选择数据源**。在"交叉表查询向导"对话框中，先选中"表"单选按钮，再在表名称列表中选择"表: 学生"，如图9.58所示，单击"下一步"按钮。

（3）**选择行标题**。双击"院系名称"字段将该字段移到"选定字段"列表框中，如图9.59所示，单击"下一步"按钮。

图9.57　"新建查询"对话框

< 233 >

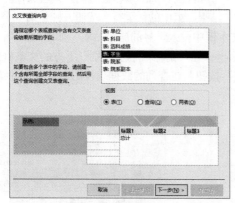

图 9.58　选择数据源

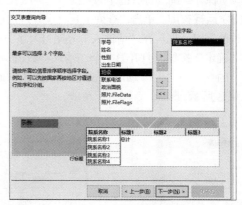

图 9.59　选择行标题

（4）**选择列标题**。选择"性别"字段，如图 9.60 所示，单击"下一步"按钮。

（5）**确定行列交叉处的计算字段即计算方式**。在"字段"列表框中选择"学号"，在"函数"列表框中选择"计数"。取消勾选"是，包含各行小计"复选框，即不为每一行做小计，如图 9.61 所示，单击"下一步"按钮。

图 9.60　选择列标题

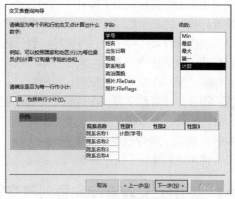

图 9.61　指定计算字段及计算方式

（6）**指定查询名称**。在"请指定查询的名称："下方的文本框中输入"9-17 院系男女生人数交叉表"，选中"查看查询"单选按钮，如图 9.62 所示。单击"完成"按钮，完成交叉表的创建。

交叉表查询结果如图 9.63 所示。

图 9.62　指定查询名称

图 9.63　院系男女生人数交叉表查询结果

< 234 >

> ⚠️ **注意**
>
> 　　使用交叉表查询向导创建交叉表查询，其数据源只能是一个表或查询，如果数据来源于多个表或查询，必须先基于多个数据源创建查询，并且不能创建带条件的交叉表查询。

9.5.2 使用查询设计视图创建交叉表查询

　　如果要创建满足某条件的交叉表查询，或创建的交叉表查询的数据来源于多个表或查询，或来自某个字段的部分值，那么就需要使用查询的设计视图创建交叉表查询。

　　【例 9-18】 使用查询的设计视图，在"医学生实习管理-查询"数据库中创建一个交叉表查询，统计每个院系、各个实习科目、总评成绩 80 分以上的学生人数，并将创建的查询以"9-18 各院系各科总评成绩 80 分以上人数交叉表查询"为名保存。

　　分析： 此查询将"院系名称"字段作为行标题，"科目名称"字段作为列标题，总评成绩 80 分以上人数需要对"9-12 学生各科总评成绩"查询的"总评成绩 80 分以上"的学号进行计数统计，即"学号"是计算字段。80 分以上的条件是"总评成绩>=80"，因此"总评成绩"字段也必须添加。由此可知，查询中用到的"学号""科目名称"和"总评成绩"字段来自"9-12 学生各科总评成绩"查询，"院系名称"来自"学生"表，因此此查询的数据源为"学生"表及"9-12 学生各科总评成绩"查询。

　　具体操作步骤如下。

　　（1）**添加数据源。** 打开"医学生实习管理-查询"数据库，打开查询的设计视图，添加"学生"表和"9-12 学生各科总评成绩"查询作为数据源。

　　（2）**添加字段。** 依次双击"9-12 学生各科总评成绩"查询对象字段列表显示区的"学号""科目名称"和"总评成绩"字段，将它们添加到查询设计网格中"字段"行的第 1 列、第 2 列和第 3 列，使用同样的方法，双击"学生"表的"院系名称"字段，将其添加到查询设计网格中"字段"行的第 4 列。

　　（3）**添加交叉表行。** 单击"查询工具-设计"选项卡"查询类型"组中的"交叉表"按钮，此时查询设计网格中增加了"总计"行和一个"交叉表"行。

　　（4）**指定行标题。** 单击"院系名称"字段列的"交叉表"行网格，单击右侧的下拉按钮，在打开的下拉列表中选择"行标题"。

　　（5）**指定列标题。** 单击"科目名称"字段列的"交叉表"行网格，单击右侧的下拉按钮，在打开的下拉列表中选择"列标题"。

　　（6）**选择计算类型。** 单击"学号"字段列"交叉表"行网格，单击右侧的下拉按钮，在打开的下拉列表中选择"值"，再单击该字段列"总计"行网格，单击右侧的下拉按钮，选择"计数"。

　　（7）**设置条件。** 单击"总评成绩"字段列"总计"行网格，单击右侧的下拉按钮，选择"Where"，在该列"条件"行网格中输入">=80"，其查询设计网格的最终设置如图 9.64 所示。

　　（8）**保存查询。** 将所建查询以"9-18 总评成绩 80 分以上人数交叉表查询"为名保存。运行查询，结果如图 9.65 所示。

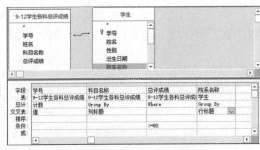

图 9.64　交叉表查询设计网格

图 9.65　交叉表查询结果

< 235 >

9.6 操作查询

选择查询、参数查询、交叉表查询的查询结果是运行时动态从数据源抽取出来的，并在查询的数据表视图中显示出来，其不影响数据源表中原来的数据。而操作查询可以对数据表中的记录执行追加、更新、删除操作，还可以生成新表。运行操作查询会使数据源表中的数据发生变化。

Access 中操作查询有 4 种类型：生成表查询、追加查询、更新查询和删除查询。

9.6.1 生成表查询

生成表查询可以将一个或多个数据表或查询的全部或部分数据存储到数据库中的一个新表中或者已经存在的表中。

> **!注意**
>
> 如果将生成表查询结果存储到已经存在的数据表中，则该表中原有的内容会被删除。因此在运行生成表查询前，最好先备份原表中的数据。

【例 9-19】在"医学生实习管理-查询"数据库中创建一个生成表查询。将"选科成绩"表和"9-12学生各科总评成绩"查询对象中的所有成绩合并到当前数据库的"学生成绩表"中，要求显示"学号""姓名""科目名称""平时成绩""技能考试成绩""理论考试成绩""病历文书书写"及"总评成绩"8个字段。将创建的查询以"9-19生成学生成绩表"为名保存。

具体操作步骤如下。

（1）**添加数据源**。打开"医学生实习管理-查询"数据库，单击"创建"选项卡"查询"组中的"查询设计"按钮，打开"显示表"对话框，单击"两者都有"选项卡标签，在"两者都有"选项卡中依次双击"学生"表、"选科成绩"表、"9-12学生各科总评成绩"查询对象，将3个数据源添加到查询的设计视图中，单击"关闭"按钮，关闭"显示表"对话框。

（2）**建立表对象和查询对象的关系**。将"选科成绩"表的"科目名称"字段拖至"9-12学生各科总评成绩"查询对象的"科目名称"字段，建立这两个数据源的关系。

（3）**添加字段**。在字段列表显示区依次双击"学生"表的"学号""姓名"字段，"选科成绩"表的"科目名称""平时成绩""技能考试成绩""理论考试成绩""病历文书书写"字段，以及"9-12学生各科总评成绩"查询对象的"总评成绩"字段，将它们添加到查询设计网格中，如图 9.66所示。

> **!注意**
>
> 务必将"选科成绩"表和"9-12学生各科总评成绩"查询对象通过"科目名称"建立关系，否则得不到正确的查询结果。

（4）**执行生成表操作**。单击"查询工具-设计"选项卡"查询类型"组中的"生成表"按钮，打开"生成表"对话框。在"表名称"组合框中输入新表名"学生成绩表"，如图 9.67 所示。单击"确定"按钮，返回查询设计视图。

（5）**保存查询**。将建立的查询以"9-19生成学生成绩表"为名保存在当前数据库中。

（6）**运行查询**。运行查询，弹出图 9.68 所示的提示对话框，单击"是"按钮，在导航窗口的表对象中添加新表"9-19生成学生成绩表"。

（7）**查看查询结果**。在导航窗口的表对象列表中，双击"9-19生成学生成绩表"表对象，查看查询结果，如图 9.69 所示。

< 236 >

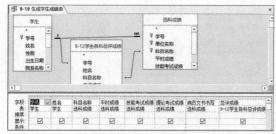

图 9.66　生成表查询设计视图

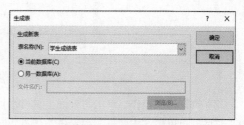

图 9.67　"生成表"对话框

图 9.68　生成新表提示对话框

图 9.69　生成表查询结果

📖 **说明**

"学生成绩表"共有 33 条记录，图 9.69 中只截取了"学生成绩表"的前 15 条记录。

　　小结：建立多个数据源的查询，多个数据源之间一定要建立正确的关系，生成表查询的结果是存入新表或者已经存在的表对象中的，如需查看查询结果，需要打开相应的表对象。

9.6.2　追加查询

　　追加查询就是从一个数据表或查询中提取数据，追加到另一个表的尾部，这个表可以是当前数据库的某个表，也可以是其他数据库中的表。

⚠️ **注意**

　　追加查询目标表中的字段数可以多于数据源表或查询的字段数，但是要求数据源表或查询的所有字段名必须在目标表中存在。

【数据准备】

　　将"医学生实习管理-查询"数据库中的"选科成绩"表复制一份，在复制过程中，执行"粘贴"命令时，在"粘贴方式"对话框中"表名称"文本框中输入"80 分以上选科成绩备份"，选中"仅表结构"单选按钮。然后在"80 分以上选科成绩备份"表中增加一个"医德医风考核"字段。表的复制及在表中增加字段的操作在第 8 章介绍过，在此不再赘述。

　　【例 9-20】在"医学生实习管理-查询"数据库中创建一个追加查询。将"选科成绩"表中各项成绩在 80 分以上的学生记录追加到"80 分以上选科成绩备份"表中。将建立的查询以"9-20 追加查询"为名保存。

　　具体操作步骤如下。

　　（1）在"医学生实习管理-查询"数据库中打开查询的设计视图，添加数据源"选科成绩"，再将"学号""单位名称""科目名称""平时成绩""技能考试成绩""理论考试成绩""病历文书书写"字段添加到查询设计网格的"字段"行，设置"平时成绩""技能考试成绩""理论考试成绩""病历文书书写"字段的"条件"行网格中的条件，如图 9.70 所示。

< 237 >

图9.70　查询设计网格

（2）**执行追加操作**。单击"查询工具-设计"选项卡"查询类型"组中的"追加"按钮，打开"追加"对话框。单击"表名称"组合框右侧的下拉按钮，在下拉列表中选择"80分以上选科成绩备份"，如图9.71所示。单击"确定"按钮，返回查询设计视图。

（3）**保存查询**。将建立的查询以"9-20追加查询"为名保存在当前数据库中。

（4）**运行查询**。运行查询，打开图9.72所示的提示对话框，单击"是"按钮。

图9.71　"追加"对话框

图9.72　运行追加提示对话框

（5）**查看查询结果**。在导航窗口的表对象列表中，双击"80分以上选科成绩备份"表对象，查看查询结果，如图9.73所示。

图9.73　追加查询结果

📝 **提示**

数据源"选科成绩"表中没有"医德医风考核"字段，所以图9.73最后一列"医德医风考核"字段的值为系统默认值"0"。

❗ **注意**

追加查询可以多次运行，每次运行Access都会将满足条件的记录追加到目标数据表的尾部，而不会提示表中记录已存在。为了避免目标数据表的数据重复，不要多次运行追加查询。

9.6.3　更新查询

更新查询是更新指定表中所有记录或满足条件的记录的指定字段的值。如果两个一对多的主表和子表建立关系时在"编辑关系"对话框中勾选了"实施参照完整性"及"级联更新相关字段"复选框，那么更新主表的"主键"值，相关表的"外键"值也一同更新。

❗ **注意**

运行更新查询后，数据不可恢复，所以建议先备份数据，再运行更新查询。运行更新查询时，要关闭数据源表。

< 238 >

【数据准备】

将"医学生实习管理-查询"数据库中的"学生"表以"学生副本"为名、"选科成绩"表以"选科成绩副本"为名各备份一份。建立"学生副本"和"选科成绩副本"两表的关系,并勾选"实施参照完整性""级联更新相关字段""级联删除记录"复选框,然后在"学生副本"表中添加表9.5所示的记录。

表9.5 "学生副本"表增加的记录

学号	院系名称	姓名	性别	出生日期	班级	政治面貌
20162107001	口腔医学院	刘某	男	1999-2-2	口腔医学2018级	群众
20162109051	医学影像学院	肖某某	女	1998-6-2	医学影像学2018级	党员

在导航窗格中双击"学生副本"表,将"学生副本"表的数据按"学号"升序排列,如图9.74所示。依次单击前3条记录学号前的"+"号,可以查看到"选科成绩副本"子表有6条记录和"学生副本"表第一个学号值匹配,新添加的两条记录相关表中只有一条记录与之相匹配。

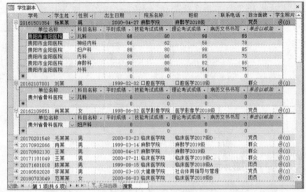

图9.74 "学生副本"表及相关表部分数据展示

【例9-21】 在"医学生实习管理-查询"数据库中创建一个更新查询。将"学生副本"表中学号以"2016"开头的所有学生记录更改为"2018"开头,并将所建立的查询以"9-21学号更新查询"为名保存。

分析: 本查询的数据源是"学生副本"表,被更新的字段是"学号",更新条件是"学号以'2016'开头",也就是学号的前4位是"2016",即从"学号"第1位开始,取出4位的值和"2016"比较,如果学号中取出的4位值等于"2016",则满足条件,否则不满足条件。所以此条件可使用的表达式为"Left([学号],4)="2016""或者"Mid([学号],1,4)="2016""。学号从"2016"更改为"2018",也就是更新了学号前4位,后7位保留原值,可用"Right([学号],7)"或者"Mid([学号],5,11)"取出"学号"的后7位原值,然后将二者组合为完整的11位学号,即更新表达式可设置为""2018"+Right([学号],7)"或者""2018"+Mid([学号],5,11)"。

具体操作步骤如下。

(1)**添加数据源及字段。**在"医学生实习管理-查询"数据库中打开查询的设计视图,添加数据源"学生副本"表,将"学号"字段添加到查询设计网格的"字段"行。

(2)**添加"更新到"行。**单击"查询工具-设计"选项卡"查询类型"组中的"更新"按钮,Access会在查询设计网格中增加一个"更新到"行,替换掉原来的"显示"行和"排序"行。

(3)**设置更新条件。**在"学号"字段的"条件"行网格中输入"Mid([学号],1,4)="2016""。

(4)**设置更新值。**在"学号"字段的"更新到"行输入""2018"+Right([学号],7)",如图9.75所示。

(5)**保存查询。**将建立的查询以"9-21更新查询"为名保存在当前数据库中。

(6)**预览将被更新的记录。**单击"查询工具-设计"选项卡"结果"组中的"视图"下拉按钮,在打开的下拉菜单中单击"数据表视图"命令,预览数据源表满足条件的"学号"字段,如图9.76所示。

(7)**运行查询。**单击"结果"选项组的"运行"按钮,此时,Access会打开图9.77所示的更新记录提示对话框。单击"是"按钮,完成更新操作。

【操作与观察】在导航窗格中双击"学生副本"表和"选科成绩副本"表,可以发现图9.76所示的"学生副本"表中的3个学号前面4位都变成了"2018",而"选科成绩副本"表原来学号为"20161501054"的6条记录变成了"20181501054"。

< 239 >

图 9.75　更新查询设计网格　　　图 9.76　预览满足条件的字段　　　图 9.77　更新记录提示对话框

✎ 提示

　　再次在查询的设计视图中打开"9-21 更新查询"，其查询设计网格的设置变成了图 9.78 所示，Access 将"Mid（[学号],1,4）"放入了"字段"行。可以这样理解：因不同记录的学号值不同，所以"Mid（[学号],1,4）"表达式的值是一个变化的值，Access 将之当变量处理。

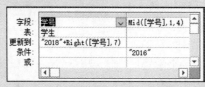

图 9.78　运行后二次打开更新查询设计视图的查询设计网格

9.6.4　删除查询

　　删除查询是根据给定的条件批量删除指定数据表中符合条件的记录。

❗ 注意

　　记录一旦删除，不可恢复。

　　【例 9-22】在"医学生实习管理-查询"数据库中创建一个删除查询，删除"学生副本"表中 2009 年出生的学生记录，并将所建立的查询以"9-22 删除查询"为名保存。

　　具体操作步骤如下。

　　（1）**添加数据源及字段。** 在"医学生实习管理-查询"数据库中打开查询的设计视图，添加数据源"学生副本"表，将"出生日期"字段添加到查询设计网格的"字段"行中。

　　（2）**设置删除条件。** 在"学号"字段的"条件"行网格中输入"Year（[出生日期]）=2009"。

　　（3）**添加"删除"行。** 单击"查询工具-设计"选项卡"查询类型"组中的"删除"按钮，Access 会在查询设计网格中增加一个"删除"行，替换掉原来的"显示"行和"排序"行，如图 9.79 所示。

　　（4）**保存查询。** 将建立的查询以"9-22 删除查询"为名保存在当前数据库中。

　　（5）**预览将被删除的记录。** 单击"查询工具-设计"选项卡"结果"组中的"视图"下拉按钮，在打开的下拉菜单中单击"数据表视图"命令，预览数据源表满足条件的"学号"字段，如图 9.80 所示。

　　（6）**运行查询。** 单击"结果"选项组的"运行"按钮，此时，Access 会打开图 9.81 所示的删除记录提示对话框。单击"是"按钮，打开"学生副本"表及"选科成绩副本"表，可发现"学生副本"表满足条件的记录及"选科成绩副本"表相关记录都被删除。

图 9.79　删除查询设计网格　　　图 9.80　预览满足条件的字段　　　图 9.81　删除记录提示对话框

< 240 >

> **注意**
>
> 删除查询只能指定一个数据源表或查询，如果表间建立了关联，并勾选"实施参照完整性"及"级联删除相关记录"复选框，则删除主表中的记录，其相关表中与之相匹配的记录也被删除。

小结：

① 在查询的数据表视图中打开操作查询，看到的是操作查询的设计结果，不是操作查询的运行结果。所有的操作查询都会影响表中的数据，所以在运行操作查询前，最好先切换至查询的数据表视图预览结果，若预览结果不符合要求，则返回查询的设计视图修改查询设计，直到符合要求再运行查询。

② 由于运行操作查询会修改数据源，因此操作查询不适合多次运行。为提醒用户，Access 导航窗格中的所有操作查询对象名称前都有一个感叹号，警示用户操作查询不要多次运行。

③ 在设计视图中创建的查询都有相应的 SQL 语句，用户可以在设计视图或数据表视图中打开查询，然后切换至 SQL 视图便可查看、修改其 SQL 语句。

9.7 SQL 查询

结构化查询语言（Structured Query Language，SQL），是一种广泛用于关系数据库系统的数据查询和程序设计的编程语言，用于存取数据以及查询、更新和管理关系数据库系统。

> **说明**
>
> 本节所有查询实例都在"医学生实习管理-查询"数据库中创建，本节的例题中不再具体说明。

9.7.1 SQL 概述

1．SQL 的主要功能

SQL 是一种高级的非过程化编程语言，类似于自然语言，其语法简单，易学易用，深受广大计算机用户喜欢。SQL 的主要功能包含以下 4 个部分。

（1）数据查询。

使用 SQL 的数据查询语言（Data Query Language，DQL）可完成记录的查询操作，主要命令动词有 SELECT（选择）。

（2）数据定义。

使用 SQL 的数据定义语言（Data Definition Language，DDL）可完成表结构的创建、修改、删除等操作，主要命令动词有 CREATE（建立）、ALTER（修改）和 DROP（删除）等。

（3）数据操纵。

使用 SQL 的数据操纵语言（Data Manipulation Language，DML）可以对基本表和视图进行数据记录的插入、删除和修改，主要命令动词有 INSERT（插入）、DELETE（删除）和 UPDATE（更新）等。

（4）数据控制。

使用 SQL 的数据控制语言（Data Control Language，DCL）可以对用户的访问权限加以控制，以保证系统的安全性，主要命令动词有 GRANT（授权）、REVOKE（回收权限）。

2．SQL 的使用方式

用户可以用如下方式使用 SQL。

（1）**联机交互方式**。在数据库管理系统提供的命令窗口中输入 SQL 命令，交互地进行数据库操作。

< 241 >

（2）**嵌入式**。在高级语言（如 FORTRAN、COBOL、C、VB 等）编写的程序中嵌入 SQL 语句，完成对数据库的操作。

9.7.2 SQL 基本数据查询

SQL 的数据查询功能主要是通过 SELECT 语句来实现的。使用 SELECT 语句可以实现数据源数据的筛选、投影和连接操作，并能够完成筛选字段的重命名，对数据源数据的选项组合、分类汇总、排序等具体操作。SELECT 语句具有非常强大的数据查询功能。

1. SELECT 语句基本语法

SELECT 语句的语法包括 5 个主要的子句，其一般结构如下。

```
SELECT[ALL | DISTINCT|TOP N]
* |<字段列表> [,<计算表达式> AS <字段别名>]
FROM  <表或查询列表>
[WHERE  <条件表达式>]
[GROUP BY <字段名> 或<表达式> [HAVING<条件表达式>]]
[ORDER BY <字段名> 或<表达式>[ASC|DESC]
```

主要功能：从 FROM 子句指定的数据源中返回满足 WHERE 子句指定条件的记录，记录集只包含 SELECT 语句中指定的字段。

> **知识扩展**
>
> 在 SELECT 语法格式中，各部分含义如下。
>
> **[ ]**：方括号所括部分为可选内容，可根据具体情况选择。
>
> **|**：表示任选其一，例如，ALL | DISTINCT | TOP N，表示三者中任选一个。
>
> **< >**：尖括号内为必选内容，在实际使用时用具体的内容替换。
>
> **ALL**：表示返回所有满足条件的记录。
>
> **DISTINCT**：表示返回某字段去除重复值的所有记录。
>
> **TOP N**：表示返回数据源中前 N 条记录，其中 N 为正整数，例如，TOP 5。
>
> *****：表示返回记录的所有字段。
>
> **<字段列表>**：表示返回指定的字段，字段名之间用逗号隔开。例如，学号,姓名,性别。
>
> **<计算表达式> AS <字段别名>**：表示返回一个或多个计算表达式的值，并且可以给每一个计算表达式的值指定一个新字段名。例如，COUNT（[学号]）AS 学生人数。若需要返回多个表达式的值，则各部分之间用逗号隔开。
>
> **FROM <表或查询列表>**：表示查询的数据源，可以是一个，也可以是多个。多个数据源之间用逗号隔开，例如，FROM 院系,学生。
>
> **WHERE <条件表达式>**：表示查询的条件，条件表达式可以是关系表达式或逻辑表达式。
>
> **GROUP BY <字段名> 或<表达式>**：表示对查询结果按指定字段的值或表达式的值进行分组。值相同的分到同一组，值不同的分到不同的组。
>
> **HAVING <条件表达式>**：分组条件，必须与 GROUP BY 一起使用，用于限定参与分组的条件。
>
> **ORDER BY**：根据所列字段名排序。
>
> **ASC**：表示查询结果按指定字段值升序排列。
>
> **DESC**：表示查询结果按指定字段值降序排列。

5 个主要子句中 SELECT 不可少，其他子句可以根据查询的实际需求选择一个或多个和 SELECT 搭配使用。用户可以利用 SQL 查询实现前面所介绍的各种查询，也可在 SQL 视图中查看在设计视图中创建的各类查询的 SQL 语句。

< 242 >

① 在查询的 SQL 视图中书写 SQL 语句时，建议每个子句分行书写，便于阅读和查找错误。

② 引用的表名及查询名务必在数据库中存在，引用的字段名必须在表和查询中存在。

③ 书写 SQL 语句时，务必保证查询子句每个关键字书写正确，除了汉字，其他所有符号都在半角状态输入，要注意正确使用分隔符，语句末尾的分号可以省略。

④ 各查询关键字不区分大小写。

2. 使用 SELECT 语句创建查询示例

提示

在没有打开任何查询对象的情况下，不能直接在工作窗口打开查询的 SQL 视图，必须先打开查询的设计视图再切换到 SQL 视图才能创建 SQL 查询。

【SELECT 数据查询操作步骤】

（1）打开数据库，单击“创建”选项卡“查询”组中的“查询设计”按钮。

（2）关闭打开的“显示表”对话框。

（3）单击“查询工具-设计”选项卡“结果”组中的“视图”下拉按钮，在下拉菜单中单击“SQL视图”，切换到 SQL 视图中。

（4）在 SQL 视图中输入 SQL 语句。

（5）保存查询，然后运行查询。

本小节以下例题参照此步骤，每个示例不再给出详细的操作步骤。

（1）单数据源选择查询示例。

【例 9-23】查询“学生”表中“政治面貌”为“团员”和“党员”的记录，其 SQL 语句如下。

```
SELECT [学生].*
FROM 学生
WHERE 政治面貌 IN("团员","党员");
```

或：

```
SELECT [学生].*
FROM 学生
WHERE 政治面貌="团员" OR 政治面貌= "党员";
```

【例 9-24】查询“学生”表中全部学生的“姓名”和“年龄”，去掉重名，其 SQL 语句如下。

```
SELECT DISTINCT 姓名,YEAR(DATE())-YEAR(出生日期) AS 年龄
FROM 学生;
```

说明

① DISTINCT 在此用于去除“姓名”字段值重复的记录。

② AS 选项在此查询中用于为表达式“YEAR(DATE())-YEAR(出生日期)”起一个别名“年龄”并且显示在列标题处。

【例 9-25】查询“9-12学生各科总评成绩”查询中“总评成绩”在 80～90 分的学生记录，其 SQL语句如下。

```
SELECT [9-12学生各科总评成绩].*
```

< 243 >

```
FROM [9-12学生各科总评成绩]
WHERE 总评成绩>=80 AND 总评成绩<=90;
```

或：

```
SELECT *
FROM [9-12学生各科总评成绩]
WHERE 总评成绩 BETWEEN 80 AND 90;
```

 注意

此例查询对象名必须用方括号括住，否则系统会报错，如图9.82所示。

图9.82　SQL语法检查错误提示对话框

【例9-26】查询"院系"表中以"医"开头的院系记录，SQL语句如下。

```
SELECT *
FROM 院系
WHERE 院系名称 LIKE "医*";
```

或：

```
SELECT *
FROM 院系
WHERE LEFT(院系名称,1)="医";
```

（2）单数据源计算查询示例。

计算查询是对整个表的查询，一次查询只能得出一个计算结果。

【例9-27】统计"院系"表中的院系数，其SQL语句如下。

```
SELECT COUNT(*) AS 院系数 FROM 院系;
```

【例9-28】统计"学生"表中班级名称包含"临床医学"的学生人数，其SQL语句如下。

```
SELECT COUNT(*) AS 临床医学学生人数 FROM 学生 WHERE 班级 LIKE "*临床医学*"
```

（3）单数据源分组计算及排序查询示例。

利用分组计算查询可以通过一次查询获得多个计算结果。分组查询是通过GROUP BY语句实现的。

【例9-29】统计"学生成绩"表中不同科目的"总评成绩"字段的最大值和最小值，其SQL语句如下。

```
SELECT 科目名称, MAX(总评成绩) AS 最高分, MIN(总评成绩) AS 最低分
FROM 学生成绩表
GROUP BY 科目名称;
```

【例9-30】统计"学生"表中各院系各政治面貌的男女学生的人数，并按院系名升序排列，其SQL语句如下。

```
SELECT 院系名称,政治面貌,性别,COUNT(性别) AS 男女人数
FROM 学生
GROUP BY 院系名称,政治面貌,性别
ORDER BY 院系名称
```

< 244 >

> **提示**
>
> GROUP BY 子句后如果有多个分组字段，则按照指定字段序列分组。此例是先按"院系名称"分组，院系名称相同的记录被划分在同一组中，然后按照"政治面貌"再次分组，政治面貌相同的再按照"性别"分组，其查询结果前 12 条记录如图 9.83 所示。

图 9.83　例 9-30 查询结果前 12 条记录

> **注意**
>
> 使用 GROUP BY 子句后，SELECT 子句中只能有 GROUP BY 子句中指定的列，其他列必须使用聚合函数。例如，执行如下 SQL 语句：

```
SELECT 院系名称,政治面貌,性别,COUNT(性别) AS 男女人数
FROM 学生
GROUP BY 政治面貌,性别   ORDER BY   院系名称
```

> 系统会给出图 9.84 所示的错误提示信息，产生错误的原因是每组政治面貌可能包含了不同的院系名称。

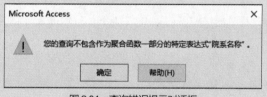

图 9.84　查询错误提示对话框

【**例 9-31**】在"学生成绩表"中查询"总评成绩"的平均分在 80 分以上的学生记录，其 SQL 语句如下。

```
SELECT 学号, AVG(总评成绩) AS 平均分
FROM 学生成绩表
GROUP BY 学号 HAVING  AVG(总评成绩)>=80
```

> **注意**
>
> HAVING 子句必须和 GROUP BY 配合使用，用于指定分组约束条件。
> HAVING 子句与 WHERE 子句的不同之处如下。
> ① WHERE 子句在 GROUP BY 分组之前起作用，HAVING 子句在 GROUP BY 分组之后起作用。
> ② WHERE 子句作用于表，从表中选择满足条件的记录；HAVING 子句从分组中选择满足条件的组。

📖 **知识扩展**

例 9-31 查询结果如图 9.85 所示，图中第一行单元格里的小数位数有点多，可以在设计视图中修改平均分的属性，将其小数位数设置为 1，具体操作步骤如下。

① 切换到设计视图，选定"平均"字段列。

② 单击"查询工具-设计"选项卡"显示/隐藏"组中的"属性"按钮，打开"属性表"任务窗格，在其"常规"选项卡中设置"格式"属性为"标准"，"小数位数"属性为"1"，如图 9.86 所示。

< 245 >

图 9.85　例 9-31 查询结果	图 9.86　平均分属性设置

9.7.3　多表查询

如果查询结果的字段来自多个数据源，则需要通过连接运算对多张表进行连接。连接就是将其他表中的列字段添加到本表中，连接运算主要分为内连接和外连接。

1. 内连接

内连接是应用最广泛的连接运算，结果只包含两个表或查询中连接字段相等的记录行，是等值连接，其语句格式如下：

```
SELECT <字段名列表>
FROM<表名 1>
[INNER JOIN <表名 2> ON <连接条件>]
```

📖 **说明**

INNER JOIN 用来等值连接"表名 1"和"表名 2"两个表，ON 用来指定连接条件。

❗ **注意**

对于多张表中共有的字段，该字段名前必须加表名，中间用"."间隔，格式为"表名.字段名"。

例如，"学生"表和"院系"表都有"院系名称"字段，在使用"院系名称"字段时必须加上表名写成"学生.院系名称"和"院系.院系名称"。对于非共有的字段，可以直接写字段名。

（1）多表数据源内连接选择查询示例。

【例 9-32】以"学生"表和"选科成绩"表为数据源，创建学生选科成绩明细查询，查询结果要求显示学号、姓名、单位名称、科目名称、平时成绩、技能考试成绩、理论考试成绩、病历文书书写。

分析： 从题意可知，其查询数据源是"学生"表和"选科成绩"表，要查询学生选科成绩明细，两表必须内连接。其 SQL 语句如下。

```
SELECT 学生.学号,姓名,单位名称,科目名称,平时成绩,技能考试成绩,理论考试成绩,病历文书书写
FROM 学生 INNER JOIN 选科成绩 ON 学生.学号 = 选科成绩.学号;
```

❗ **注意**

"学号"是"学生"表和"选科成绩"表的共有字段，所以"学号"字段前必须加上表名，其他字段前表名可以省略。在设计视图中创建的查询，Access 会自动在所有字段前加上表名，用户在书写 SQL 查询时，建议只给两个表的共有字段加上表名，其他字段前的表名省略不写，这样便于阅读，也节约书写时间。

📖 **说明**

"医学生实习管理-查询"数据库中，"学生"表共有 59 条记录，"选科成绩"表共有 35 条记录，此查询的查询结果也是 35 条记录，说明两表是等值连接的，即"学生"表只有 35 条记录的学号和"选科成绩"表中的学号值相等。

< 246 >

（2）多表数据源内连接分组计算查询示例。

【例 9-33】统计各班级在每个单位的人数，查询结果要求显示班级、单位名称、实习人数，并按班级降序排序。

分析："单位名称"及计算字段"学号"来源于"选科成绩"表，分组字段是"班级""单位名称"，排序字段是"班级"，故此查询的数据源为"学生"表和"选科成绩"表，两个表等值连接，其 SQL 查询语句如下。

```
SELECT 班级, 单位名称, COUNT(选科成绩.学号) AS 实习人数
FROM 学生 INNER JOIN 选科成绩 ON 学生.学号 = 选科成绩.学号
GROUP BY 班级, 单位名称 ORDER BY 班级 DESC;
```

> ⚠️ **注意**
>
> "学号"是"学生"表和"选科成绩"表的共有字段，所以"学号"字段前必须加上表名，其他字段可以省略表名，查询结果如图 9.87 所示。

图 9.87　例 9-33 查询结果

（3）多表数据源内连接参数查询示例。

【例 9-34】按输入的"学号"和"科目名称"查询学生所实习科目的成绩明细，查询结果要求显示学号、姓名、科目名称、平时成绩、技能考试成绩、理论考试成绩和病历文书书写。

分析："学号""姓名"来源于"学生"表，"科目名称"来源于"选科成绩"表，因此此查询的数据源为"学生"表和"选科成绩"表，两个表等值连接，其 SQL 查询语句如下。

```
SELECT 学生.学号,姓名,科目名称,平时成绩,技能考试成绩,理论考试成绩,病历文书书写
FROM  学生 INNER JOIN 选科成绩 ON 学生.学号 = 选科成绩.学号
WHERE(学生.学号=[请输入学号：]) AND （选科成绩.科目名称=[请输入科目名称：]）
```

> ✏️ **提示**
>
> 运行查询，先后出现两个"输入参数值"提示对话框，依次输入参数值即可得到查询结果。

2. 外连接

外连接是从一个数据源中选择全部的记录，从另一个数据源中选择与连接字段匹配的记录行。外连接的方式有两种：左连接和右连接。

（1）左连接语句格式。

```
SELECT <字段名列表>
FROM<表名 1>
[LEFT JOIN <表名 2> ON <连接条件>]
```

< 247 >

> 📖 **说明**
>
> LEFT JOIN 用来左连接"表名1"和"表名2"两个表，ON 用来指定连接条件。连接后的结果包含"表名1"中的所有记录及"表名2"中与连接字段匹配的记录。

（2）右连接语句格式。

```
SELECT <字段名列表>
FROM<表名 1>
[RIGHT JOIN <表名 2> ON <连接条件>]
```

> 📖 **说明**
>
> RIGHT JOIN 用来右连接"表名1"和"表名2"两个表，ON 用来指定连接条件。连接后的结果包含"表名2"中的所有记录及"表名1"中与连接字段匹配的记录。

（3）等值连接、左连接和右连接对比示例。

【例 9-35】将"院系"表和"学生"表等值连接，连接结果显示院系名称、学号、姓名。

分析："院系"表为左表，"学生"表为右表，连接条件为"院系.[院系名称] = 学生.[院系名称]"，其 SQL 语句如下。

```
SELECT 院系.院系名称,学号, 姓名,院系电话
FROM 院系 INNER JOIN 学生 ON 院系.[院系名称] = 学生.[院系名称]
ORDER BY 学号 ,院系.院系名称
```

【例 9-36】将"院系"表和"学生"表左连接，连接结果显示院系名称、学号、姓名。

此查询 SQL 语句如下：

```
SELECT 院系.院系名称,学号, 姓名,院系电话
FROM 院系 LEFT JOIN 学生 ON 院系.[院系名称] = 学生.[院系名称]
ORDER BY 学号 ,院系.院系名称
```

【例 9-37】将"院系"表和"学生"表右连接，连接结果显示院系名称、学号、姓名。

此查询 SQL 语句如下：

```
SELECT 院系.院系名称,学号, 姓名,院系电话
FROM 院系 RIGHT JOIN 学生 ON 院系.[院系名称] = 学生.[院系名称]
ORDER BY 学号 ,院系.院系名称
```

【查询结果分析】

❖ 图 9.88 所示为例 9-35 等值连接排序后的部分查询结果，其记录导航按钮处显示"第 1 项共 59 项"，查询结果是"院系"表和"学生"表中连接字段"院系名称"相等的行，说明"学生"表中有 59 条记录的"院系名称"和"院系"表中的"院系名称"相等。

❖ 图 9.89 所示为例 9-36 左连接排序后的部分查询结果，其查询结果包含左表"院系"表中的所有记录和右表"学生"表中与连接字段匹配的记录，记录导航按钮处显示"第 1 项共 62 项"，查询结果是按先按"学号"排序过的，所以学号为空的 3 条记录显示在表的最前面，表示"院系"表有 3 个院系名称——"护理学院""外国语学院""医药卫生管理学院"在"学生"表的"院系名称"中没有相等的值与之对应。

❖ 例 9-37 右连接的查询结果和例 9-35 等值连接相同，其查询结果包含右表"学生"表中的所有记录和左表"院系"表中与连接字段匹配的记录，"学生"表的 59 条记录在"院系"表中都有值与之对应。"院系"表中"院系名称"为"护理学院""外国语学院""医药卫生管理学院"的 3 条记录，在"学生"表中没有与之等值的记录存在，所以不包括在查询结果中。

< 248 >

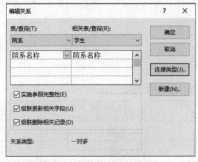

院系名称	学号	学生姓名	院系电话
麻醉学院	20161501054	杨某某	18102558744
口腔医学院	20162107001	刘某	13862025852
医学影像学院	20162109051	肖某某	13702556896
临床医学院	20170201548	毛某某	18102558852
麻醉学院	20170902066	冉某	18102558744
麻醉学院	20170902130	王某	18102558744
临床医学院	20171101049	王某	18102558852
临床医学院	20171601018	陈某某	18102558852
大健康学院	20180502028	周某	13825558666
临床医学院	20180703049	范某某	18102558852
临床医学院	20182102012	杨某某	18102558852
临床医学院	20182102228	岑某某	18102558852
临床医学院	20182102256	李某某	18102558852
临床医学院	20182102367	罗某某	18102558852
临床医学院	20182102412	彭某	18102558852
临床医学院	20182102510	田某某	18102558852

记录：第1项(共59项) 无筛选器 搜索

图9.88 等值连接部分查询结果

院系名称	学号	学生姓名	院系电话
护理学院			13502555555
外国语学院			13525566666
医药卫生管理学院			18935622222
麻醉学院	20161501054	杨某某	18102558744
口腔医学院	20162107001	刘某	13862025852
医学影像学院	20162109051	肖某某	13702556896
临床医学院	20170201548	毛某某	18102558852
麻醉学院	20170902066	冉某	18102558744
麻醉学院	20170902130	王某	18102558744
临床医学院	20171101049	王某	18102558852
临床医学院	20171601018	陈某某	18102558852
大健康学院	20180502028	周某	13825558666
临床医学院	20180703049	范某某	18102558852
临床医学院	20182102012	杨某某	18102558852
临床医学院	20182102228	岑某某	18102558852
临床医学院	20182102256	李某某	18102558852

记录：第1项(共62项) 无筛选器 搜索

图9.89 左连接部分查询结果

【知识回顾】图9.90所示为"院系"表和"学生"表的"编辑关系"对话框，单击其"连接类型"按钮，打开图9.91所示的"连接属性"对话框，此对话框中的3个连接属性就是本小节介绍的3种连接方式。

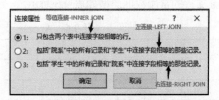

图9.90 "编辑关系"对话框

图9.91 "连接属性"对话框

9.7.4 SQL 数据定义

SQL 的数据定义命令 CREATE（建立）、ALTER（修改）和 DROP（删除）可以在当前数据库中创建表、修改表结构、删除表。

⚠ 注意

数据定义语句不能嵌套使用，执行相应的数据定义命令时必须先关闭相应的表。

SQL 数据定义操作步骤如下。

（1）打开数据库，单击"创建"选项卡"查询"组中的"查询设计"按钮，关闭打开的"显示表"对话框。

（2）单击"查询工具-设计"选项卡"查询类型"组中的"数据定义"按钮，打开查询的 SQL 视图。

（3）在查询的 SQL 视图中输入 SQL 语句。

（4）保存查询，然后运行查询。

📖 说明

本小节例题都可参照此操作步骤，在具体示例中不再叙述相应的操作步骤。

1. 建立数据表

SQL 的 CREATE TABLE 命令可用来创建表结构，其命令格式如下。

< 249 >

```
CREATE TABLE  <表名>
(<字段名1>  <数据类型>  [（长度）]  [字段约束条件]
[,<字段名2>  <数据类型>  [（长度）]  [字段约束条件]]…)
```

创建一个数据表的结构时，如果表已经存在，不会覆盖已经存在的同名表，而是返回图9.92所示的提示对话框，单击"确定"按钮，取消这一次创建任务。

图9.92 建表同名提示对话框

📖 说明

（1）<表名>指要创建的数据表的名称。

（2）<字段名><数据类型>指要创建的数据表的字段名和字段的数据类型；[（长度）]指字段长度，仅限于文本及二进制字段。表中可以有多个字段，字段名与数据类型、数据类型与长度之间必须有空格，各个字段定义之间用逗号隔开。

（3）[字段约束条件]即对字段的限制条件：

PRIMARY KEY——表示将该字段定义为主键；

NOT NULL——表示不允许该字段值为空；

NULL——表示允许该字段值为空。

Access支持的常用数据类型如表9.6所示。

表9.6 Access支持的常用数据类型

数据类型	含义	数据类型	含义
TEXT 或 CHAR	文本	INTEGER 或 INT	整型
SINGLE 或 REAL	单精度型	DOUBLE 或 FLOAT	双精度型
DATE、TIME 或 DATE TIME	日期/时间	STRING	字符
LOGICAL 或 BIT	是 / 否型	CURRENCY 或 MONEY	货币
MEMO	长文本	AUTOINCRENMENT	自动编号

【例9-38】在"医学生实习管理-查询"数据库中，建立一个"教师"表，该表由"工号""姓名""性别""出生日期""婚否""备注"字段组成，并设置"工号"为主键。

在查询的SQL视图中输入以下SQL语句：

```
CREATE TABLE 教师（工号 TEXT(6) PRIMARY KEY,姓名 TEXT(4),性别 TEXT(1),出生日期 DATE,婚否
LOGICAL,备注 MEMO）
```

📖 说明

运行该语句后，当前数据库的导航窗格中显示一个"教师"表，此表只有表结构，没有记录。

2. 修改表结构

修改表的结构是指根据实际需求在表中增加字段、增加新的完整性约束、修改原有的字段定义或删除已有的完整性约束条件等。修改表结构的命令为 ALTER TABLE，其格式如下。

```
ALTER TABLE <表名>                          //修改的表名
[ADD <字段名> <数据类型> [完整性约束]        //添加新字段
[DROP <字段名> <完整性约束>]                 //删除字段或约束
[ALTER <字段名> <数据类型>]                  //修改字段数据类型
```

< 250 >

> ⓘ 注意
>
> 一个 ALTER TABLE 语句中只能选用 ADD、DROP、ALTER 三个关键字中的一个。

【例 9-39】将"教师"表中的"备注"字段删除。

ALTER TABLE 教师 DROP 备注

> ⓘ 注意
>
> 运行此查询，如果"教师"表中存在"备注"字段，直接将"教师"表中的"备注"字段删除，不会出现任何提示信息；如果"教师"表中不存在"备注"字段，则打开图 9.93 所示的提示对话框。

图 9.93　没有"备注"字段提示对话框

【例 9-40】在"教师"表中增加一个"院系名称"字段，其数据类型为文本，字段大小为 12。

ALTER TABLE 教师 ADD 院系名称 CHAR(12)

> ⓘ 注意
>
> 运行此查询，如果"教师"表中不存在"院系名称"字段，直接在"教师"表中增加"院系名称"字段，不会出现任何提示信息；如果表中存在"院系名称"字段，则打开图 9.94 所示的提示对话框。

图 9.94　已存在"院系名称"字段提示对话框

【例 9-41】将"教师"表"院系名称"字段长度改为 10。

ALTER TABLE 教师 ALTER 院系名称 CHAR(10)

> ⓘ 注意
>
> 不管是第一次运行此查询，还是多次运行此查询，只要表在数据库中存在，就不会出现任何提示信息；如果表不存在，则出现提示信息。

3. 删除表

在 SQL 中，如果已创建的表不再需要，可以使用 DROP TABLE 命令删除它，其格式如下。

DROP TABLE <表名>

【例 9-42】删除"教师"表。

DROP TABLE 教师

> ⓘ 注意
>
> 慎用 DROP TABLE 命令，表一旦删除就无法恢复。

9.7.5　SQL 数据操纵

SQL 的数据操作命令 INSERT（插入）、UPDATE（更新）、DELETE（删除）分别用来在数据表中插入、更新和删除数据。

< 251 >

1. 插入数据

INSERT 命令可以在数据表的尾部添加一条新记录，其语法格式如下。

INSERT INTO 表名 [(<字段名1>,<字段名2>,…)]VALUES(<表达式1>[,<表达式2>,…])

> **说明**
>
> （1）该命令可向表中添加一条记录，也可以添加一个记录的几个字段值。
>
> （2）VALUES 后面表达式的值与指定的字段名必须一一对应，表达式的数据类型也必须和指定的字段的数据类型一致，未指定的其余字段为 NULL 值。若省略字段名列表，则数据表中的所有字段必须在 VALUES 子句中有相应的值。
>
> （3）如果指定的表名中有主键，插入记录时，必须给主键字段指定值。

【例9-43】在"院系副本"表尾部添加一条新记录。

INSERT INTO 院系副本
VALUES("成人继续教育学院","18178241145","HTTPS。//CJXY.GMC.EDU.CN")

【例9-44】在"院系副本"表尾部添加第二条新记录。

INSERT INTO(院系名称，院系电话)
VALUES("运动与健康学院","18235687441")

> **说明**
>
> （1）执行例9-43所示的语句会打开图9.95所示的提示对话框，单击对话框中的"是"按钮，则在"院系副本"表尾插入一条记录。
>
> （2）执行例9-44所示的语句，同样可以在"院系副本"表尾插入一条记录，但"院系网址"为空。执行这两条语句后的查询结果如图9.96所示。

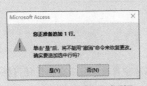
图9.95 追加记录提示对话框

图9.96 插入数据查询结果

2. 更新数据

UPDATE 命令用于修改、更新指定表中的记录内容，其语法格式如下。

UPDATE SET <字段名1>=<表达式1>[,<字段名2>=<表达式2>,…]
[WHERE <条件>]

> **说明**
>
> （1）<表名>为要更新的基本表名称。
>
> （2）"<字段名>=<表达式>"为用<表达式>的值替代<字段名>的值，一次可更新多个字段的值。
>
> （3）WHERE <条件>子句用于对满足条件的记录的指定字段值进行更新，若省略该子句，则更新全部记录。
>
> （4）如果更新的是主表中的主键值，并且在建立主表和子表的关系时，在"编辑关系"对话框中勾选了"实施参照完整性"和"级联更新相关字段"复选框，则更新主表的主键值，子表中和主键值匹配的外键值也同步更新。

< 252 >

【例 9-45】将"学生副本"表的"学号"字段的第 7～8 位为"02"的记录的第 7～8 位修改为"21"。

```
UPDATE 学生副本 SET 学号=LEFT(学号,6)+"21"+RIGHT(学号,3)  WHERE MID(学号,7,2)="02"
```

📖 说明

　　执行此查询，"学生副本"表和"选科成绩副本"表的"学号"字段的第 7～8 位为"02"的所有记录的第 7～8 位都更改成"21"。

3．删除数据

SQL 的 DELETE 命令用于删除指定表中的记录，其语法格式如下。

```
DELETE FROM <表名>
[WHERE <条件>]
```

📖 说明

　　（1）<表名>为要删除记录的表名称。

　　（2）WHERE <条件>子句指定被删除的记录需要满足的条件，若省略 WHERE<条件>子句，则删除表中全部记录。

　　（3）如果删除的是主表中的记录，并且在建立主表和子表的关系时，在"编辑关系"对话框中勾选了"实施参照完整性"和"级联删除相关记录"复选框，则删除主表的记录时，子表中外键值与被删除的主键值匹配的记录也同步被删除。

【例 9-46】将"学生副本"表的"学号"字段的第 7～8 位为"21"的记录删除。

```
DELETE FROM  学生副本
WHERE MID(学号,7,2)="21";
```

📖 说明

　　执行此查询，"学生副本"表和"选科成绩副本"表的"学号"字段的第 7～8 位为"21"的所有记录都被删除。

9.7.6　联合查询

　　联合查询可以将两个或两个以上的表或查询所对应的多个字段的记录合并为一个查询数据集。在执行联合查询时，将返回被查询的表或查询中对应字段的记录。创建联合查询的唯一方法是使用 SQL 视图。用户使用联合查询可以合并多个表或查询的数据，其语法格式如下。

```
SELECT  <字段列表>
FROM <表名>|<查询名>
[WHERE <条件表达式>]
UNION [ALL]
SELECT  <字段列表>
FROM <表名>|<查询名>
[WHERE <条件表达式>]
```

📖 说明

　　（1）UNION 用于将前后两个 SELECT 语句的查询结果合并，生成一个查询数据集。

　　（2）联合查询中的两个 SELECT 语句必须具有相同的字段列数，各列具有相同或兼容的数据类型。

< 253 >

（3）当两表或查询的字段的名称不相同时，查询结果会使用来自第一个 SELECT 语句的字段名称。

（4）使用 ALL，则返回所有合并记录，包括重复记录；若省略，则查询结果不包含重复记录。

【数据准备】

创建一个名为"总评成绩 70 分以下"的选择查询，查询"学生成绩表"中"总评成绩"在 70 分以下的学生记录，查询结果显示学号、姓名、科目名称、总评成绩。此查询的操作步骤参见 9.3 节的选择查询，在此不再赘述。

【例 9-47】创建联合查询，要求显示"9-25 总评成绩 80～90 分"查询对象中 85 分以上的记录及"总评成绩 70 分以下"查询对象中的所有记录。

```
SELECT 学号,姓名,科目名称,总评成绩
FROM  [9-25 总评成绩 80～90 分]
WHERE 总评成绩>=85
UNION
SELECT 学号,姓名,科目名称,总评成绩
FROM 总评成绩 70 分以下
```

查询结果如图 9.97 所示。

【例 9-48】创建联合查询，要求将"单位"表中的"单位名称""联系电话""单位网址"和"院系"表中的"院系名称""院系电话""院系网址"合并显示。

```
SELECT 单位名称,联系电话,单位网址
FROM  单位
UNION
SELECT 院系名称,院系电话,院系网址
FROM 院系
```

查询结果如图 9.98 所示。

图 9.97　例 9-47 联合查询结果

图 9.98　例 9-48 联合查询结果

📖 **说明**

"院系"表和"单位"表具有相同的字段数，各字段名称虽不同，但各字段数据类型相同，"单位"表中的字段位于第一个 SELECT 语句中，所以查询结果显示的是"单位"表中的字段名称。

< 254 >

9.7.7　子查询

　　子查询就是将一个查询的结果嵌入另一个查询，所以也称为嵌套查询，通常内层的查询语句称为子查询，调用子查询的外层查询语句称为父查询。子查询的实质就是将子查询返回的数据作为父查询的条件或数据源。

　　1. 子查询的结果作为父查询的条件

　　主查询的 WHERE 子句包含另一个 SELECT 语句的查询也称为 WHERE 子查询。

　　【例 9-49】查询"院系"表中没有学生的院系的院系名称和院系电话，并按院系名称排序。

　　分析： 在"医学生实习管理-查询"数据库中，院系的学生信息在"学生"表中，查询条件为"没有学生的院系"，即将从"学生"表查询到的"院系名称"作为从"院系"表中查询没有学生的院系的比较条件，即"院系.院系名称 NOT IN(SELECT 学生.院系名称　FROM　学生)"表示"没有学生的院系"。初学者可以先写出子查询，再把子查询置于父查询的条件中。

　　第一步：写出子查询——从"学生"表中找出"院系名称"，其查询语句如下。

```
SELECT 学生.院系名称　FROM　学生
```

　　第二步：将子查询得到的查询结果作为父查询的条件，其查询语句如下。

```
SELECT 院系.院系名称,院系电话
WHERE  院系.院系名称 NOT IN（SELECT 学生.院系名称　FROM　学生）
ORDER BY   院系.院系名称
```

✏️ **提示**

　　该子查询语句分两步执行。

　　第一步：执行内层子查询的 SELECT 语句，查询出"学生"表中的"院系名称"信息。

　　第二步：执行外层父查询的 SELECT 语句，查询出没有学生的院系信息，其查询结果如图 9.99 所示。

图 9.99　例 9-49 的查询结果

❗ **注意**

　　虽然有父子查询，但最终的查询结果以父查询为准，所以 ORDER BY 子句只能对父查询结果排序，子查询的 SELECT 语句中不能使用 ORDER BY 子句。子查询必须使用小括号括起来。

📋 **知识扩展**

　　① 子查询结果是单个值时，可以使用"="">""<""<="">="等比较运算符。

　　② 子查询结果有多个值时，可以使用"ANY""ALL""IN"等运算符。

　　③ ALL 运算符：和子查询的结果逐一比较，全部满足时表达式的值才为真。

　　④ ANY 运算符：和子查询的结果逐一比较，其中一条记录满足条件表达式的值就为真。

　　【思考题】查询"学生"表中没有选择实习单位的学生的学号、姓名、班级信息，应如何实现?

　　【例 9-50】查询"学生成绩表"中总评成绩大于平均总评成绩的学生的学号、姓名、科目名称、总评成绩信息。

　　第一步：写出子查询——从"学生成绩表"中找出"平均总评成绩"，其查询语句如下。

```
SELECT AVG(总评成绩)  AS 平均总评成绩 FROM 学生成绩表
```

< 255 >

第二步：将子查询得到的查询结果作为父查询的条件，其查询语句如下。

```
SELECT 学号,姓名,科目名称,总评成绩
FROM 学生成绩表
WHERE 总评成绩>(SELECT AVG 总评成绩 AS 平均总评成绩 FROM 学生成绩表)
```

查询结果如图 9.100 所示。

2. 子查询的结果作为父查询的数据源

内部查询（子查询）的结果作为外层父查询 FROM 子句的数据源的查询称为 FROM 子查询。

【例 9-51】查询"学生成绩表"中至少有两科总评成绩在 80 分以上的学生的学号、姓名信息。

第一步：写出子查询——查询出每个学生总评成绩在 80 分以上的科目数。

图 9.100　例 9-50 的查询结果

```
SELECT 学号,姓名,COUNT(*) AS 科目数
FROM 学生成绩表
WHERE 总评成绩>=80 GROUP BY 学号,姓名
```

第二步：将子查询得到的查询结果作为父查询的数据源，其查询语句如下。

```
SELECT 学号, 姓名
FROM (SELECT 学号,姓名,COUNT(*) AS 科目数
FROM 学生成绩表
WHERE 总评成绩>=80 GROUP BY 学号,姓名)
WHERE 科目数>=2
```

查询结果如图 9.101 所示。

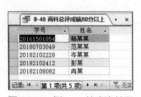

图 9.101　例 9-51 的查询结果

习题

1. 选择题

（1）下列关于查询设计网格中行的作用的叙述，错误的是（　　）。

　　A. "总计"行用于对查询的字段计数

　　B. "表"行表示"字段"行对应字段所在的表或查询的名称

　　C. "字段"行用于指定查询结果要显示的字段

　　D. "排序"行用于对查询结果设置排序

（2）将 A 表中的记录复制到 B 表中，且不删除 B 表中的记录，可以使用的查询是（　　）。

　　A. 更新查询　　　B. 追加查询　　　　C. 生成表查询　　　D. 数据定义查询

（3）下列查询中，（　　）无法在查询的设计视图下完成。

　　A. 数据定义查询　　B. 计算查询　　　　C. 交叉表查询　　　　D. 生成表查询

< 256 >

（4）若 Access 数据表中有姓名为"李奕军"的记录，下列无法查出"李奕军"的条件表达式是（　　）。

    A．Like "*军"　　　　B．Like "李?"　　　　C．Like "李*"　　　　D．Like "?奕?"

（5）在"学生"表中建立查询，"姓名"字段的查询条件设置为"Is Null"，运行该查询后，显示的记录是（　　）。

    A．"姓名"字段不包含空格的记录　　　　B．"姓名"字段为空的记录

    C．"姓名"字段包含空格的记录　　　　D．"姓名"字段不为空的记录

（6）在 SQL 查询语句 SELECT 中，用来指定表中全部字段的标识符是（　　）。

    A．ALL　　　　　　B．TOP N　　　　　C．*　　　　　　　D．?

（7）下列（　　）不是 Access 的查询统计函数名。

    A．Left　　　　　　B．Count　　　　　C．Avg　　　　　　D．Max

（8）在 SQL 查询的 SELECT 语句中，HAVING 必须和下列（　　）一起使用。

    A．WHERE　　　　B．FROM　　　　　C．GROUP BY　　　D．ORDER BY

（9）在 SQL 语言的 SELECT 语句中，用于实现选择运算的子句是（　　）。

    A．WHERE　　　　B．UNION　　　　　C．SELECT　　　　D．FROM

（10）在查询对象中保存的是（　　）。

    A．记录本身　　　B．SQL 命令　　　　C．查询设计　　　D．记录的副本

（11）在 SELECT 语句中，用于指明查询数据源的子句是（　　）。

    A．FROM　　　　　B．WHERE　　　　　C．ORDER BY　　　D．GROUP BY

（12）（　　）可以对数据库表中的记录进行批量删除。

    A．删除查询　　　B．更新查询　　　　C．追加查询　　　D．生成表查询

（13）SELECT 语句中用于表示查询分组子句的是（　　）。

    A．ALTER　　　　B．GROUP BY　　　　C．WHERE　　　　D．FROM

（14）某 Access 数据库的"专业"表中有"专业名称"字段，查找以"生物"开头的记录的查询条件是（　　）。

    A．"生物"　　　　　　　　　　　　B．LIKE "生物"

    C．="生物"　　　　　　　　　　　　D．LEFT（[专业名称],2）="生物"

（15）在 Access 中用 SQL 命令删除一个表，应该使用的 SQL 命令是（　　）。

    A．ALTER TABLE　　　　　　　　　B．KILL TABLE

    C．DELETE TABLE　　　　　　　　　D．DROP TABLE

2．填空题

（1）查询单姓单名的学生记录，查询条件为_____。

（2）SQL 语句包含 Where 子句和 Group By 子句时，先执行_____子句。

（3）Access 查询的数据源可以是_____和查询。

（4）Access 中有 5 种不同的查询，分别是_____、交叉表查询、SQL 查询、参数查询和操作查询。

（5）设置 SQL 查询结果记录按升序排列的关键字是_____。

（6）SQL 查询中，删除表的命令动词是_____。

（7）Access 的 5 种查询中，能更改数据源的查询是_____。

（8）在 Access 中，返回当前系统日期的函数是_____。

（9）SQL 查询的等值连接运算符是_____。

（10）SQL 查询的左连接运算符是_____。

< 257 >

第 10 章　计算机网络及新技术

21 世纪,以因特网为代表的计算机网络得到了飞速发展,从最初的教育科研网络逐步发展成为商业网络。网络已成为信息社会的命脉和发展知识经济的重要基础。

本章主要介绍计算机网络的基本组成、计算机网络的体系结构、计算机网络的应用及计算机常用的新技术。

本章重点:计算机网络体系结构及计算机网络应用。

10.1　计算机网络概述

计算机网络是按照网络协议,将地球上分散的、独立的计算机相互连接的集合。连接介质可以是电缆、双绞线、光纤、微波、载波或通信卫星。

10.1.1　计算机网络的定义及基本组成

1. 计算机网络的定义

计算机网络是利用通信线路使分布在不同地理位置上的具有独立功能的多台计算机、终端及其附属设备在物理上互连,按照网络协议相互通信,以共享硬件、软件和数据资源为目标的系统。简单来说,计算机网络是一些互相连接的、自治的计算机的集合,是通信技术与计算机技术的结合。计算机网络连接及硬件共享如图 10.1 所示。

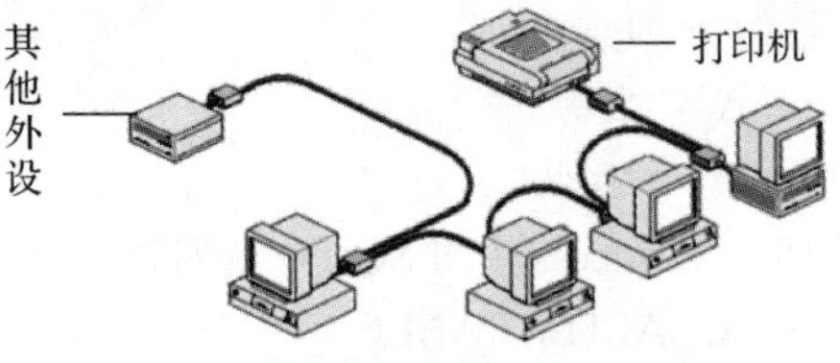

图 10.1　计算机网络连接及硬件共享

2. 计算机网络的基本组成

从因特网的工作方式上看,计算机网络可以划分为边缘部分和核心部分两个模块。

(1)边缘部分。

网络边缘部分是指连接在因特网上的所有的主机,这些主机又称为端系统(End System),是提供给用户直接使用的,用来进行通信(传送数据、音频或视频)和资源共享。例如,"主机 A 和主机 B 进行通信",实际上是指"运行在主机 A 上的某个程序和运行在主机 B 上的另一个程序进行通信,如两个 QQ 好友相互通信",即"主机 A 的某个进程和主机 B 上的另一个进程进行通信",或简称为"计算机之间通信"。

在网络边缘的端系统中运行的程序之间的工作方式通常可划分为客户/服务器方式和对等网络方式。

① **客户-服务器方式**。在客户-服务器(Client/Server,C/S)方式的网络中,客户和服务器是指通信所涉及的两个应用进程。客户-服务器方式所描述的是进程之间服务和被服务的关系。客户是服务的请求方,服务器是服务的提供方,客户-服务器方式如图 10.2 所示。客户方是个人上网用户,服务器方是百度、腾讯等服务提供方。

② **对等网络方式**。在对等网络（Peer-to-Peer，P2P）方式的网络应用中，通常没有固定的服务请求方和服务提供方，分布在网络中的应用进程是对等的，被称为对等方。

对等网络方式从本质上看仍然是客户-服务器方式，只是对等网络中的每一个主机既是客户又是服务器。例如，主机 C 请求 D 的服务时，C 是客户，D 是服务器；但如果 C 又同时向 F 提供服务，那么 C 又同时起着服务器的作用。对等网络方式如图 10.3 所示。例如，爱奇艺等视频软件，当用户在看视频时，视频文件来源于周围看过该视频的用户，同时他也会把自己计算机中先前下载的视频上传给周围有需求的用户，自己就成为了服务方，这种就近相互传输数据的方式就是 P2P 方式。

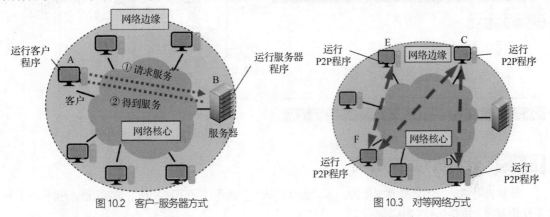

图 10.2　客户-服务器方式　　　　　　　　　图 10.3　对等网络方式

（2）核心部分。

网络核心部分由大量网络和连接这些网络的路由器组成，是因特网中最复杂的部分，它为边缘部分提供服务（提供连通性和交换）。

网络中的核心部分要向网络边缘的大量主机提供连通性，使边缘部分的任何一个主机都能够与其他主机通信（即传送或接收各种形式的数据）。在网络核心部分起特殊作用的是路由器（Router）。路由器是实现分组交换（Packet Switching）的关键构件，其任务是转发收到的分组，这是网络核心部分最重要的功能。计算机网络的交换方式分为电路交换、分组交换及报文交换 3 种。

① **电路交换**。电路交换的特点可以举例说明如下。两部电话机只需要用一对电线就能够互相连接起来。5 部电话机两两相连，需 10 对电线。N 部电话机两两相连，需 $N(N-1)/2$ 对电线。这种连接方法需要的电线对的数量与电话机数的平方成正比。当电话机的数量很大时，就要使用交换机来完成全网的交换任务，如图 10.4 所示。电路交换必须构建端到端的连线，通信双方独占线路，占用不能中断，其他需要通信的用户只能等待，导致通信线路的利用率很低。

图 10.4　电路交换

② **分组交换**。分组交换是在发送端先把较长的报文划分成较短的、固定长度的数据段，分组交换网以"分组"作为数据传输单元，依次把各分组发送到接收端，每一个分组首部都含有地址等控制信息。分组交换网中的节点交换机，根据收到的分组首部中的地址信息，把分组转发到下一个节点交换机。用这样的存储转发方式，最后分组就能到达最终目的地。接收端收到分组后剥去首部还原出报文。分组交换过程如图 10.5 所示（假定接收端在左边）。传输过程中分组相互独立，通过不同的传输路径到达目标后，再进行组装，每一个分组就像现实生活中的汽车，行驶过程中根据不同的交通状况寻找不拥堵的路段到达目的地，对通信线路的利用率较高。

分组交换的特点：动态分配传输带宽，对通信线路逐段占用，不必先建立连接就能向其他主机发送分组。分组在各节点存储转发时需要排队，这会造成一定的时延。分组必须携带的首部（里面有必不可少的控制信息）也造成了一定的开销。若无法确保通信端到端的带宽足够大，在通信量较大时就可能造成网络拥塞。

< 259 >

③ 报文交换。

在 20 世纪 40 年代，电报通信采用了基于人工存储转发原理的报文交换（Message Switching）。所谓人工存储转发，就是电报员将报文从一个地方送到另一个地方，整个过程都采用人工完成。报文交换与其他两种方式的比较如图 10.6 所示。

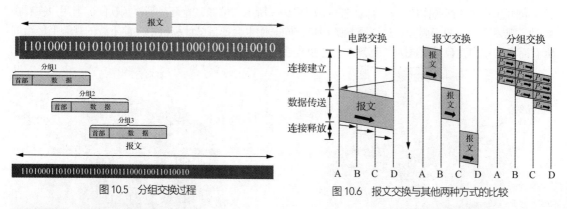

图 10.5　分组交换过程　　　　　　　　　图 10.6　报文交换与其他两种方式的比较

10.1.2　计算机网络的分类

计算机网络的分类标准有很多种，不同的分类标准反映网络的不同特征。最常用的分类标准有网络作用范围、网络拓扑结构等。

1. 按网络的作用范围分类

根据网络覆盖的地理范围和规模分类，能较好地反映计算机网络的特征。网络覆盖的地理范围不同，所用的传输技术也不同，依据这种分类标准，可以将计算机网络分为广域网、局域网和城域网。

（1）广域网。

广域网（Wide Area Network，WAN）又称外网、公网，是连接不同地区局域网或城域网的远程网。广域网通常跨度很大，所覆盖的范围从几十万千米到几千万千米，数据传输率比较低，在96Kbit/s～45Mbit/s，它能连接多个地区、城市和国家，或横跨几个洲，能提供远距离通信，形成国际性的远程网络。

（2）局域网。

局域网（Local Area Network，LAN）是一种在有限区域使用的网络，覆盖范围一般是几千米之内，最大不超过 10 千米，因此适用于一个部门或者一个单位组建的网络。其特点是高数据传输率（10Mbit/s～10Gbit/s）、低误码率、安装便捷、成本低、扩展方便、容易管理，使用灵活方便。局域网可以实现文件管理、应用软件共享、打印机共享等功能，在使用过程当中，通过维护局域网网络安全，能够有效地保护资料安全，保证局域网网络稳定运行。

（3）城域网。

城域网（Metropolitan Area Network，MAN）是在一个城市范围内所建立的计算机网络，属于宽带局域网。由于采用了有源交换元件，网络中传输时延较小。它的传输媒介主要采用光缆，数据传输率在 100Mbit/s 以上。

📠 知识扩展

一个家庭有多台计算机，可以组成个人区域网（Personal Area Network，PAN），个人区域网指个人范围（随身携带或数米之内）的计算设备（如计算机、电话、PDA、数字相机等）组成的通信网络。个人区域网既可用于这些设备互相交换数据，也可以用于连接到高层网络或互联网。

< 260 >

2．按网络的拓扑结构分类

拓扑一词源生于几何学，是一种研究与大小和形状无关的点、线、面的关系的方法。网络拓扑结构即传输媒介连接各种设备的物理布局，也就是用什么方式把网络中的计算机等设备连接起来。网络的拓扑结构主要分为星形、总线型、环形、树状和网状拓扑结构等。

（1）星形拓扑结构。

星形拓扑（Star Topology）结构由一个中央节点和若干从节点组成，中央节点可以与从节点直接通信，而从节点之间的通信必须通过中央节点转发。星形拓扑结构简单，建网容易，数据传输率高，扩展性好，对外围站点要求不高，外围单个站点故障不会影响全网；电路利用率低，连线费用大，网络性能依赖中央节点，每个站点需要有一个专用链路。星形拓扑如图 10.7 所示。

（2）总线型拓扑结构。

总线型拓扑（Bus Topology）结构是网络中所有的设备都通过一根公共的总线连接，通信时信息通过总线进行广播式传播。这种结构投资少，结构简单，可靠性高，布线容易，连线总长度小于星形拓扑结构，对站点扩充和删除容易，网络中任何节点的故障都不会造成全网的瘫痪；总线任务重，易产生瓶颈问题。总线型拓扑结构如图 10.8 所示。

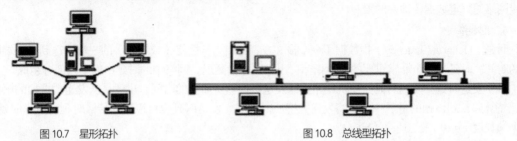

图 10.7　星形拓扑　　　　　　　　　　　　　图 10.8　总线型拓扑

（3）环形拓扑结构。

环形拓扑（Ring Topology）结构中的所有设备被连接成环，信息是通过该环进行广播式传播的。该结构传输路径固定，无路径选择的问题，数据传输率高，传输距离远，各节点的地位和作用相同，各节点传输信息的时间固定，容易实现分布式控制，故实现较简单；缺点是任何节点的故障都会导致全网瘫痪，可靠性较差。环形拓扑如图 10.9 所示。

（4）树状拓扑结构。

树状拓扑（Tree Topology）结构实际上是星形拓扑结构的一种扩展，是一种倒置的树状分级结构，具有根节点和各分支节点，节点按照层次进行连接，信息交换主要在上下节点间进行。其特点是结构比较灵活，易于网络扩展；但与星形拓扑结构相似，一旦根节点出现瘫痪，则会影响到全网。树状拓扑结构是中大型局域网常采用的一种拓扑结构。树状拓扑如图 10.10 所示。

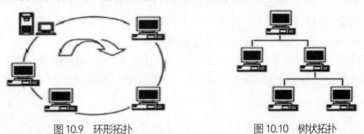

图 10.9　环形拓扑　　　　　　　　　　　　图 10.10　树状拓扑

（5）网状拓扑结构。

网状拓扑（Net Topology）结构分为一般网状拓扑结构和全连接网状拓扑结构两种。一般网状拓扑结构中每个节点至少与其他两个节点直接相连。全连接网状拓扑结构中的每个节点都与其他所有节点相连。其最大的特点是拥有强大的容错能力，可靠性极高；但与之相对应的是建网费用高，布线困难。

< 261 >

10.1.3 计算机网络的主要性能指标

计算机网络的评价指标有多种，可以根据具体的需求选择使用，主要性能指标如下。

1．数据传输率

比特（bit）是计算机中数据量的单位，也是信息论中使用的信息量的单位。bit 来源于 binary digit，意思是一个"二进制数字"，因此一个比特就是二进制数字中的一个 1 或 0。数据传输率又称数据率（Data Rate）或比特率（Bit Rate），是计算机网络中最重要的一个性能指标。数据传输率的单位是 bit/s，或 Kbit/s，Mbit/s，Gbit/s 等。

2．带宽

带宽（Bandwidth）本来是指信号具有的频带宽度，单位是 Hz（或 KHz、MHz、GHz 等）。现在"带宽"一般指数字信道的最高数据传输率，单位是 bit/s。

3．吞吐量

吞吐量/吞吐率（Throughput）表示在单位时间内通过某个网络（或信道、接口）的数据量。吞吐量常用于衡量现实世界中的网络，以便知道实际上到底有多少数据能够通过网络。吞吐量受网络的带宽或网络的额定数据传输率的限制。

4．时延

时延（Delay 或 Latency）指数据（一个报文或者分组）从网络（或链路）的一端传送到另一端所需的时间。时延是一个非常重要的性能指标，也可以称为延迟。网络中的时延由以下几部分组成。

（1）**发送时延**。发送时延是主机或路由器发送数据帧所需要的时间，也就是从发送数据帧的第一个比特算起，到该帧的最后一个比特发送完毕所需时间。发送时延也可以称为传输时延。发送时延=数据帧长度（bit）/发送速率（bit/s）。

（2）**传播时延**。传播时延是电磁波在信道中传播一定的距离而花费的时间。

（3）**处理时延**。处理时延是交换节点为存储转发而进行一些必要的处理所花费的时间。

（4）**排队时延**。排队时延是节点缓存分组排队所经历的时间。排队时延的长短往往取决于网络中当时的通信量，随时间变化会很大。

分组从一个节点转发到另一个节点所经历的总时延就是以上 4 种时延之和。

5．丢包率

丢包率即分组丢失率，是指在一定的时间范围内，在传输过程中丢失的分组数量与总的分组数量的比率。常见的丢包率类型有接口丢包率、节点丢包率、链路丢包率、路径丢包率、网络丢包率等。在现代计算机网络中网络拥塞是丢包的主要原因。因此，丢包率往往反映了网络的拥塞情况。

6．利用率

信道利用率指出某信道有百分之多少的时间是被利用的（有数据通过）。完全空闲的信道的利用率是零。网络利用率则是全网络的信道利用率的加权平均值。信道利用率并非越高越好。根据排队论，当某信道的利用率增高时，该信道引起的时延也会迅速增加。

若令 D_0 表示网络空闲时的时延，D 表示网络当前的时延，U 为信道利用率，则在适当的假定条件下，可以用下面的简单公式表示 D 和 D_0 之间的关系，当信道利用率接近 100% 时，当前的时延就会接近无限大，表示网络拥塞。

$$D = \frac{D_0}{1-U}$$

10.1.4 计算机网络的体系结构

计算机网络中的数据交换必须遵守事先约定好的规则。这些规则明确规定了所交换的数据的格式以及有关的同步问题（同步含有时序的意思）。

< 262 >

1．网络协议

网络协议（Network Protocol）简称为协议，是为进行网络中的数据交换而建立的规则、标准或约定。网络协议的三要素包括语法、语义及时序。

（1）**语法**即数据与控制信息的结构或格式，如地址字段多长以及它在整个分组中的什么位置。

（2）**语义**即各个控制信息的具体含义，包括需要发出何种控制信息、完成何种动作以及做出何种响应。

（3）**时序**即对事件实现顺序和时间的详细说明，包括数据应该在何时发送出去以及数据应该以什么速率发送。

2．网络的分层结构

相互通信的两个计算机系统必须高度协调工作，而这种"协调"是相当复杂的。"分层"可将庞大而复杂的问题转化为若干较小的局部问题，而这些较小的局部问题就比较易于研究和处理。邮政运输过程类似于计算机网络通信过程，其分层结构如图 10.11 所示。

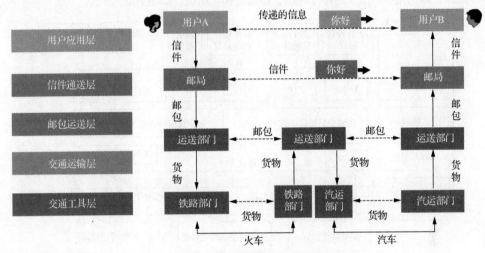

图 10.11　邮政运输系统的分层结构

3．网络的体系结构

网络的层次结构模型与各层协议和接口的集合统称为网络体系结构（Net Architecture）。两个著名的网络体系结构为 OSI 参考模型和 TCP/IP 参考模型。

① OSI 参考模型。

开放系统互连（Open System Interconnection，OSI）参考模型是一种概念模型，由国际标准化组织提出，是一个试图使各种计算机在世界范围内互连为网络的标准框架。OSI 参考模型将计算机网络体系结构划分为七层，如图 10.12 所示。每一层功能如下。

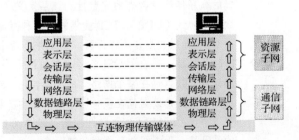

图 10.12　计算机网络 OSI 参考模型

- ◇ 物理层：实现比特流的透明传输，为数据链路层提供数据传输服务。
- ◇ 数据链路层：在通信的实体间建立数据链路连接。
- ◇ 网络层：通过路由选择算法为分组通过通信子网选择最适当的路径，以及实现拥塞控制、网络互联等功能。
- ◇ 传输层：向用户提供可靠的端到端服务。

< 263 >

- ◇ 会话层：负责两个节点之间会话的建立、管理和终止，以及数据的交换。
- ◇ 表示层：主要包括数据格式变换、数据加密与解密、数据压缩与恢复等功能。
- ◇ 应用层：为应用程序提供网络服务。

计算机网络的体系结构是计算机网络的各层及其协议的集合，是计算机网络及其部件所应完成的功能的精确定义。实现（Implementation）是在遵循这种体系结构的前提下用何种硬件或软件完成这些功能的问题。体系结构是抽象的，而实现则是具体的，是真正在运行的计算机硬件和软件。只要遵循 OSI 参考模型，一个系统就可以和位于世界上任何地方的、也遵循同一标准的其他任何系统进行通信。

② TCP/IP 参考模型。

国际标准 OSI 参考模型并没有得到市场的认可，而非国际标准 TCP/IP 参考模型却获得了最广泛的应用，因此 TCP/IP 参考模型常被称为事实上的国际标准。TCP/IP 参考模型来源于计算机网络的鼻祖 ARPANET（由美国国防部赞助的研究网络），也是其后继的因特网使用的参考模型。TCP/IP 是一组用于实现网络互联的通信协议，Internet 网络体系结构以 TCP/IP 为核心。基于 TCP/IP 的参考模型将协议分成 4 个层次，即网络接口层、网际互联层、传输层和应用层，如图 10.13 所示。

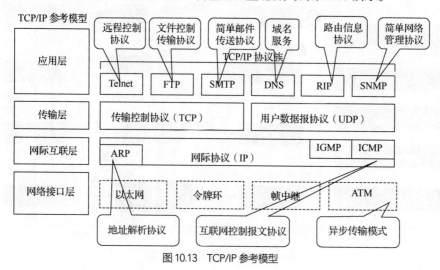

图 10.13　TCP/IP 参考模型

- ◇ 应用层：对应于 OSI 参考模型的应用层，为用户提供所需要的各种服务，如 FTP、Telnet、DNS、SMTP 等。
- ◇ 传输层：对应于 OSI 参考模型的传输层，为应用层实体提供端到端的通信功能，保证了数据包的顺序传送及数据的完整性。该层定义了两个主要的协议：传输控制协议（TCP）和用户数据报协议（UDP）。TCP 提供的是一种可靠的、通过"三次握手"来连接的数据传输服务；而 UDP 提供的则是不保证可靠（并不是不可靠）、无连接的数据传输服务。
- ◇ 网际互联层：对应于 OSI 参考模型的网络层，主要解决主机到主机的通信问题。它所包含的协议设计数据包在整个网络上的逻辑传输，注重重新赋予主机一个 IP 地址来完成对主机的寻址，它还负责数据包在多种网络中的路由。该层有 3 个主要协议：网际协议（IP）、互联网组管理协议（IGMP）和互联网控制报文协议（ICMP）。IP 是网际互联层最重要的协议，它提供的是可靠、无连接的数据报传递服务。
- ◇ 网络接口层（又称网络接入层，即主机-网络层）：与 OSI 参考模型中的物理层和数据链路层相对应。它负责监视数据在主机和网络之间的交换。事实上，TCP/IP 本身并未定义该层的协议，而由参与互联的各网络使用自己的物理层和数据链路层协议，如地址解析协议（ARP）、逆地址解析协议（RARP）等，与 TCP/IP 的网络接口层进行连接。

< 264 >

10.1.5　IP

IP（Internet Protocol，网际协议）是 TCP/IP 体系中的网络层协议，是 TCP/IP 体系中最主要的协议之一。IP 不但定义了数据传输时的基本单元和格式，还定义了数据报的递交方法和路由选择。此外，在 TCP/IP 网络中，主机之间进行通信所必需的地址也是通过 IP 来实现的。

与 IP 配套使用的协议还有地址解析协议（Address Resolution Protocol，ARP）、逆地址解析协议（Reverse Address Resolution Protocol，RARP），互联网控制报文协议（Internet Control Message Protocol，ICMP），互联网组管理协议（Internet Group Management Protocol，IGMP），实时传输协议（Real-time Transport Protocol，RTP），其中 RTP 是一个网络传输协议，是用来管理 EIGRP（Enhanced Interior Gateway Routing Protocol，增强内部网关路由协议）数据包的发送和接收的协议。当使用可靠传输时，RTP 要求对方发回 ACK 确认；当使用不可靠传输时，RTP 不要求 ACK。

不管网络层使用的是什么协议，在实际网络的链路上传送数据帧时，最终还是必须使用 MAC 地址（Media Access Control Address，媒体存取控制位址，又称硬件地址）。每一个主机都设有一个 ARP 高速缓存（ARP cache），用于存储所在的局域网上的各主机和路由器的 IP 地址到 MAC 地址的映射表。

当主机 A 欲向本局域网上的某个主机 B 发送 IP 数据报时，会先在其 ARP 高速缓存中查看有无主机 B 的 IP 地址，如有，就可查出其对应的硬件地址，再将此硬件地址写入 MAC 帧，然后通过局域网将该 MAC 帧发往此硬件地址。解析过程如图 10.14 所示。

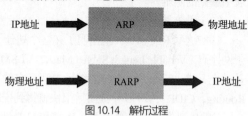

图 10.14　解析过程

1．IP 地址

IP 地址就是网际协议地址。IP 地址是 IP 提供的一种统一的地址格式，它为因特网上的每一个网络和每一台主机分配一个逻辑地址，以此来屏蔽物理地址的差异。

我们把整个因特网看成一个单一的、抽象的网络，IP 地址就是给每个连接在因特网上的主机（或路由器）分配的一个在全世界范围内唯一的 32 位的标识符。IP 地址的编制方式如图 10.15 所示。IP 地址现在由 ICANN（Internet Corporation for Assigned Names and Numbers，互联网名称与数字地址分配机构）进行分配。

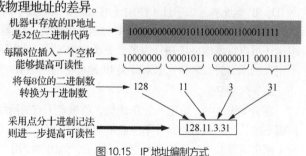

图 10.15　IP 地址编制方式

2．IP 地址的编址方法

（1）分类编址。

分类编址是最基本的编址方法，在 1981 年就通过了相应的标准协议。最初设计因特网时，为了便于寻址以及层次化构造网络，每个 IP 地址包括两个标识码（ID），即网络 ID 和主机 ID。同一个物理网络上的所有主机都使用同一个网络 ID，网络上的一个主机（包括工作站、服务器等）有一个主机 ID 与其对应。国际互联网协会定义了 5 种 IP 地址类型，以适合不同容量的网络，即 A 类~E 类，如图 10.16 所示，其中 A、B、C 三类由互联网网络信息中心在全球范围内统一分配，D、E 两类为特殊地址。每一种地址对应的主机数量如图 10.17 所示。

（2）划分子网。

分类编址方式表面上看起来非常合理，但实际上并不够合理。IP 地址空间的利用率有时很低。给每一个物理网络分配一个网络号会使路由表变得太大因而使网络性能变坏，两级的 IP 地址不够灵活。划分子网是对最基本的编址方法的改进，其标准[RFC 950]在 1985 年通过。

< 265 >

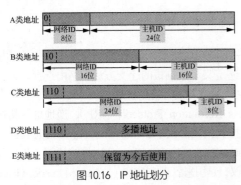

图 10.16　IP 地址划分

IP地址的使用范围

网络类别	最大网络数	第一个可用的网络ID	最后一个可用的网络ID	每个网络中最大的主机数
A	$126(2^7-2)$	1	126	16 777 214
B	$16\ 383(2^{14}-1)$	128.1	191.255	65 534
C	$2\ 097\ 151(2^{21}-1)$	192.0.1	223.255.255	254

图 10.17　IP 地址使用范围

从 1985 年起，IP 地址中又增加了一个子网 ID，使两级的 IP 地址变成为三级的 IP 地址。这种做法叫作划分子网。划分子网已成为因特网的正式标准。

划分子网纯属一个单位内部的事情。单位对外仍然表现为没有划分子网的网络。从主机 ID 借用若干个位作为子网 ID，而主机 ID 也就相应减少了若干个位。划分子网在一定程度上缓解了因特网在发展中遇到的困难。

（3）无分类编址。

1987 年，RFC 1009 就指明了在一个划分子网的网络中可同时使用几个不同的子网掩码。使用变长子网掩码（Variable Length Subnet Mask，VLSM）可进一步提高 IP 地址资源的利用率。人们在 VLSM 的基础上又进一步研究出无分类编址方法，它的正式名字是无分类域间路由选择（Classless Inter-Domain Routing，CIDR），1993 年提出后很快就得到推广应用，它是目前因特网所使用的编址方法。

CIDR 消除了传统的 A 类、B 类和 C 类地址以及划分子网的概念，因而可以更加有效地分配 IPv4 的地址空间。CIDR 使用各种长度的 "网络前缀"（Network-Prefix）来代替分类地址中的网络 ID 和子网 ID。IP 地址从三级编址（使用子网掩码）又回到了两级编址。CIDR 把网络前缀都相同的连续的 IP 地址组成 "CIDR 地址块"，每块中的地址个数是 2 的幂。将 "CIDR 地址块" 分配给一个组织后，该组织还可以将该地址块划分为多个更小的地址块（前缀更长）分配给组织内的小单位。无分类编址用不定长的网络前缀来替代原来分类 IP 地址中的网络 ID，路由器按目的地址块进行选路和转发。

3．子网掩码

在分类编址中，给定一个 IP 地址，就确定了它的网络 ID 和主机 ID。但在无分类编址中，由于网络前缀不定长，IP 地址本身并不能确定其网络前缀和主机 ID。使用子网掩码可以找出 IP 地址中的网络部分（网络前缀）。CIDR 虽然不使用子网了，但仍然使用 "掩码" 或 "子网掩码" 这一名词。32 位的子网掩码用来表示网络前缀的长度，子网掩码计算方式如图 10.18 所示。每一种 IP 地址都具有固定的子网掩码，A 类地址为 255.0.0.0，B 类地址为 255.255.0.0，C 类地址为 255.255.255.0，如图 10.19 所示。

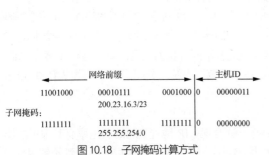

图 10.18　子网掩码计算方式

图 10.19　默认子网掩码

4．IP 地址与物理地址

网络数据包转换过程如图 10.20 所示。

< 266 >

为什么我们不直接使用硬件地址（也称为 MAC 硬件地址）进行通信？因为全世界存在着各式各样的网络，它们使用不同的硬件地址，要使这些异构网络能够互相通信就必须进行非常复杂的硬件地址转换工作，这几乎是不可能的事。连接到因特网的主机都拥有统一的 IP 地址，它们之间的通信就像连接在同一个网络上那样简单方便，因为调用 ARP 来寻找某个路由器或主机的硬件地址都是由计算机软件自动进行的，用户是看不见这种调用过程的。

图 10.20　网络数据包转换过程

为了增加 IP 数据报交付成功的机会，网络层使用了 ICMP。ICMP 允许主机或路由器报告差错情况和提供有关异常情况的报告。ICMP 报文作为 IP 数据报的数据，加上数据报的首部，组成 IP 数据报发送出去。

常用的网络测试工具有 Ping 和 Traceroute。

Ping 的应用举例如图 10.21 所示，每一个发送出去的数据包对收到后都会给一个反馈，如果反馈全部收到，网络就很好，如果丢失太多，说明网络出现拥塞甚至中断。

Traceroute 的应用举例如图 10.22 所示，该方法记录数据包经过的每一个节点，从而为网络管理员判断节点状况提供了依据，当数据包到达某一个节点无法继续，说明该节点存在网络问题，需要进一步处理。

图 10.21　Ping 测试　　　　　　　　　　　图 10.22　Traceroute 测试

5．下一代互联网协议 IPv6

从计算机本身发展以及从因特网规模和网络数据传输率来看，解决 IP 地址耗尽的问题有如下措施。

（1）采用无分类编址（CIDR），使 IP 地址的分配更加合理。

（2）采用网络地址转换（NAT）方法以节省全球 IP 地址。

（3）采用具有更大地址空间的新版本的 IP：IPv6。

前两种措施只能暂时解决地址短缺的问题，后一种措施才是根本的解决方法。IPv6 主要变化如下。

（1）更大的地址空间，IPv6 将地址从 IPv4 的 32 位增大到 128 位。

（2）扩展的地址层次结构，灵活的 IP 报文首部格式。

（3）改进的选项，允许协议继续扩充。

（4）支持即插即用（即自动配置），支持资源的预分配。

128 位 IPv6 地址可以满足世界上所有终端的地址分配需求，其表示方法如下。

< 267 >

（1）每 16 位二进制值用 4 位十六进制值表示，各值之间用冒号分隔。举例如下。

68E6:8C64: FFFF: FFFF: 0000:1180:960A: FFFF

（2）零压缩，即一连串连续的零可以为一对冒号所取代。举例如下。

FF05:0:0:0:0:0:0:B3 可以写成 FF05::B3

向 IPv6 过渡只能采用逐步演进的办法，同时，还必须使新安装的 IPv6 系统能够向后兼容。IPv6 系统必须能够接收和转发 IPv4 分组，并且能够为 IPv4 分组选择路由。其中双协议栈就是一种解决方案，它是指在完全过渡到 IPv6 之前，使一部分主机（或路由器）装有两个协议栈，一个 IPv4 和一个 IPv6，从而可以连接两边的网络。

10.2 计算机网络应用

10.2.1 域名系统

1. 域名系统的定义

域名系统（Domain Name System，DNS）并不是直接和用户打交道的网络应用。DNS 为其他各种网络应用提供一种核心服务，即名字服务，用来把计算机的名字转换为对应的 IP 地址。

因特网采用了层次树状结构的命名方法。任何一个连接在因特网上的主机或路由器，都有唯一的层次结构的名字，即域名。域名由标号序列组成，各标号分别代表不同级别的域名，各标号之间用点隔开：

…. 三级域名 . 二级域名 . 顶级域名

域名系统如图 10.23 所示。例如，贵州医科大学网址 www.gmc.edu.cn，其顶级域名为 cn，表示中国，二级域名 edu 表示教育机构，三级域名 gmc 表示贵州医科大学的名称，四级域名 www 表示这是一个 Web 应用。

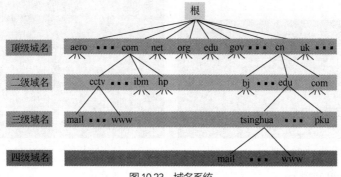

图 10.23　域名系统

2. 顶级域名

（1）国家（地区）顶级域名（nTLD）。

例如，cn 表示中国，us 表示美国，uk 表示英国。

（2）通用顶级域名（gTLD）。

举例如下。

com：公司和企业。

net：网络服务机构。

org：非赢利性组织。

edu：美国教育机构。

gov：美国政府部门。

< 268 >

　　mil：美国军事部门。

　　int：国际组织。

3．域名服务器实现域名和 IP 地址之间映射

一个服务器所负责管辖的（或有权限的）范围叫作区。每一个区设置相应的权威域名服务器，用来保存该区中的所有主机的域名到 IP 地址的映射。当一个主机发出 DNS 查询报文时，这个查询报文就首先被送往该主机的本地域名服务器。本地域名服务器起着 DNS 代理的作用。

每一个因特网服务提供者（Internet Service Provider，ISP），或一个大学，甚至一个大学里的院系，都可以拥有一个本地域名服务器，这种域名服务器有时也称为默认域名服务器。

本地域名服务器向根域名服务器的查询通常采用迭代查询。当根域名服务器收到本地域名服务器的迭代查询请求报文时，要么给出所要查询的 IP 地址，要么告诉本地域名服务器下一步应当向哪一个域名服务器进行查询，然后让本地域名服务器进行后续的查询。

10.2.2　万维网

万维网（World Wide Web，WWW）并非某种特殊的计算机网络，它是一个大规模的、联机式的信息储藏所。万维网让用户能非常方便地从因特网上的一个站点访问另一个站点，从而主动地按需获取丰富的信息，这种访问方式称为"链接"。

万维网是分布式超媒体（Hypermedia）系统，它是超文本（Hypertext）系统的扩充，一个超文本由多个信息源链接，用户利用一个链接可找到另一个文档，这些文档可以位于世界上任何一个接在因特网上的超文本系统中。超文本是万维网的基础。

超媒体与超文本的区别是文档内容不同，超文本文档仅包含文本信息，而超媒体文档还包含其他表示方式的信息，如图形、图像、声音、动画，甚至视频。

万维网以客户-服务器方式工作，浏览器就是在用户计算机上的万维网客户程序，万维网文档所驻留的计算机则运行服务器程序，因此这个计算机也称为万维网服务器。

统一资源定位符（URL）是对可以从因特网上得到的资源的位置和访问方法的一种简洁的表示，URL 给资源的位置提供一种抽象的识别方法，并用这种方法给资源定位，只要能够对资源定位，系统就可以对资源进行各种操作，如存取、更新、替换和查找其属性。URL 相当于一个文件名在网络范围的扩展，因此 URL 是与因特网相连的机器上的任何可访问对象的一个指针。

10.2.3　电子邮件

电子邮件（E-mail）是因特网上使用得最多和最受用户欢迎的一种应用。电子邮件把邮件发送到收件人使用的邮件服务器，并放在其中的收件人邮箱中，收件人可随时上网到自己使用的邮件服务器进行读取。电子邮件不仅使用方便，而且具有传递迅速和费用低廉的优点。现在电子邮件不仅可传送文字信息，还可附上声音和图像。

电子邮件由信封（Envelope）和内容（Content）两部分组成，电子邮件的传输程序根据邮件信封上的信息来传送邮件，用户在从自己的邮箱中读取邮件时才能见到邮件的内容。

典型的电子邮件传送协议是简单邮件传送协议（Simple Mail Transfer Protocol，SMTP），由于 SMTP 使用客户-服务器方式，因此负责发送邮件的 SMTP 进程就是 SMTP 客户，而负责接收邮件的 SMTP 进程就是 SMTP 服务器。SMTP 用于发送邮件，是"推"协议，客户端向服务器端推送邮件，而邮件读取协议，是"拉"协议，客户端向服务器端拉取邮件，典型的协议如 POP3（Post Office Protocol）和 IMAP（Internet Message Access Protocol）等。在接收邮件的用户计算机中必须运行 POP 客户程序，而在用户所连接的 ISP 的邮件服务器中则运行 POP 服务器程序。

IMAP 是一个电子邮件联机协议，当用户计算机上的 IMAP 客户程序打开 IMAP 服务器的邮箱时，

< 269 >

就可看到邮件的首部。若用户需要打开某个邮件，则该邮件才传到用户的计算机上。IMAP 最大的好处就是用户可以在不同的地方使用不同的计算机随时上网阅读和处理自己的邮件。IMAP 还允许收件人只读取邮件中的某一部分。例如，收到了一个带有视频附件（此文件可能很大）的邮件，用户可以暂时不读取附件。

10.2.4　文件传输协议

文件传输协议（File Transfer Protocol，FTP）是因特网上使用得最广泛的文件传输协议，FTP 提供交互式访问功能，允许客户指明文件的类型与格式，并允许文件具有存取权限；FTP 屏蔽了各计算机系统的细节，因而适合于在异构网络中任意计算机之间传送文件；FTP 只提供文件传输的一些基本的服务，它使用 TCP 可靠的运输服务；FTP 的主要功能是减少或消除在不同操作系统下处理文件的不兼容性。FTP 使用客户-服务器方式，一个 FTP 服务器进程可同时为多个客户进程提供服务，FTP 的服务器进程由两大部分组成：一个主进程，负责接收新的请求；若干个从属进程，负责处理单个请求。

主进程和从属进程的工作步骤如下。

（1）打开熟知端口（端口号为 21），使客户进程能够连接上。

（2）等待客户进程发出连接请求。

（3）启动从属进程来处理客户进程发来的请求。

（4）从属进程对客户进程的请求处理完毕后即终止，但从属进程在运行期间根据需要还可能创建其他一些子进程。

（5）回到等待状态，继续接收其他客户进程发来的请求。

（6）主进程与从属进程的处理是并发进行的。

FTP 服务器必须在整个会话期间保留用户的状态信息，服务器必须把特定的用户账户与控制连接联系起来，服务器必须追踪用户在远程文件目录树上的当前位置。FTP 连接如图 10.24 所示。

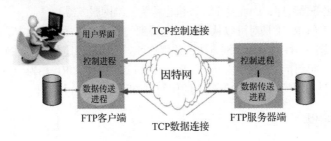

图 10.24　FTP 连接

10.2.5　网络安全

1．网络安全的基本含义

网络安全（Cyber Security）是指网络系统的硬件、软件及其系统中的数据受到保护，不因偶然的或者恶意的原因而遭受到破坏、更改、泄露，系统连续、可靠、正常地运行，网络服务不中断。

安全的基本含义：客观上不存在威胁，主观上不存在恐惧。因为客体不担心其正常状态受到影响，所以可以把网络安全定义为，一个网络系统不受任何威胁与侵害，能正常地实现资源共享功能。

要使网络能正常地实现资源共享功能，首先要保证网络的硬件、软件能正常运行，然后要保证数据信息交换的安全。

对网络安全的攻击方式主要有 4 种：中断、截获、修改和伪造。中断以可用性作为攻击目标，它毁坏系统资源，使网络不可用。截获以保密性作为攻击目标，非授权用户通过某种手段获得对系统资源的访问。修改以完整性作为攻击目标，非授权用户不仅获得访问而且对数据进行修改。伪造以完整性作为

< 270 >

攻击目标，非授权用户将伪造的数据插入正常传输的数据。其中，截获信息的攻击称为被动攻击，而修改信息和拒绝用户使用资源的攻击称为主动攻击。主动攻击是指攻击者对传输中的数据流进行各种处理，如更改报文流、拒绝服务攻击，以及恶意程序攻击。对网络安全的攻击方式如图 10.25 所示。

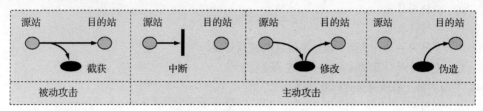

图 10.25　对网络安全的攻击方式

2．网络攻击及其防范

（1）网络扫描。

网络扫描技术是获取攻击目标信息的一种重要技术，能够为攻击者提供大量攻击所需的信息，这些信息包括目标主机的 IP 地址、工作状态、操作系统类型、运行的程序以及存在的漏洞等。主机发现、端口扫描、操作系统检测和漏洞扫描是网络扫描的 4 种主要类型。

防范：关闭闲置及危险端口，只打开确实需要的端口。使用 NAT 屏蔽内网主机地址，限制外网主机主动与内网主机进行通信。设置防火墙，严格控制进出分组，过滤不必要的 ICMP 报文。使用入侵检测系统及时发现网络扫描行为和攻击者 IP 地址，配置防火墙对该地址的分组进行阻断。

（2）网络监听。

网络监听是攻击者直接获取信息的有效手段。如果数据在网络中明文传输（绝大部分情况都是这样），攻击者可以从截获的分组中分析出账号、口令等敏感信息。攻击者主要采用局域网分组嗅探、交换机毒化攻击、ARP 欺骗等攻击手段。

防范：尽量使用交换机，划分更细的 VLAN，为某些交换机端口设置允许学习的源 MAC 地址数量的上限，对 IP 地址、MAC 地址与交换机的端口进行静态绑定，对于要重点保护的主机或路由器使用静态 ARP 表，进行数据加密和实体鉴别，避免使用 Telnet 这类不安全的软件。

（3）拒绝服务（Denial of Service，DoS）攻击。

DoS 是攻击者最常使用的一种行之有效且难以防范的攻击手段，是针对系统可用性的攻击，主要通过消耗网络带宽或系统资源导致网络或系统不胜负荷，以至于瘫痪而停止提供正常的网络服务或使服务质量显著降低，主要以网站、路由器、域名服务器等网络基础设施为攻击目标，危害极大。如果处于不同位置的多个攻击者同时向一个或多个目标发起拒绝服务攻击，或者一个或多个攻击者控制了位于不同位置的多台主机，并利用这些主机对目标同时实施拒绝服务攻击，则称这种攻击为分布式拒绝服务（Distributed Denial of Service，DDoS）攻击，它是拒绝服务攻击的主要形式。

防范：利用网络防火墙对恶意分组进行过滤，在入口路由器进行源端控制，对流经路由器的 IP 数据报首部进行自动标记，以追溯攻击源，然后隔离攻击源或采取相应的法律手段；通过分析分组首部特征和流量特征检测正在发生的 DoS 攻击，并进行告警。

习题

计算机新技术概述

1．单选题

（1）计算机网络的目的是（　　）。

    A．提高计算机安全性　　　　　　　　B．连接多台计算机

    C．提高计算机可靠性　　　　　　　　D．共享软件、硬件、数据资源

< 271 >

（2）在计算机网络术语中，WAN 的中文意义是（　　）。

    A. 以太网　　　　　　B. 广域网　　　　　C. 互联网　　　　　D. 局域网

（3）TCP/IP 是一组（　　）。

    A. 局域网技术

    B. 广域网技术

    C. 支持同一种计算机（网络）互连的通信协议

    D. 支持异种计算机（网络）互连的通信协议

（4）下面不属于局域网网络拓扑的是（　　）。

    A. 总线型　　　　　　B. 星形　　　　　　C. 网状　　　　　　D. 环形

（5）一座办公大楼内各个办公室中的微机进行连网，这个网络属于（　　）。

    A. WAN　　　　　　B. LAN　　　　　　C. MAN　　　　　　D. GAN

（6）下列选项中，不属于 OSI（开放系统互连）参考模型的是（　　）。

    A. 会话层　　　　　　B. 数据链路层　　　　C. 用户层　　　　　D. 应用层

（7）OSI 参考模型分为（　　）层。

    A. 4　　　　　　　　B. 5　　　　　　　　C. 6　　　　　　　　D. 7

（8）若网络形状是由站点和连接站点的链路组成的一个闭合环，则称这种拓扑结构为（　　）。

    A. 星形拓扑　　　　　B. 总线型拓扑　　　　C. 环形拓扑　　　　D. 树形拓扑

（9）就交换技术而言，局域网中的以太网采用的是（　　）。

    A. 分组交换技术　　　　　　　　　　B. 电路交换技术

    C. 报文交换技术　　　　　　　　　　D. 分组交换与电路交换结合技术

（10）Internet 是由（　　）发展而来的。

    A. 局域网　　　　　　B. ARPANET　　　　C. 标准网　　　　　D. WANA

2. 填空题

（1）计算机网络是计算机技术和_____相结合的产物。

（2）计算机网络的两大主要功能是_____和资源共享。

（3）www.sina.com.cn 不是 IP 地址，而是_____。

（4）IP 地址由网络 ID 和_____两部分组成。

（5）用户要想在网上查询 WWW 信息，必须安装并运行一个被称为_____的软件。

（6）根据 Internet 的域名代码规定，域名中的 com 表示商业机构网站，edu 代表_____机构网站。

（7）电子邮件地址格式为_____。

（8）DNS 的中文含义是_____。

（9）URL 的中文含义是_____。

（10）在 Internet 提供的常用服务中，FTP 的中文含义是_____。

< 272 >